图像处理技术与应用案例解析

李继超　黄睿　编著

清华大学出版社
北　京

内容简介

本书以案例为引，理论作铺垫，实战为指向，全面和系统地讲解了图像处理的方法与技巧，图文并茂，通俗易懂，实例具有较好的代表性，实用性、可操作性强。

全书共10章，遵循由浅入深，从基础知识到案例进阶的学习原则，对图像处理的基础、辅助调整、细节修饰、绘制与填充、颜色调整、抠取与合成、特效应用及自动化处理等内容进行了逐一讲解。最后两章介绍了图像处理的热门小工具：网页端的稿定设计和移动端的醒图。

全书结构合理，内容丰富，易学易懂，既有鲜明的基础性，也有很强的实用性。本书既可作为高等院校相关专业的教学用书，又可作为高职院校及图像处理爱好者的参考书。

图书在版编目（CIP）数据

图像处理技术与应用案例解析 / 李继超，黄睿编著. 一北京：清华大学出版社，2024.1
ISBN 978-7-302-65247-2

Ⅰ. ①图…　Ⅱ. ①李…　②黄…　Ⅲ. ①图像处理　Ⅳ. ①TN911.73

中国国家版本馆CIP数据核字（2024）第013165号

责任编辑：李玉茹
封面设计：杨玉兰
责任校对：徐彩虹
责任印制：宋　林

出版发行：清华大学出版社
网　　址：https://www.tup.com.cn，https://www.wqxuetang.com
地　　址：北京清华大学学研大厦A座　　**邮　　编：**100084
社 总 机：010-83470000　　**邮　　购：**010-62786544
投稿与读者服务：010-62776969，c-service@tup.tsinghua.edu.cn
质 量 反 馈：010-62772015，zhiliang@tup.tsinghua.edu.cn
课 件 下 载：https://www.tup.com.cn，010-62791865
印 装 者：三河市君旺印务有限公司
经　　销：全国新华书店
开　　本：185mm×260mm　　**印　　张：**15.75　　**字　　数：**386千字
版　　次：2024年3月第1版　　**印　　次：**2024年3月第1次印刷
定　　价：79.00元

产品编号：102127-01

前言

图像处理就是在已有的位图图像基础上对其进行编辑加工处理，以及添加一些特殊效果。Photoshop软件是Adobe公司旗下功能非常强大的一款图像处理软件，集图像扫描、编辑修改、动画制作、图像设计、广告创意、图像输入与输出于一体，在图像、文字、视频、出版等方面都有涉及，操作方便、易上手，深受广大设计爱好者与专业从业工作者的喜爱。

Photoshop软件除了在图像处理方面展现出它强大的功能和优越性外，在软件协作方面也体现出它的优势。根据需求，设计者可将处理过的图像调入稿定设计、醒图等不同平台的图像处理软件做进一步的完善和加工。同时，也可将JPG、PNG等文件导入Photoshop软件进行编辑，从而节省特殊效果制作的时间，提高设计效率。

随着软件版本的不断升级，目前Photoshop软件技术已逐步向智能化、人性化、实用化方向发展，旨在让设计师将更多的精力和时间用在创作上，以便给大家呈现出更完美的设计作品。

在党的二十大精神指导下，本书力求贯穿“素养、知识、技能”三位一体的教学目标，从“爱国情怀、社会责任、法治思维、职业素养”等维度落实课程思政；本书着力于提高学生的创新意识、合作意识和效率意识，培养学生精益求精的工匠精神，弘扬社会主义核心价值观。

本书内容概述

全书共10章，各章内容如下。

章	内容导读	难点指数
第1章	主要介绍图像处理相关知识、图像处理应用范围、图像处理应用软件及图像处理在各行业中的应用	★☆☆
第2章	主要介绍Photoshop工作界面、图像处理辅助工具、图像显示调整及图像的裁切变换	★★☆
第3章	主要介绍修复图像瑕疵、修饰图像显示、图像还原与风格化创作工具的使用方法和应用效果	★★☆
第4章	主要介绍图像颜色的设置、图像的绘制、文本的应用	★★★
第5章	主要介绍图像基础色彩、色调调整及特殊色彩调整	★★★
第6章	主要介绍使用工具抠图、命令抠图及非破坏性抠图	★★★
第7章	主要介绍图层相关特效、独立滤镜组特效及特效滤镜组相关特效	★★★
第8章	主要介绍图像的自动化处理、动作的应用和自动化/脚本命令	★★☆
第9章	主要介绍稿定设计的模板应用与编辑、图片编辑及新建画布、智能抠图等高阶应用	★★☆
第10章	主要介绍醒图的模板应用与编辑、拼图、批量修图，人像重塑调整，素材修饰涂鸦，以及创意效果调整	★★☆

选择本书理由

本书采用“**案例解析 + 理论讲解 + 课堂实战 + 课后练习 + 拓展赏析**”的结构进行编写，内容由浅入深，循序渐进，可让读者带着疑问学习知识，从实战应用中激发学习兴趣。

（1）专业性强，知识覆盖面广

本书主要围绕图像处理的相关知识点展开讲解，并对不同类型的案例制作进行解析，让读者了解、掌握该行业的设计原则与图像处理要点。

（2）带着疑问学习，提升学习效率

本书先对案例进行解析，然后再针对案例中的重点工具进行深入讲解，这样可让读者带着问题去学习相关的理论知识，从而有效提升学习效率。此外，本书所有的案例都经过了精心设计，读者可将这些案例应用到实际工作中。

（3）行业拓展，以更高的视角看行业发展

本书在每章结尾部分安排了“拓展赏析”版块，旨在读者掌握了本章相关技能后，还可了解行业中一些有意思的设计方案及图像处理技巧，让读者开拓思维。

（4）多软件协同，呈现完美作品

一份优秀的设计方案，通常是由多个软件协作完成的，图像处理也不例外。在创作本书时，添加了稿定设计、醒图软件协作章节，让读者在图像处理方面更加高效智能，同时可以有效打破平台的束缚，随时随地高效出图。

本书读者对象

- 从事平面设计的工作人员
- 高等院校相关专业的师生
- 高职院校平面设计的师生
- 对平面设计有浓厚兴趣的爱好者
- 想通过知识改变命运的有志青年
- 掌握更多技能的办公室人员

本书由李继超、黄睿编写，在编写过程中力求严谨细致，但由于水平有限，疏漏之处在所难免，望广大读者批评指正。

编　者

索取课件与教案

目录

第1章 图像处理入门

图像的辅助调整

图像处理

第3章 图像的细节修饰

图像处理

第4章 图像的绘制与填充

图像的颜色调整

图像处理

第6章 图像的抠取与合成

图像的特效应用

第8章 图像的自动化处理

第9章 网页端图像处理工具：稿定设计

图像处理

第10章 移动端图像处理工具：醒图

第1章

图像处理入门

内容导读

本章将针对零基础的学员讲解图像处理的知识点，包括图像处理常用术语、色彩模式、图像文件格式等；熟悉图像处理在各个领域的应用，例如平面设计、后期处理、网页设计、三维设计等；最后力争掌握不同平台的图像处理软件。

思维导图

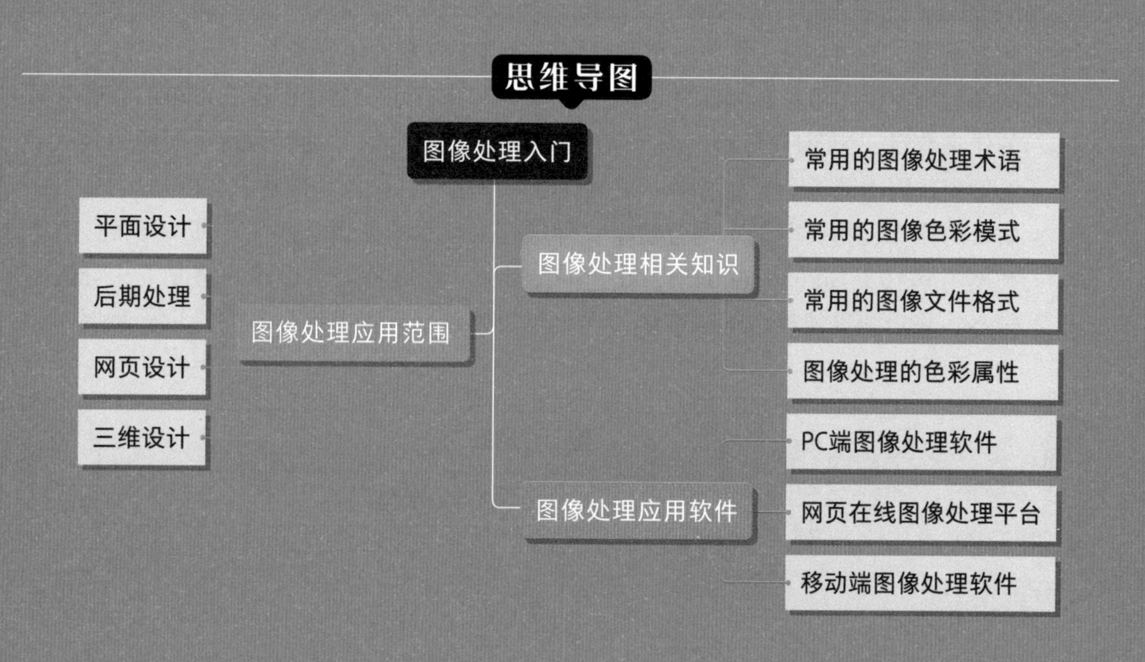

1.1 图像处理相关知识

在正式学习Photoshop软件之前，首先要对图像处理相关的知识进行了解，包括图像处理常用术语、常用的色彩模式、常用的图像文件格式以及图像的色彩属性。

1.1.1 图像处理常用术语

了解一些与图像处理息息相关的常用术语，才能更好地使用Photoshop软件处理图像。

1. 像素

像素是构成图像的最小单位，是图像的基本元素。若把影像放大数倍，会发现这些连续色调其实是由许多色彩相近的小方块所组成，如图1-1所示。这些小方块就是构成影像的最小单位“像素”。图像像素点越多，色彩信息越丰富，效果就越好，如图1-2所示。

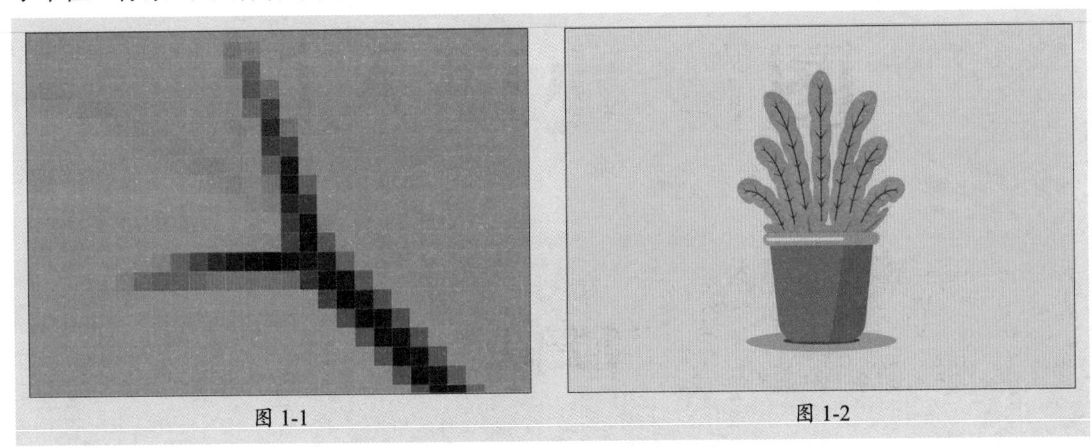

图 1-1　　图 1-2

2. 分辨率

分辨率对于数字图像的显示及打印起着至关重要的作用，常以“宽×高”的形式来表示。一般情况下，分辨率分为图像分辨率、屏幕分辨率以及打印分辨率。

- **图像分辨率：** 图像分辨率通常以“像素/英寸”来表示，是指图像中每单位长度含有的像素数目，如图1-3所示。高分辨率图像比相同打印尺寸的低分辨率图像包含更多的像素，因而图像会更加清晰、细腻。分辨率越大，图像文件越大。
- **屏幕分辨率：** 指屏幕显示的分辨率，即屏幕上显示的像素个数，常见的屏幕分辨率类型有1920×1080、1600×1200、640×480。在屏幕尺寸相同的情况下，分辨率越高，显示效果就越精细和细腻。在计算机的显示设置中有推荐的显示分辨率，如图1-4所示。

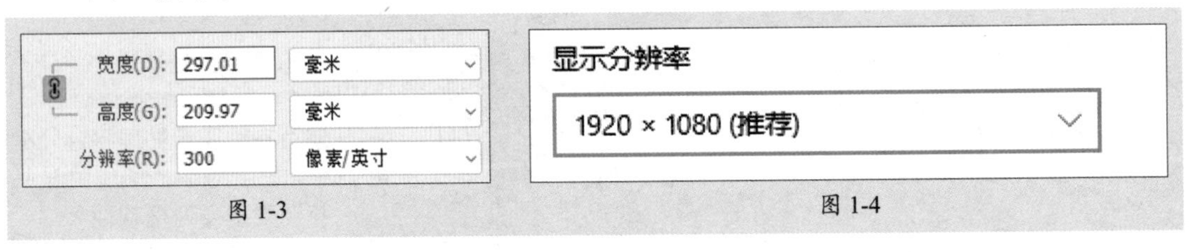

图 1-3　　图 1-4

- **打印分辨率：** 激光打印机（包括照排机）等设备产生的每英寸油墨点数（dpi）就是打印机分辨率。大部分桌面激光打印机的分辨率为300～600dpi，而高档照排机能够以1200dpi或更高的分辨率进行打印。

3. 矢量图形

矢量图形又称为向量图形，内容以线条和颜色块为主，如图1-5所示。由于其线条的形状、位置、曲率和粗细都是通过数学公式进行描述和记录的，因而矢量图形与分辨率无关，能以任意大小输出，不会遗漏细节或降低清晰度，放大后也不会出现锯齿状的边缘，如图1-6所示。

图 1-5

图 1-6

4. 位图图像

位图图像又称为栅格图像，由像素组成。每个像素都被分配一个特定位置和颜色值，按一定次序进行排列，就组成了色彩斑斓的图像，如图1-7所示。当把位图图像放大到一定程度显示时，在计算机屏幕上就可以看到一个个小色块，如图1-8所示。这些小色块就是组成图像的像素。位图图像通过记录每个点（像素）的位置和颜色信息来保存图像，因此图像的像素越多，每个像素的颜色信息越多，图像文件也就越大。

图 1-7

图 1-8

1.1.2 常见图像色彩模式

色彩模式是指同一属性下的不同颜色的集合。它能方便用户使用各种颜色，而不必在反复使用时对颜色进行重新调配。常用的模式包括RGB模式、CMYK模式、HSB模式、Lab模式、位图模式、灰度模式和索引模式等。每一种模式都有自己的优缺点及适用范围，并且各模式之间可以根据处理图像工作的需要进行转换。

1. RGB 模式

RGB模式是一种加色模式，也是一种最基本、使用最广泛的色彩模式。绝大多数可视性光谱都是通过红色、绿色和蓝色这三种色光以不同的比例和强度混合表示的。在RGB模式中，R（Red）表示红色，G（Green）表示绿色，B（Blue）表示蓝色。在这三种颜色的重叠处可以产生青色、洋红、黄色和白色。

2. CMYK 模式

CMYK模式是一种减色模式，也是Illustrator默认的色彩模式。在CMYK模式中，（Cyan）表示青色，M（Magenta）表示洋红色，Y（Yellow）表示黄色，K（Black）表示黑色。CMYK模式通过反射某些颜色的光并吸收另外颜色的光，从而产生各种不同的颜色。

3. HSB 模式

HSB模式是人眼对色彩直觉感知的色彩模式，也是工业界的一种颜色标准。它主要以人们对颜色的感觉为基础，描述颜色的三种基本特性，即HSB。其中H（Hue）表示色相，S（Saturation）表示饱和度，B（Brightness）表示亮度。

4. Lab 模式

Lab模式是最接近真实世界颜色的一种色彩模式。其中，L表示亮度，亮度范围是0~100；a表示由绿色到红色的范围，b代表由蓝色到黄色的范围，a和b范围是-128～+127。该模式解决了由不同的显示器和打印设备之间存在的颜色差异，这种模式不依赖于设备，是一种独立于设备而存在的颜色模式，不受任何硬件性能的影响。

1.1.3 图像文件常用格式

文件格式是指使用或创作的图形、图像的格式，不同的文件格式拥有不同的使用范围。在平面设计软件中，常用到的文件格式有以下几种。

1. PSD 格式

PSD格式是Photoshop软件内定和默认的格式。PSD格式是唯一可以支持所有图像模式的格式，并且可以存储Photoshop中建立的所有图层、通道、参考线、注释和颜色模式等信息，这样下次继续进行编辑时就会非常方便。因此，对于没有编辑完成、下次需要继续编辑的文件，最好保存为PSD格式。

2. PDF 格式

PDF是Adobe公司开发的一种跨平台的通用文件格式，能够保存任何源文档的字体、格式、颜色和图形，不管创建该文档时使用的是哪个应用程序和平台，Adobe Illustrator、Adobe InDesign和Adobe Photoshop程序都可直接将文件存储为PDF格式。

3. SVG 格式

SVG格式是一种开放标准的可缩放矢量图形。使用SVG格式，可以直接用XML代码来描绘图像，可以用任何文字处理工具打开SVG图像，通过改变部分代码可使图像具有交互功能，并且可以随时将其插入HTML中通过浏览器来观看。

4. TIFF 格式

TIFF是一种灵活的位图格式，扩展名为tiff或tif。作为印刷行业的标准图像格式，其通用性很强，几乎所有的图像处理软件和排版软件都对其提供了很好的支持，因此广泛用于程序之间和计算机平台之间的图像数据交换。

5. GIF 格式

GIF又称图像互换格式，是一种非常通用的图像格式。在保存图像为该格式之前，需要将图像转换为位图、灰度或索引颜色等颜色模式。GIF采用两种保存格式，一种为“正常”格式，可以支持透明背景和动画格式；另一种为“交错”格式，是一种可以让图像在网络上由模糊逐渐转为清晰的方式显示的格式。

6. JPEG 格式

JPEG格式是一种高压缩比的、有损压缩真彩色图像文件格式，其最大特点是文件比较小，可以进行高倍率的压缩，因而在注重文件大小的领域应用广泛。JPEG格式是压缩率最高的图像格式之一，由于在压缩保存过程中会以失真最小的方式丢掉一些肉眼不易察觉的数据，因此保存后的图像与原图像会有所差别，在印刷、出版等高要求的场合不宜使用。

7. PNG 格式

PNG可以保存24位的真彩色图像，并且支持透明背景和消除锯齿边缘的功能，可以在不失真的情况下压缩保存图像，但由于并不是所有的浏览器都支持PNG格式，所以该格式的使用范围没有GIF和JPEG广泛。PNG格式在RGB和灰度颜色模式下支持Alpha通道，但在索引颜色和位图模式下不支持Alpha通道。

1.1.4 图像处理的色彩属性

图像处理大部分是对图像中色彩的处理，所以在学习图像处理之前，需先了解色彩的相关知识。

1. 色彩中的三原色

- **色光：** 红、绿、蓝。
- **颜料：** 红、黄、蓝。
- **印刷：** 青、品红、黄。

2. 色彩的三大属性

- **色相：** 色相是色彩所呈现出来的质地面貌，主要用于区分颜色。在360° 的标准色轮上，可按位置度量色相。通常情况下，色相是以颜色的名称来识别的，如红、黄、绿等，如图1-9所示。

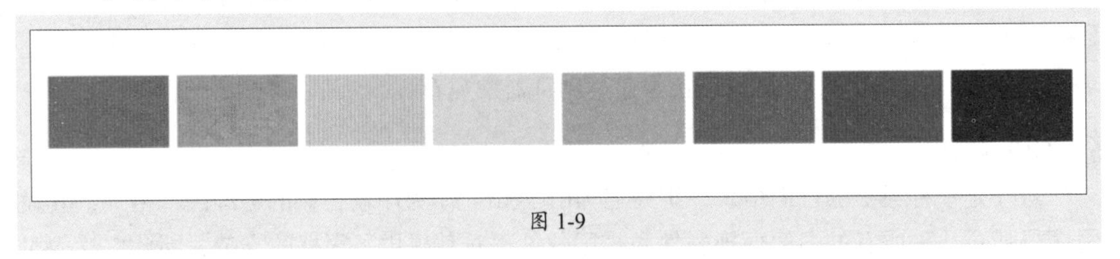

图 1-9

- **明度：** 明度是指色彩的明暗程度。通常情况下，明度的变化有两种情况，一是不同色相之间的明度变化，二是同色相的不同明度变化，如图1-10所示。在有彩色系中，明度最高的是黄色，明度最低的是紫色，红、橙、蓝、绿属于中明度。在无彩色系中，明度最高的是白色，明度最低的是黑色。要提高色彩的明度，可以加入白色，反之加入黑色。

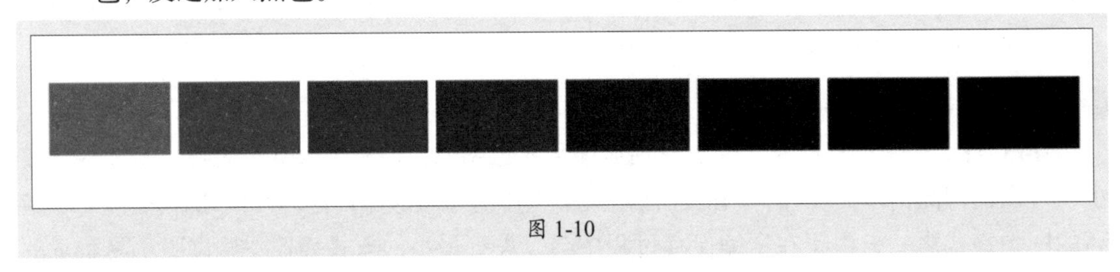

图 1-10

- **纯度：** 纯度是指色彩的鲜艳程度，也称彩度或饱和度。纯度是色彩感觉强弱的标识，其中红、橙、黄、绿、蓝、紫等的纯度最高，如图1-11所示为红色的不同纯度。无彩色系中的黑、白、灰的纯度几乎为零。

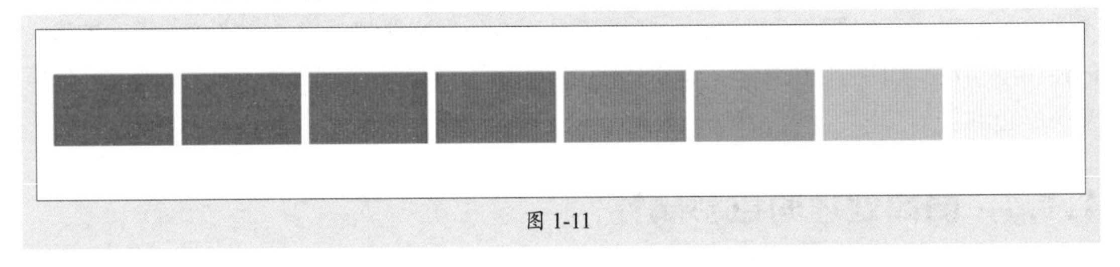

图 1-11

3. 色相环

色相环是以红、黄、蓝三色为基础，经过三原色的混合产生间色、复色，彼此都呈一个等边三角形的状态，故称色相环。色相环有6～72色多种。以12色环为例，主要由原色、间色、复色、冷暖色、类似色、邻近色、对比色、互补色组成，下面进行具体的介绍。

- **原色：** 色彩中最基础的三种颜色，即红、黄、蓝。原色是其他颜色混合不出来的，如图1-12所示。
- **间色：** 又称第二次色，由三原色中的任意两种原色相互混合而成，如图1-13所示。如红+黄=橙，黄+蓝=绿，红+蓝=紫。三种原色混合出来的是黑色。

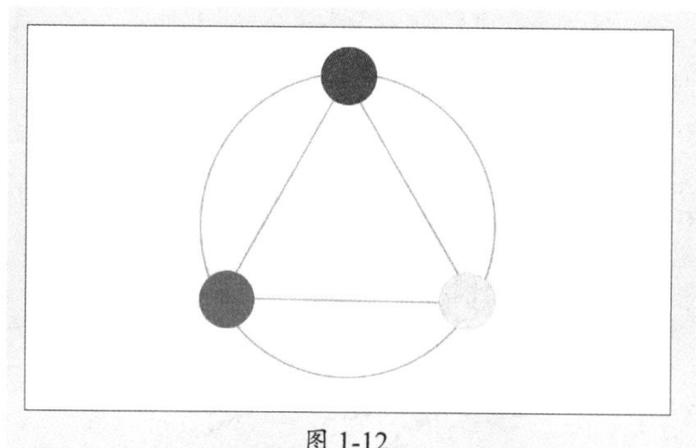

图 1-12

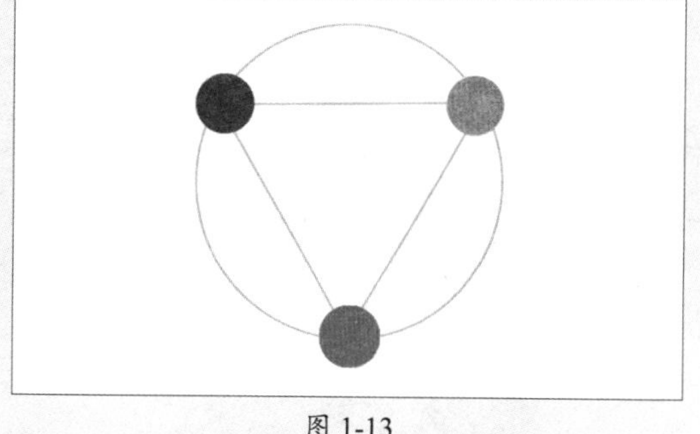

图 1-13

- **复色：** 又称第三次色，由原色和间色混合而成，如图1-14所示。复色的名称一般由两种颜色名组成，如黄绿、黄橙、蓝紫等。
- **冷暖色：** 在色相环中，根据感官可将颜色分为暖色、冷色与中性色，如图1-15所示。暖色有红、橙、黄，给人以热烈、温暖的感觉；冷色有蓝、蓝绿、蓝紫，给人以距离、寒冷的感觉；中性色是介于冷暖之间的紫色和黄绿色。

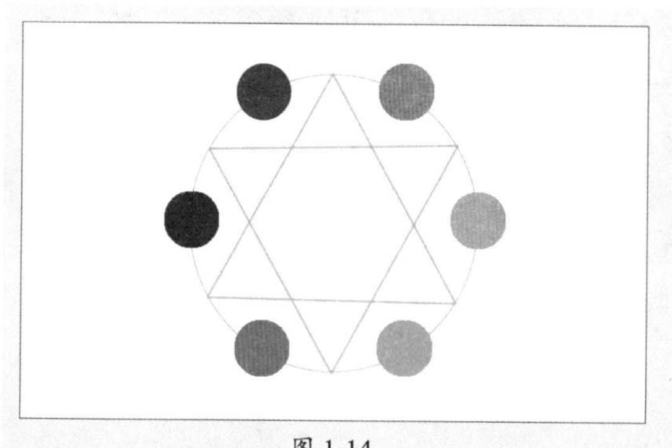

图 1-14

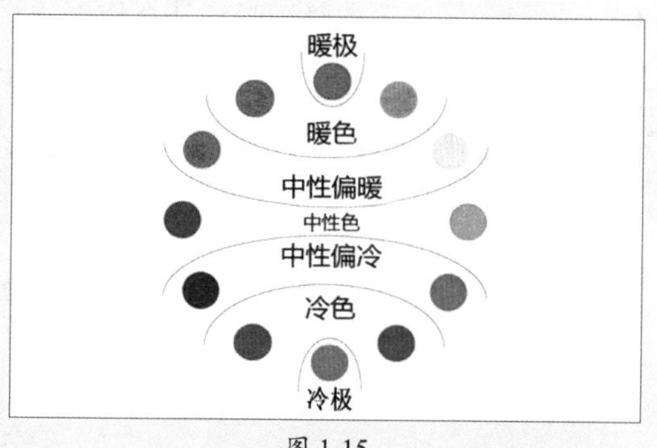

图 1-15

- **类似色：** 色相环夹角在60°以内的色彩为类似色，例如红橙和黄橙、蓝色和紫色，如图1-16所示。其色相差异不大，给人统一、稳定的感觉。
- **邻近色：** 色相环中夹角在60°～90° 的色彩为邻近色，例如红色和橙色、绿色和蓝色等，如图1-17所示。其色相彼此近似，和谐统一，给人舒适、自然的视觉感受。

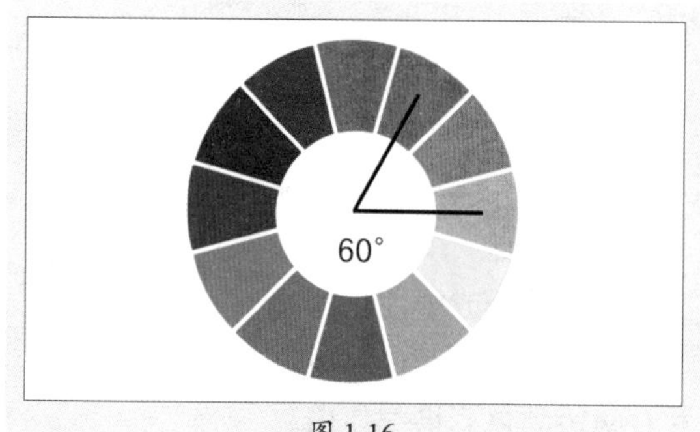

图 1-16

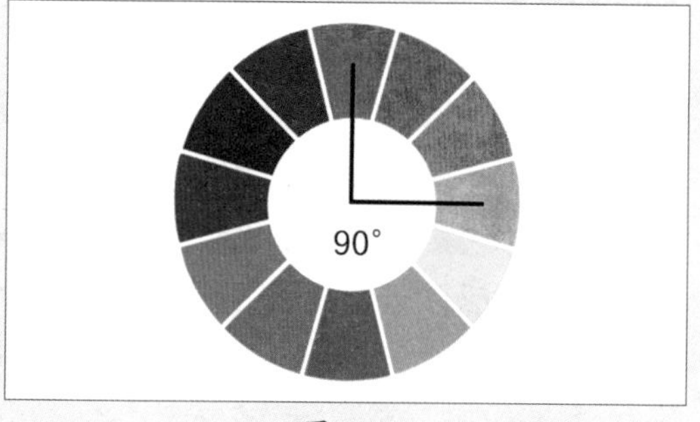

图 1-17

- **对比色：** 色相环中夹角在120° 左右的色彩为对比色，例如紫色和黄橙、红色和黄色等，如图1-18所示。其可使画面具有矛盾感，矛盾越鲜明，对比越强烈。

- **互补色**：色相环中夹角为180°的色彩为互补色，例如红色和绿色、蓝紫色和黄色等，如图1-19所示。互补色有强烈的对比效果。

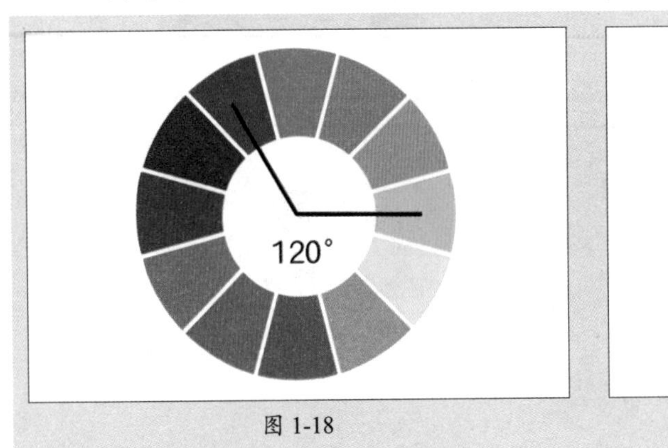

图 1-18

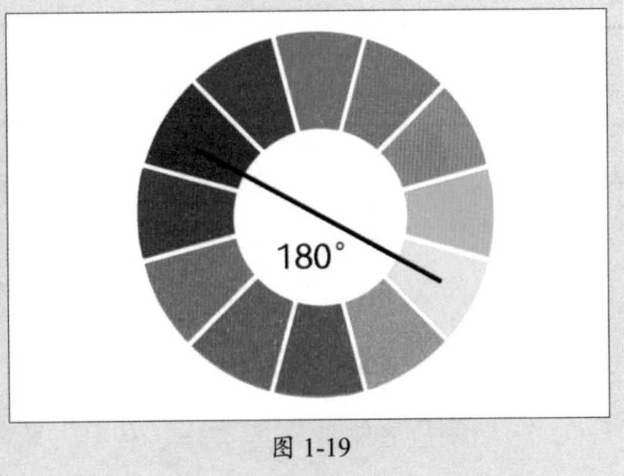

图 1-19

4. 配色原则

色彩搭配时，占据面积最大和最突出的色彩为主色。主色是整幅画面的主题，占比60%～70%；仅次于主色，起到补充作用的是副色，也称辅助色，可使整个画面更加饱满，占比25%～30%；最后是点缀色，点缀色不止一种，可以是多种颜色，主要起到画龙点睛与引导的作用，占比5%～10%。如图1-20所示为主色、辅助色和点缀色百分比表示效果图。

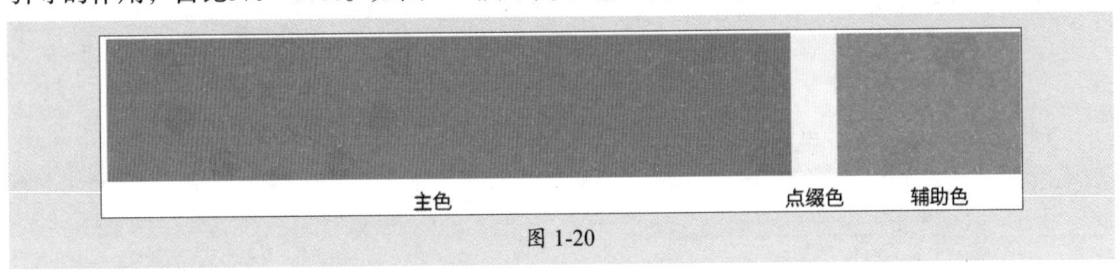

图 1-20

5. 配色技巧

下面介绍一些配色设计的小技巧。

- **无色设计**：使用黑、白、灰进行搭配。
- **单色配色**：对同一种色相进行纯度、明度变化搭配，形成明暗变化，给人协调统一的感觉。
- **原色配色**：使用红、黄、蓝进行搭配。
- **二次色配色**：使用绿、紫、橙进行搭配。
- **三次色三色搭配**：使用红橙、黄绿、蓝紫或者蓝绿、黄橙、红紫两种组合中的一种，在色相环上，相邻颜色之间保持相等距离。
- **中性搭配**：加入一种颜色的补色或黑色，使色彩消失或中性化。
- **类比配色**：在色相环上任选三种以上连续的颜色或任一明色和暗色。
- **冲突配色**：确定一种颜色后，和它补色左右两边的色彩搭配使用。
- **分裂补色配色**：确定一种颜色后，和它补色的任一边搭配使用。
- **互补配色**：使用色相环上的互补色进行搭配。

1.2 图像处理应用范围

图像处理的应用领域十分广泛，如平面设计、后期处理、网页设计等。随着图像软件功能的不断提升，所涉及的领域会越来越多。

1.2.1 平面设计

平面设计是图像处理应用最为广泛的领域。简单来说，平面设计作品的用途就是“传达信息”。具体来讲，根据实际应用可以分为广告设计、海报设计、包装设计、书籍装帧设计、界面设计、插画设计等。图1-21、图1-22所示分别为在广告设计和包装设计上应用图像处理的效果。

图 1-21

图 1-22

1.2.2 后期处理

后期处理主要指图像在出图前的处理，例如人物后期、风光后期、创意合成等，包括图像修饰和修复、校色和调色功能。利用这些功能，可以快速修复破损的老照片，修复人脸上的瑕疵，方便快捷地对图像的颜色进行明暗、色偏的调整和校正，可以将几幅图像通过图层操作、工具应用合成创意图像，还可以通过滤镜、通道及工具的综合应用完成特效制作，如图1-23、图1-24所示。

图 1-23

图 1-24

1.2.3 网页设计

网页设计是根据企业希望向浏览者传递的信息（包括产品、服务、理念等）进行网站功能策划，然后进行页面设计美化工作。

网页设计的工作目标是通过使用更合理的颜色、字体、图像、版式进行页面设计美化，在功能限定的情况下，可以大大增加网页的观赏性，如图1-25、图1-26所示。

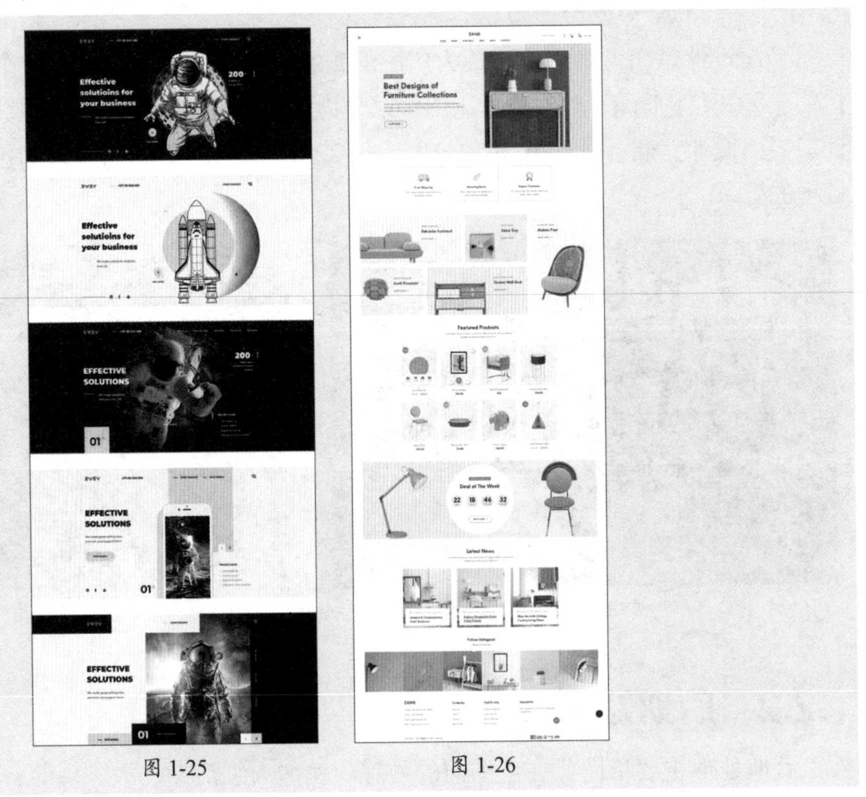

图 1-25　　图 1-26

1.2.4 三维设计

三维设计建立在平面和二维设计的基础上，可以让设计目标立体化、形象化。在三维软件中，除了使用软件本身自带的素材，还可以使用处理后的材质或场景图像为模型进行贴图渲染，使其效果更加精良、有质感，如图1-27所示。

图 1-27

1.3 图像处理应用软件

图像处理软件不仅仅局限于传统的Photoshop软件，针对不同类型的图像以及用途，可以在不同的平台上进行图像处理。

1.3.1 PC端图像处理软件

PC端处理图像主要使用Photoshop和Lightroom，前者综合性较强，可以进行多种效果的图像编辑与特效合成，后者则重点用于图像的后期调色。

1. Photoshop

Adobe Photoshop是集图像扫描、编辑修改、动画制作、图像设计、广告创意、图像输入与输出于一体的图形图像处理软件。从社交媒体到修饰图片，从设计横幅到精美网站，或是从日常影像编辑到重新创造，无论什么创作，Photoshop都能让它变得更好。图1-28所示为Photoshop 2022的图标。

2. Lightroom

Adobe Photoshop Lightroom是Adobe研发的一款以后期处理为重点的图形工具软件，是数字拍摄工作流程中不可或缺的一部分。Lightroom提供了优化摄影效果所需的所有编辑工具，包括提亮颜色、使灰暗的摄影更加生动、删除瑕疵等。图1-29所示为Lightroom 2022的图标。

图 1-28

图 1-29

1.3.2 网页在线图像处理平台

网页端在线处理图像相较于Photoshop等软件会更加智能便捷。下面以稿定设计和Canva（可画）为例做介绍。

1. 稿定设计

稿定设计是一个聚焦商业设计的多场景在线设计平台，能为不同场景下的设计需求提供优质的解决方案，通过拖、拉等操作即可轻松实现创意，为不同场景、不同尺寸创建海量优质模板素材，可满足中小型企业、自媒体、学生、电商、个体经营者的图片及视频模板设计需求，让设计更简单。图1-30所示为稿定设计官网首页。

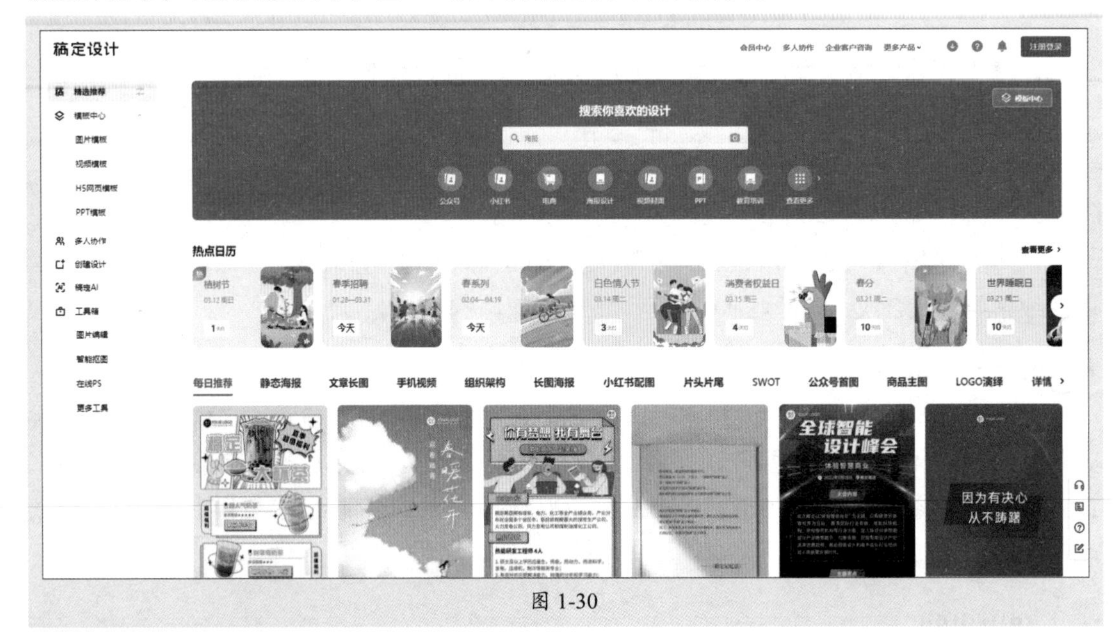

图 1-30

2. Canva（可画）

Canva（可画）是一家主打简单便捷、快速上手的高质量在线设计平台，用户可以根据不同需求在Canva平台上选择不同的设计模式，依照不同模板按引导进行相应的版式、背景和文字设计；同时，用户还可以联网在Canva资源库里搜索图片、图标、图表等素材。图1-31所示为Canva（可画）官网模板素材页面。

图 1-31

1.3.3 移动端图像处理软件

移动端的图形处理软件主要是对手机摄影照片进行后期处理，下面以醒图和美图秀秀为例做介绍。

1. 醒图

醒图是一款操作简单、功能强大的全能修图软件，能一站式满足各种修图需求。它的一键操作功能便能获得高级质感肤质和个性化微调，并能保留个人特征，增加光影，提升五官立体感，还有意想不到的效果滤镜、模板以及贴纸等。图1-32所示为醒图安卓版图标。

2. 美图秀秀

美图秀秀作为一款装机必备的图像处理软件，可以轻松设计出有质感的照片。一键出图的美图配方，医美级的特效精修，脑洞大开的智能抠图与手绘涂鸦、贴纸，有趣潮流的拼图方式等，能方方面面满足用户的各种需求。图1-33所示为美图秀秀安卓版图标。

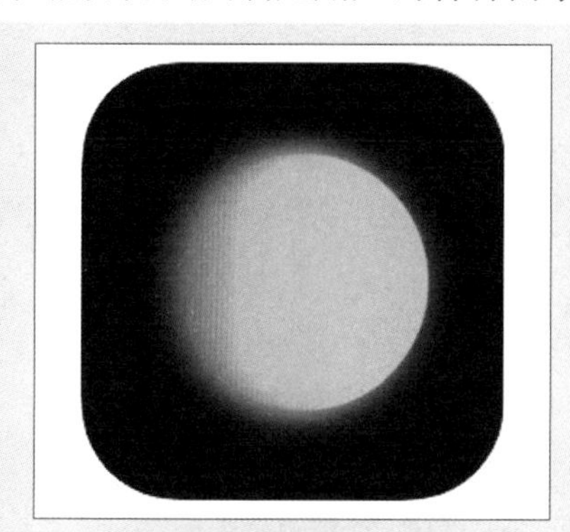

图 1-32

图 1-33

1.4 各行业中的图像处理与应用

图像处理可以理解为图像编辑、图像合成、校色调色、裁剪修复等，被广泛运用到插画、包装、网页、出版、广告、摄影等领域。

1.4.1 图像处理对应的岗位和行业概况

掌握图像处理理论和操作技能，可以到广告公司、互联网公司、网络科技公司、电商平台、企事业单位、影楼、印刷公司等进行广告策划设计制作、平面宣传设计、插画设计、包装设计、版式设计、淘宝美工、数码师、运营等工作。

1.4.2 如何快速适应岗位或行业要求

新员工进入公司工作后，要端正态度，积极主动地融入新环境。

- 尽快熟悉公司的各种规章制度并严格遵守；
- 以最快的速度熟悉所聘岗位的工作内容、工作流程；

- 尽快熟悉公司直属领导和同事，做好对接工作；
- 脚踏实地，端正态度，善于反馈，切勿要小聪明应付工作；
- 保持学习的习惯，多向“老人”请教、学习，积极提升自我素养。

以平面设计类工作为例进行说明，这类工作常见的任职要求和岗位职责如下。

（1）任职要求。

提前了解任职要求，让自己能够正确对待工作。

- 有独立完成整个设计的能力；
- 具备良好的专业技能，富有创造力和想象力，具有完美主义精神；
- 对视觉设计、色彩有敏锐的观察力及分析能力，对流行趋势高度敏感；
- 工作积极主动，高度的责任心和团队合作精神，良好的沟通能力；
- 精通平面设计类软件，如Photoshop、Illustrator、InDesign等；
- 有一定文案创意能力，对平面设计有独特的理解，手绘能力优秀。

（2）岗位职责。

明确岗位职责，做好自己的本职工作。

- 负责公司日常宣传品的设计、制作与创新；
- 协助其他部门顺利完成设计及美术工作，如公司网站风格、色彩搭配、版面合理性、图片整理、公司Logo处理等；
- 积极与客户沟通，处理各种平面项目的质量和时效，并完成验收；
- 运用自己的行业背景和知识，在设计和生产中有效控制支出；
- 有团队合作精神，有较强的上进心，能承受工作带来的压力；
- 态度良好，能不断提高设计水平，以满足公司日益发展的要求。

课堂实战 发现生活中的图像处理元素

本章课堂实战主要是发现生活中的图像处理元素，例如街边的公益广告、橱窗中的人物海报、超市卖场中的商品等，如图1-34、图1-35所示。

图 1-34

图 1-35

课后练习 在移动端处理拍摄的图像

下面将拍摄的风景照片置入图像软件中进行后期处理，前后效果如图1-36、图1-37所示。

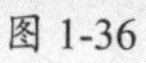

图 1-36

图 1-37

1. 技术要点

- 根据照片风格选择合适的模板应用；
- 在“滤镜”选项组中更换滤镜并调整参数；
- 在“调节”选项中调整对比度、纹理、颗粒参数。

2. 分步演示

如图1-38所示。

图 1-38

拓展赏析

非遗之四级保护体系

据国务院发布的《关于加强文化遗产保护的通知》，制定“国家+省+市+县”四级保护体系，各级牌匾如图1-39所示。要求各地方和各有关部门贯彻“保护为主、抢救第一、合理利用、传承发展”的工作方针，切实做好非物质文化遗产的保护、管理和合理利用工作。

图 1-39

1. 国家级

国家级非物质文化遗产名录，例如白蛇传说、苏州评弹、杨柳青木版年画、秧歌、中医诊法等。

2. 省级

江苏省省级非物质文化遗产名录、山西省省级非物质文化遗产名录、安徽省省级非物质文化遗产名录、山东省省级非物质文化遗产名录等，例如扬州玉雕、唢呐艺术、徽州篆刻、潍坊风筝等。

3. 市级

扬州市市级非物质文化遗产名录、徐州市市级非物质文化遗产名录、天津市市级非物质文化遗产名录等，例如临泽高跷、彭祖的传说、铁皮大鼓、胡琴艺术等。

4. 县级

高邑县县级非物质文化遗产名录、广德县县级非物质文化遗产名录、衡南县县级非物质文化遗产名录等，例如西林铁艺、怀安叉纸扎染、张渤治水传说、海峰造纸术、冠市红豆腐、栗江万岁桥豆油等。

素材文件

视频文件

第2章

图像的辅助调整

内容导读

本章将对图像的辅助调整进行讲解，包括Photoshop工作界面介绍，标尺、参考线、网格等图像处理辅助工具的应用；使用缩放、图像大小、画布大小、对齐与分布及排列等命令调整图像显示；使用裁剪工具、切片工具、变换与变形命令裁切和变换图像等。

思维导图

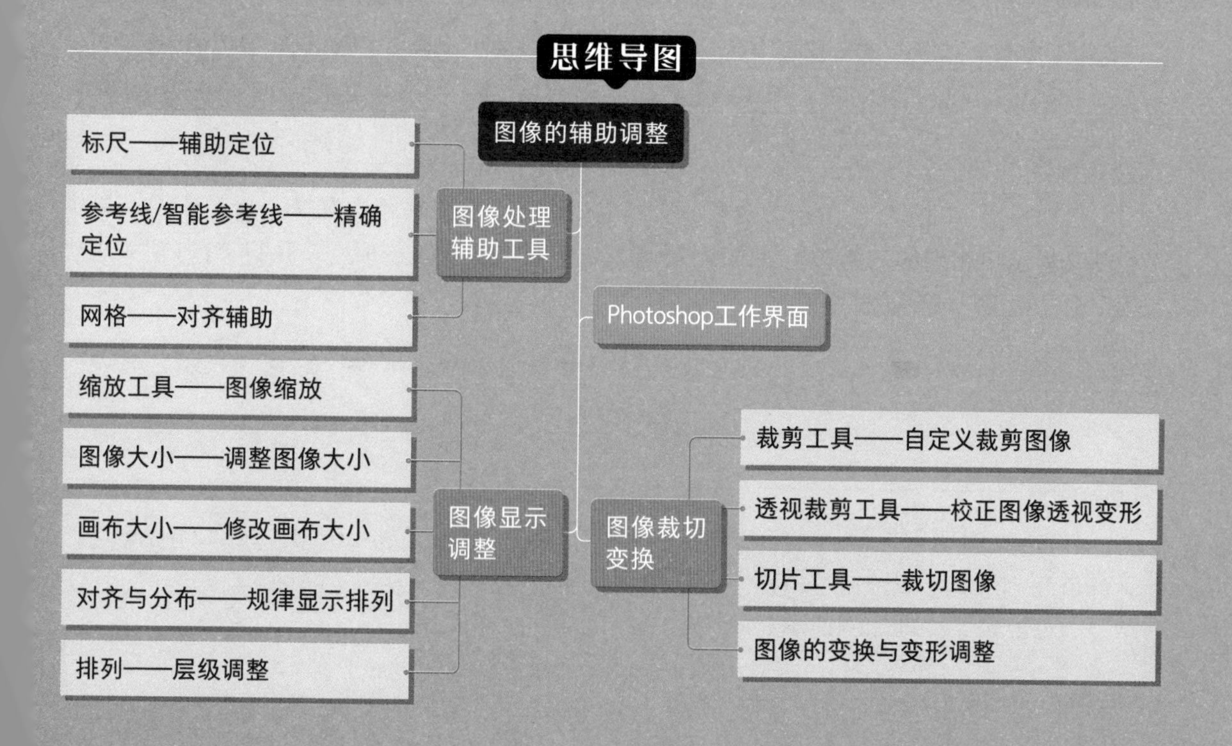

2.1 Photoshop工作界面

双击Photoshop图标，显示Photoshop主界面。打开任意一个图像或文件，进入工作界面，该界面主要由菜单栏、选项栏、标题栏、工具箱、面板组、图像编辑窗口、状态栏组成，如图2-1所示。

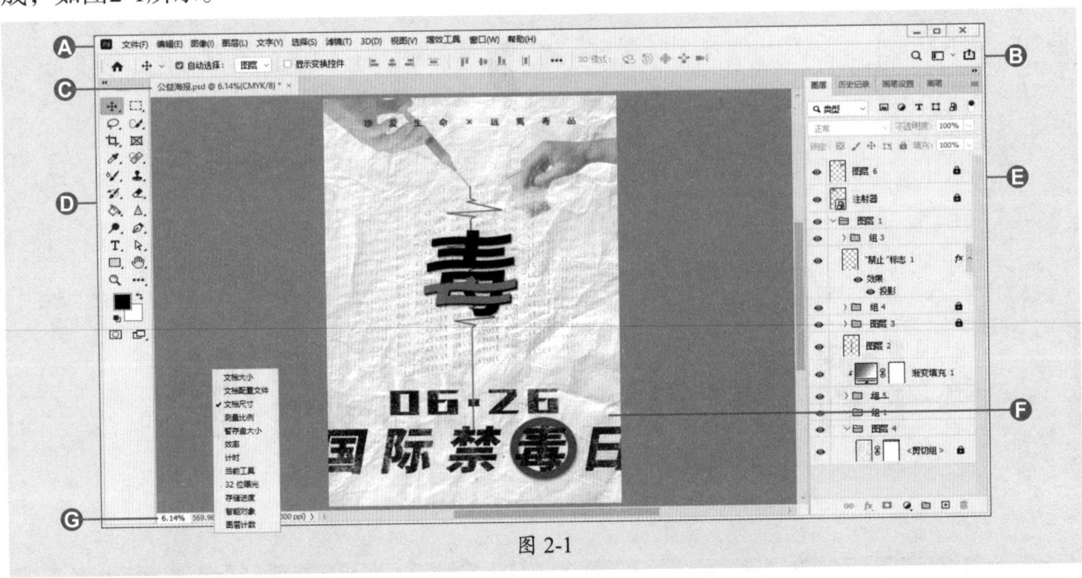

图 2-1

A：菜单栏 B：选项栏 C：标题栏 D：工具箱 E：面板组 F：图像编辑窗口 G：状态栏

下面简要介绍各部分的主要功能和作用。

A 菜单栏

菜单栏包括文件、编辑、图像、文字和帮助等12个主菜单，如图2-2所示。每一个主菜单包括多个子菜单，通过应用这些命令可以完成大多数常规的编辑操作。

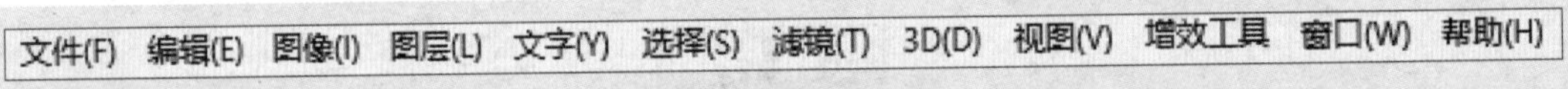

文件(F) 编辑(E) 图像(I) 图层(L) 文字(Y) 选择(S) 滤镜(T) 3D(D) 视图(V) 增效工具 窗口(W) 帮助(H)

图 2-2

B 选项栏

选项栏显示的选项因所选的对象或工具类型而异。在工具箱中选择一个工具后，选项栏就会显示出相应的工具选项，图2-3所示为“矩形工具”的选项栏。执行“窗口”|“选项”命令可显示或隐藏选项栏。

形状
填充：
描边：
1像素
W: 0像素
H: 0像素
15像素
对齐边缘

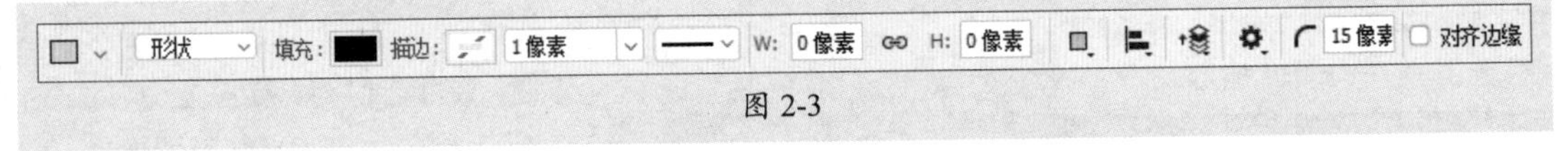

图 2-3

C 标题栏

打开一个图像或文档，在工作区域上方会显示文档的相关信息，包括文档名称、文档格式、缩放等级、颜色模式等，如图2-4所示。

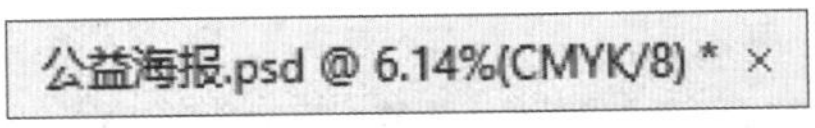

公益海报.psd @ 6.14%(CMYK/8) * ×

图 2-4

D 工具箱

默认状态下，工具箱位于图像编辑窗口的左侧，单击工具箱中的工具图标，即可使用该工具。单击 按钮双排显示工具，单击 则单排显示工具。

用鼠标长按或右击带有三角图标的工具即可展开工具组，单击即可更换组内工具，如图2-5所示。配合Shift键，比如按Shift+W组合键，可在对象选择工具 、快速选择工具 和魔棒工具 之间进行转换。

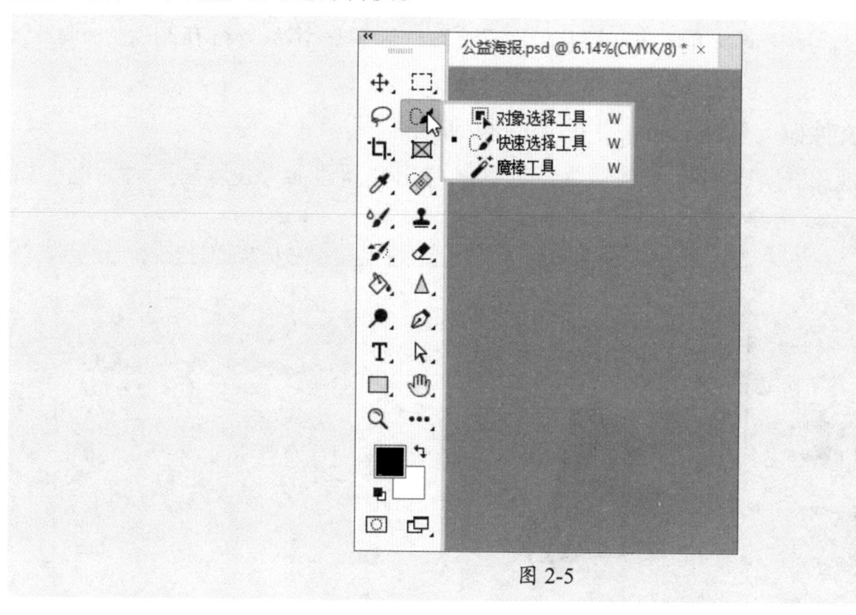

图 2-5

E 面板组

面板以面板组的形式停靠在软件界面的最右侧，在面板中可设置数值和调节功能。各个面板都可以自行组合，执行“窗口”菜单下的命令即可显示面板。按住鼠标左键拖动可将面板和窗口分离，如图2-6所示。单击 、 按钮或单击面板命名称，可以显示或隐藏面板内容。

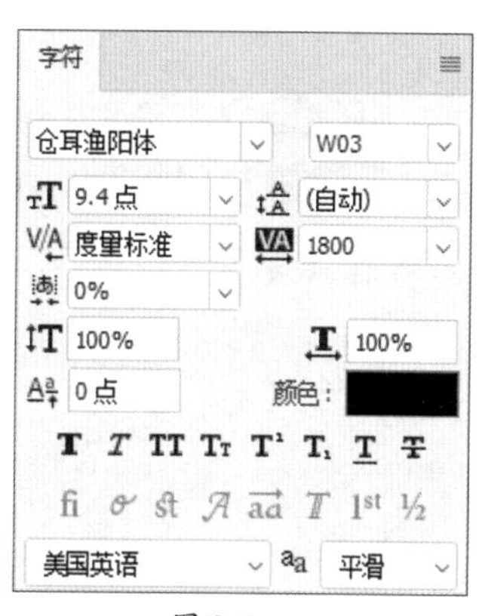

图 2-6

F 图像编辑窗口

图像编辑窗口是Photoshop设计作品的主要场所，针对图像执行的所有编辑功能和命令可以在图像编辑窗口中显示效果。在编辑图像过程中，可以对图像窗口进行多种操作，如改变窗口大小和位置、对窗口进行缩放等，拖动标题栏可将其分离。

G 状态栏

状态栏位于工作界面的左下方，显示图像的缩放大小和其他状态信息。单击 按钮，可显示状态信息的选项，例如文档大小、文档尺寸、当前工具等。

2.2 图像处理辅助工具

在Photoshop中，可以使用标尺、参考线、网格等辅助工具来对图像进行精确定位，测量准确的尺寸。

2.2.1 案例解析：设置边距内出血

在学习图像处理辅助工具之前，可以跟随以下操作步骤了解并熟悉打开图像、创建参考线版面等方法。

步骤 01 将素材文件拖曳至Photoshop中，如图2-7所示。

步骤 02 执行“视图”|“新建参考线版面”命令，弹出“新建参考线版面”对话框，如图2-8所示。

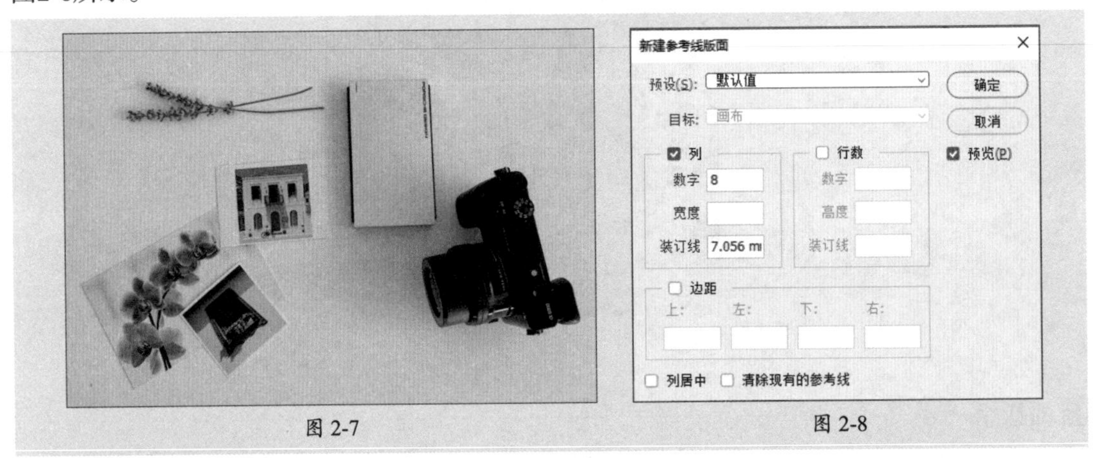

图 2-7　　图 2-8

步骤 03 取消勾选“列”复选框，勾选“边距”复选框并设置参数，如图2-9所示。

步骤 04 应用效果如图2-10所示。

图 2-9　　图 2-10

2.2.2 标尺——辅助定位

标尺可以精确定位图像或元素。执行“视图”|“标尺”命令，或按Ctrl+R组合键可显示标尺。标尺分布在图像编辑窗口的上边缘和左边缘（X轴和Y轴），在标尺处右击，会弹

出度量单位菜单，可选择或更改单位，如图2-11所示。

默认状态下，标尺的原点位于图像编辑区的左上角，其坐标值为（0,0）。单击左上角标尺相交的位置□并向右下方拖动，会拖出两条十字交叉的虚线，松开鼠标，可更改新的零点位置，如图2-12、图2-13所示。双击左上角标尺相交的位置□，则恢复到原始状态。

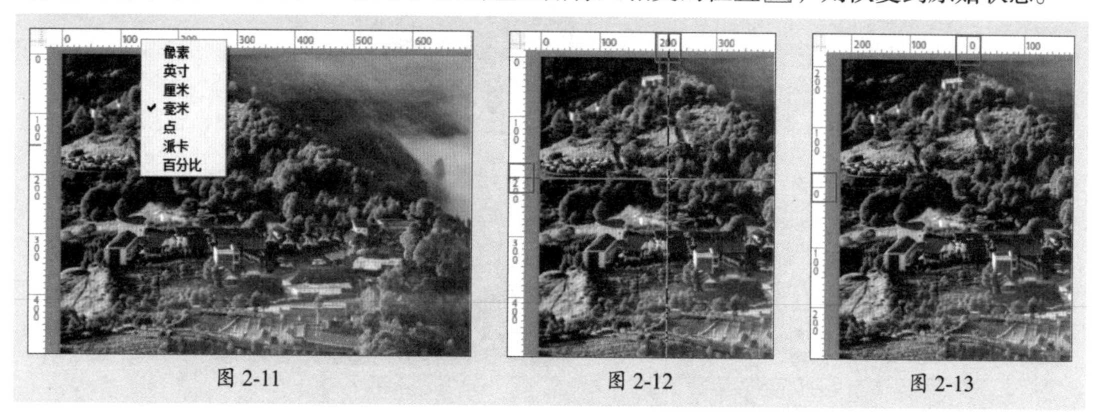

图 2-11　　图 2-12　　图 2-13

2.2.3 参考线/智能参考线——精确定位

参考线和智能参考线都可以精确定位图像或元素。

1. 参考线

参考线可以手动创建和自动创建。

（1）手动创建参考线。

执行“视图”|“标尺”命令或按Ctrl+R组合键显示标尺后，将光标放在左侧垂直标尺上后按住左键向右拖动鼠标，即可创建垂直参考线；将光标放在上侧水平标尺上后按住左键向下拖动鼠标，即可创建水平参考线，如图2-14所示。

图 2-14

（2）自动创建参考线。

执行“视图”|“新建参考线”命令，在弹出的“新建参考线”对话框中设置具体的位

置参数，单击“确定”按钮即可显示参考线，如图2-15～图2-17所示。若要一次性创建多个参考线，可执行“视图”|“新建参考线版面”命令，在弹出的“新建参考线版面”对话框中设置参数。

图 2-15　　图 2-16　　图 2-17

操作提示

若要调整或移动参考线，可使用选择工具，将光标放在参考线上，当变为形状后即可调整参考线。

2. 智能参考线

智能参考线是一种会在绘制、移动、变换情况下自动显示的参考线，可用于帮助对齐形状、切片和选区。智能参考线可以在多个场景中显示，例如：

- 按住Alt键的同时拖动图层，会显示引用测量参考线，表示原始图层和复制图层之间的距离；
- 按住Ctrl键的同时将光标悬停在形状以外，会显示与画布的距离，如图2-18所示；
- 选择某个图层，按住Ctrl键的同时将光标悬停在另一个图层上方，可以查看测量参考线，如图2-19所示；
- 在使用路径选择工具处理路径时，会显示测量参考线；
- 复制或移动对象时，会显示所选对象和直接相邻对象之间的间距相匹配的其他对象之间的间距。

图 2-18

图 2-19

2.2.4 网格——对齐辅助

网格主要用于对齐参考线，方便在编辑操作中对齐物体。执行“视图”|“显示”|“网格”命令，可在页面中显示网格，如图2-20所示。当再次执行该命令时，则会取消网格的显示。

图 2-20

操作提示

执行“编辑”|“首选项”|“参考线、网格和切片”命令，在打开的“首选项”对话框中可设置网格的颜色、样式、网格线间隔、子网格数量等参数，如图2-21所示。

网格
颜色(C): 浅灰色
网格线间隔(D): 100 百分比 子网格(V): 4

图 2-21

2.3 图像显示调整

使用缩放工具可以缩放图像，使用图像大小、画布命令可以调整图像和画布的大小，使用对齐与分布、排列命令可以调整图像的显示与层级。

2.3.1 案例解析：调整图像大小

在学习图像显示调整之前，可以跟随以下操作步骤了解并熟悉如何打开图像、调整图像大小等。

步骤 01 将素材文件拖曳至Photoshop中，如图2-22所示。

步骤 02 执行“图像”|“图像大小”命令，弹出“图像大小”对话框，如图2-23所示。

图 2-22

图 2-23

步骤 03 单击![]按钮，取消约束比例，更改参数，如图2-24所示。

步骤 04 单击“确定”按钮，效果如图2-25所示。

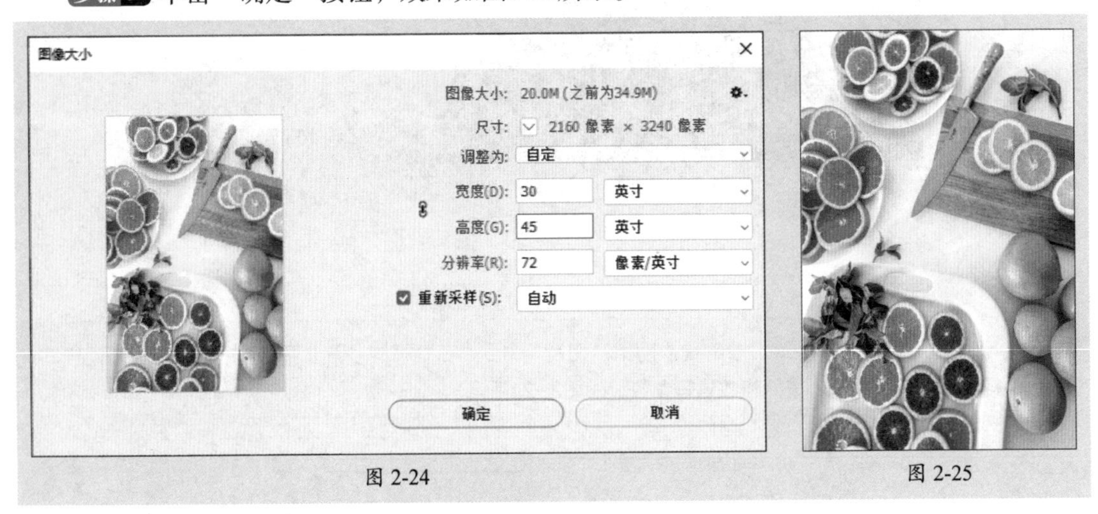

图 2-24

图 2-25

2.3.2 缩放工具——图像缩放

利用缩放工具可以将图像的显示比例进行放大或缩小，选择缩放工具![]，显示其选项栏，如图2-26所示。

图 2-26

该选项栏中主要选项的功能如下。

- **放大或缩小![]：** 切换缩放方式。单击放大按钮![]，切换为放大模式，在画布中单击便可放大图像；单击缩小按钮![]，切换为缩小模式，在画布中单击便可缩小图像。按Alt键可以切换放大和缩小模式。
- **调整窗口大小以满屏显示：** 勾选此复选框，当放大或缩小图像视图时，窗口的大小即会调整。

- **缩放所有窗口：** 勾选此复选框，同时缩放所有打开的文档窗口。
- **细微缩放：** 勾选此复选框，在画面中单击并向左侧或右侧拖动，能够以平滑的方式快速放大或缩小窗口。
- **100%：** 单击该按钮或按Ctrl+1组合键，图像以实际像素比例进行显示。
- **适合屏幕：** 单击该按钮或按Ctrl+0组合键，可以在窗口中最大化显示完整的图像。
- **填充屏幕：** 单击该按钮，可以在整个屏幕范围内最大化显示完整的图像。

按Ctrl++组合键可放大图像显示，按Ctrl+-组合键可缩小图像显示。

2.3.3 图像大小——调整图像大小

图像质量的好坏与图像的大小、分辨率有很大的关系，分辨率越高，图像就越清晰，而图像文件所占用的空间也就越大。执行“图像”|“图像大小”命令，或者按Ctrl+Alt+I组合键，将弹出“图像大小”对话框，如图2-27所示。

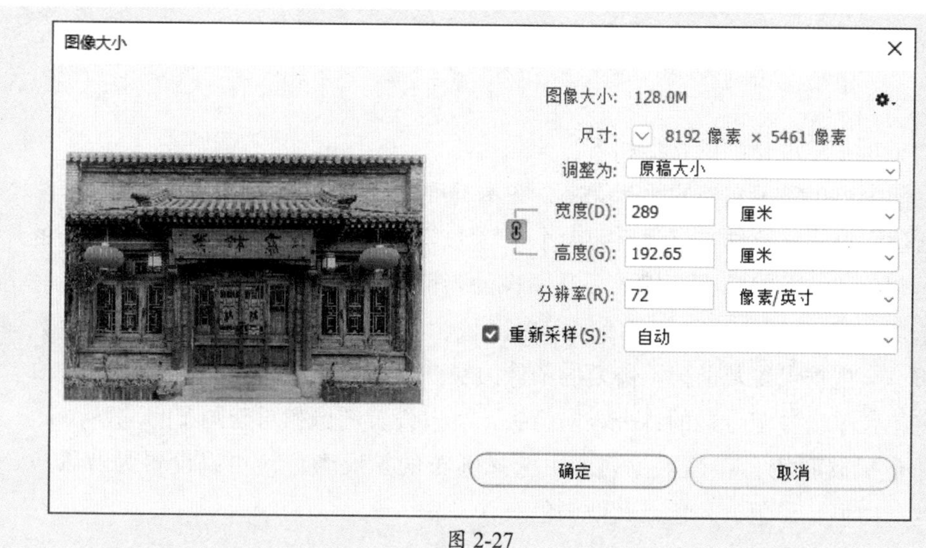

图 2-27

该对话框中主要选项的功能如下。

- **图像大小：** 单击按钮，可以勾选“缩放样式”复选框。当文档中的某些图层包含图层样式时，勾选“缩放样式”复选框，可以在调整图像大小时自动缩放样式效果。
- **尺寸：** 显示图像当前尺寸。单击右侧的按钮，可以从下拉列表中选择尺寸单位，如百分比、像素、英寸、厘米、毫米、点、派卡。
- **调整为：** 设置为Photoshop的预设尺寸。
- **宽度/高度/分辨率：** 设置文档的高度、宽度、分辨率，以确定图像的大小。单击左侧按钮，即可锁定长宽比例。
- **重新采样：** 可选择采样插值方法。

2.3.4 画布大小——修改画布大小

画布是显示、绘制和编辑图像的工作区域。执行“图像”|“画布大小”命令，或者按Ctrl+Alt+C组合键，将弹出“画布大小”对话框，如图2-28所示。在该对话框中可以设置扩展图像的宽度和高度，并对扩展区域进行定位。

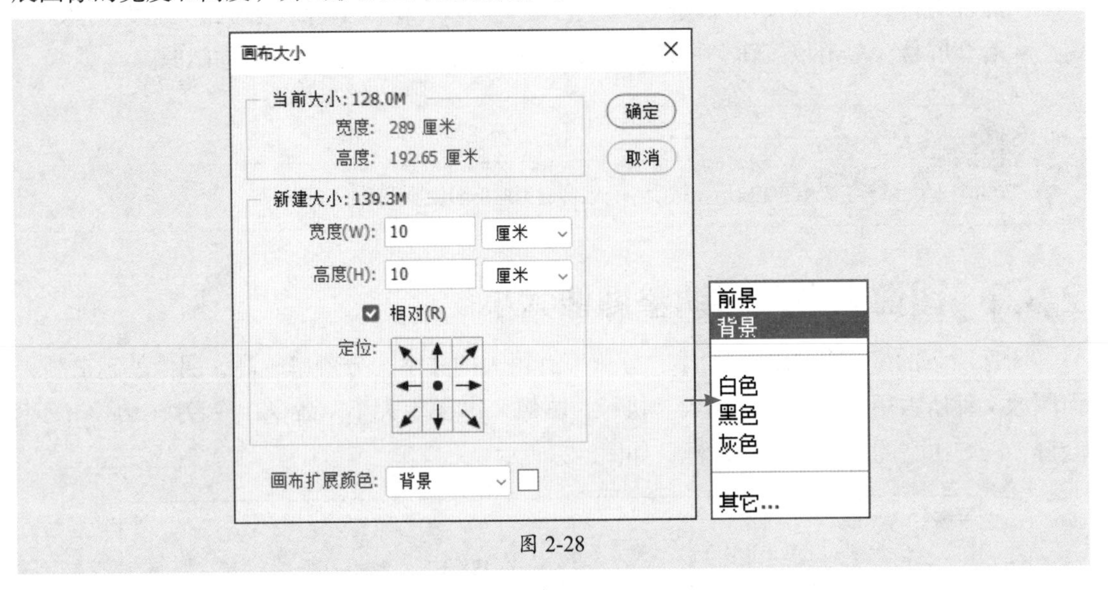

图 2-28

该对话框中主要选项的功能如下。

- **当前大小：** 显示文档的实际大小、图像宽度和高度的实际尺寸。
- **新建大小：** 修改画布尺寸后的大小。“宽度”和“高度”选项用于设置画布的尺寸。
- **相对：** 勾选此复选框，输入要从图像的当前画布大小添加或减去的数量。输入正数添加画布，会在图像四周增加空白区域，不会影响原有的图像；输入负数减去画布，会根据设置裁剪掉不需要的图像边缘。
- **定位：** 单击“定位”的各个方向箭头，可以设置图像相对于画布的位置。
- **画布扩展颜色：** 在该下拉列表中选择画布的扩展颜色，可以设置为背景色、前景色、白色、黑色、灰色或其他颜色。

2.3.5 对齐与分布——规律显示排列

在编辑图像过程中，可以根据需要重新调整图层内图像的位置，使其按照一定的方式沿直线自动对齐或者按一定的比例分布。

1. 对齐

对齐图层是指将两个或两个以上图层按一定规律进行对齐排列，即以当前图层或选区为基础，在相应方向上对齐。执行“图层”|“对齐”命令，在弹出的菜单中选择相应的对齐方式即可，如图2-29所示。

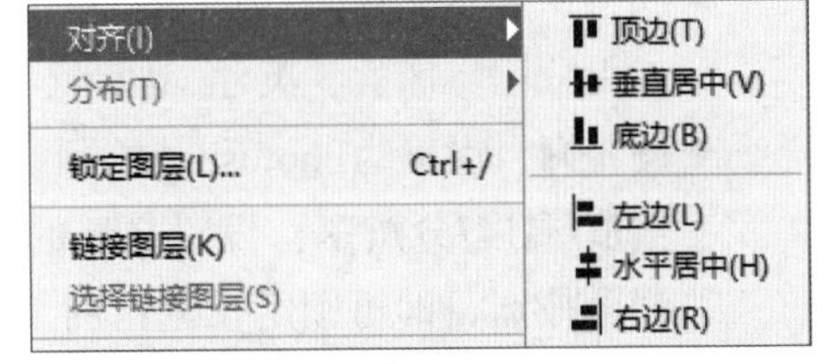

图 2-29

2. 分布

分布图层命令用来调整三个及三个以上图层之间的距离，令多个图像在水平或垂直方向上按照相等的间距排列。选中多个图层，执行“图层”|“分布”菜单中相应的命令即可，如图2-30所示。

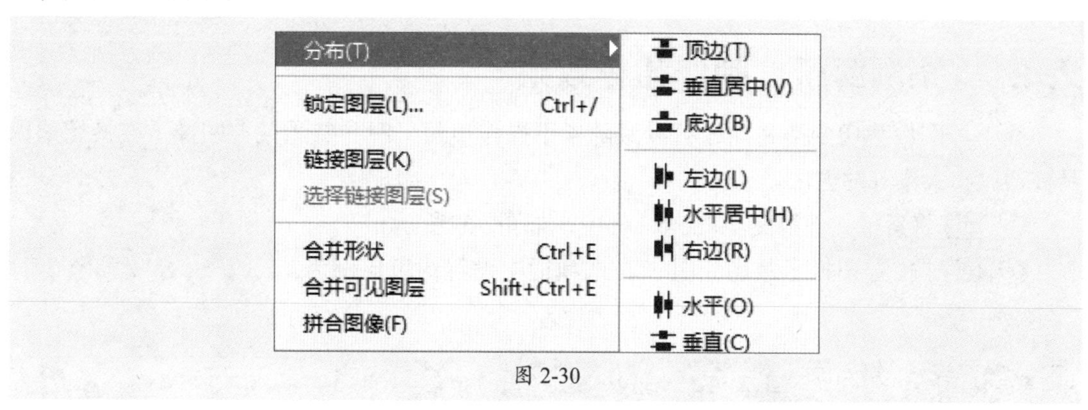

图 2-30

操作提示

使用移动工具选择需要调整的图层后，可以在选项栏中设置对齐和分布，如图2-31所示。

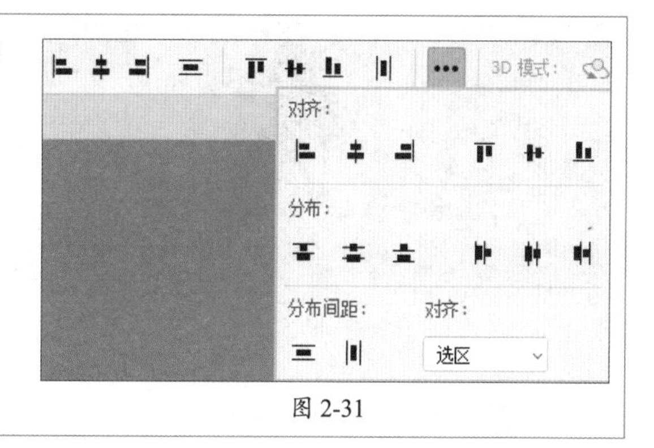

图 2-31

2.3.6 排列——层级调整

图层的排列影响着图像的显示效果，在“图层”面板中选择要调整顺序的图层，将其拖动到目标图层上方，释放鼠标即可调整该图层的顺序。除了手动更改图层顺序外，还可以执行“排列”命令调整顺序。

- 执行“图层”|“排列”|“置为顶层”命令或按Ctrl+Shift+]组合键，可将图层置顶；
- 执行“图层”|“排列”|“前移一层”命令或按Ctrl+]组合键，图层上移一层；
- 执行“图层”|“排列”|“后移一层”命令或按Ctrl+[组合键，图层下移一层；
- 执行“图层”|“排列”|“置为底层”命令或按Ctrl+Shift+[组合键，可将图层置底。

2.4 图像裁切变换

使用裁剪工具、透视裁剪工具可以自定义裁剪图像，使用切片工具可以将图像裁切为任意大小，使用变换与变形工具可以调整图像显示。

2.4.1 案例解析：制作相框效果

在学习图像裁切变换之前，可以跟随以下操作步骤了解并熟悉裁剪图像、变换图像以及修改画布大小等的方法。

步骤 01 将素材文件拖曳至Photoshop中，如图2-32所示。

步骤 02 按C键切换至裁剪工具，在选项栏中设置约束比例为2：3（4：6），如图2-33所示。

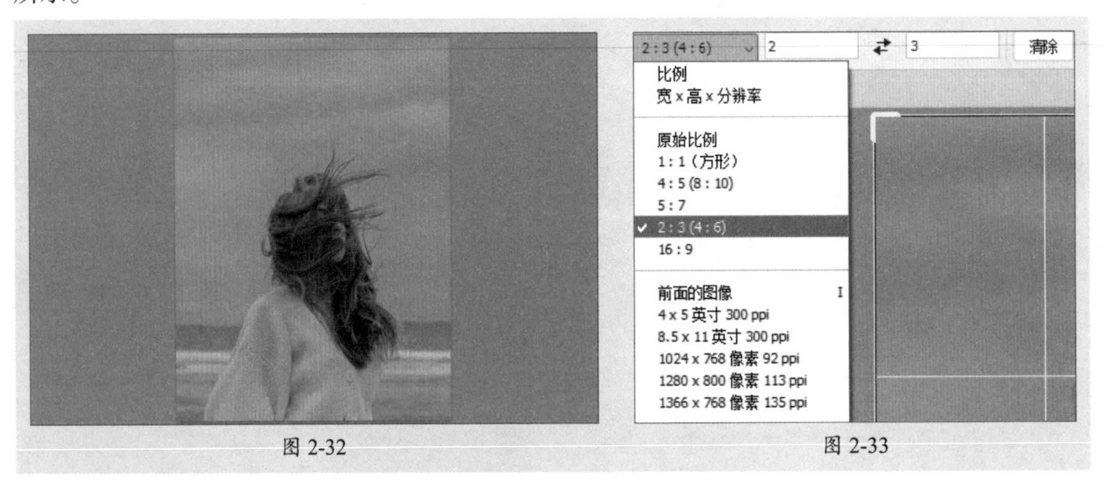

图 2-32　　图 2-33

步骤 03 单击“高度和宽度互换”按钮⇄，将比例切换至3：2，拖曳裁剪框至合适大小，如图2-34所示。

步骤 04 按Enter键完成调整，如图2-35所示。

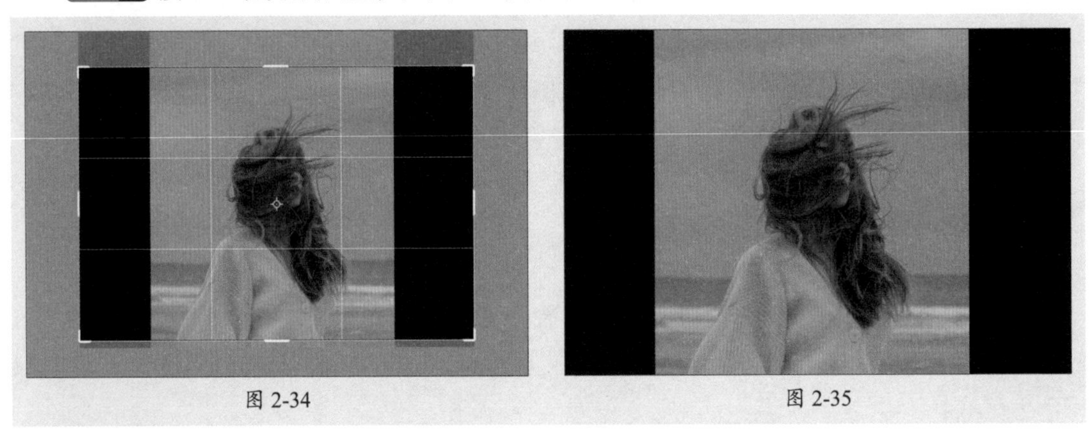

图 2-34　　图 2-35

步骤 05 选择矩形选框工具绘制选区，按Ctrl+T组合键进行自由变换，按住Shift键向左拉伸调整，按Enter键完成调整，按Ctrl+D组合键取消选区，如图2-36所示。

步骤 06 使用相同的方法调整图像的右侧区域，如图2-37所示。

图 2-36

图 2-37

步骤 07 执行“图像”|“画布大小”命令，在弹出的“画布大小”对话框中设置参数，如图2-38所示。

步骤 08 单击“确定”按钮，效果如图2-39所示。

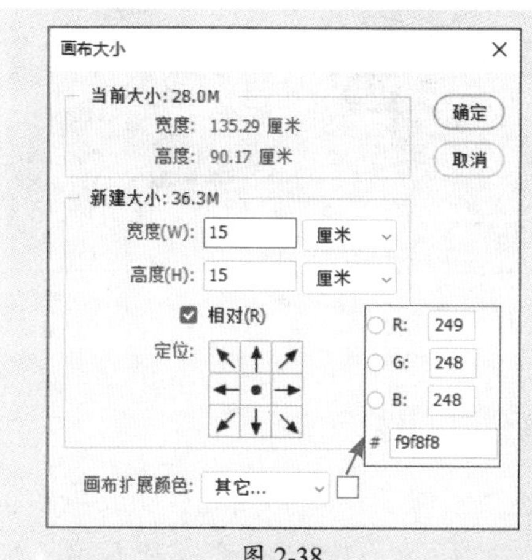

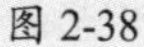

图 2-38

图 2-39

步骤 09 再次执行“图像”|“画布大小”命令，在弹出的“画布大小”对话框中设置参数，如图2-40所示。

步骤 10 单击“确定”按钮，效果如图2-41所示。

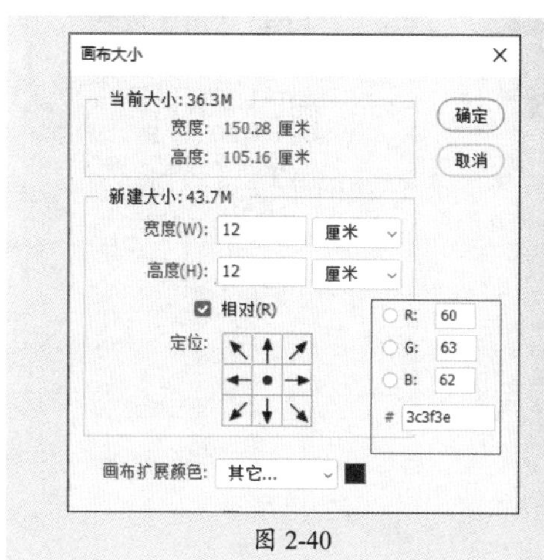

图 2-40

图 2-41

2.4.2 裁剪工具——自定义裁剪图像

使用裁剪工具可以裁掉多余的图像，并重新定义画布的大小。选择裁剪工具，拖动裁剪框可自定义图像大小，也可以在该工具的选项栏中设置图像的约束方式以及比例参数进行精确裁剪，如图2-42所示。

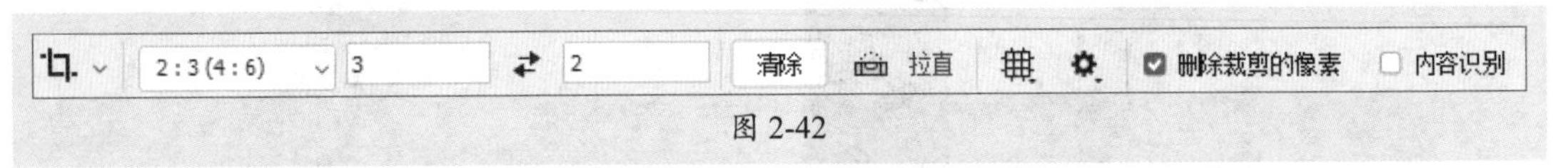

图 2-42

裁剪框的周围有8个控制点，裁剪框内是要保留的区域，裁剪框外的删除区域会变暗。拖曳裁剪框至合适大小，如图2-43所示；按Enter键后完成裁剪，如图2-44所示。

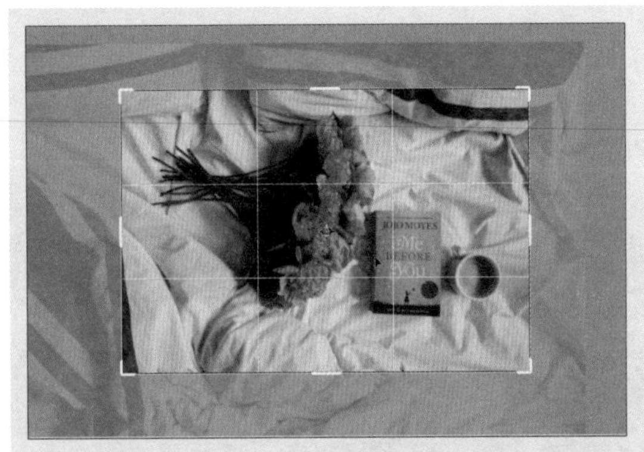

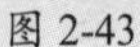

图 2-43

图 2-44

2.4.3 透视裁剪工具——校正图像透视变形

透视裁剪工具在裁剪时可变换图像的透视。选择透视裁剪工具，当光标变成形状时，在图像上拖曳裁剪区域绘制透视裁剪框，如图2-45所示；按Enter键完成裁剪，如图2-46所示。

图 2-45

图 2-46

2.4.4 切片工具——裁切图像

切片是指对图像进行重新切割划分。选择切片工具，在图像中绘制出一个切片区域，释放鼠标后图像被分割，每部分图像的左上角显示序号。在任意一个切片区域内单击鼠标右键，在弹出的菜单中选择“划分切片”选项，在打开的“划分切片”对话框中可设置切片参数，如图2-47、图2-48所示。如果需要变换切片的位置和大小，可以使用切片选择工具对切片进行选择和编辑等操作。

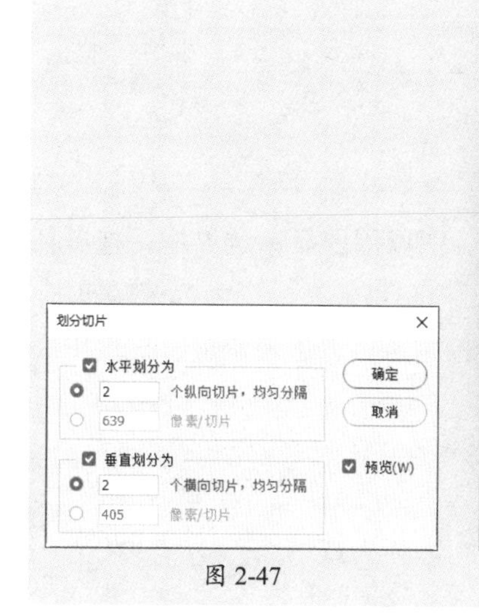

图 2-47

图 2-48

操作提示

在使用切片工具时可以先调出参考线，利用参考线划分出区域，单击参考线上方的“基于参考线的切片”按钮［基于参考线的切片］就可以按参考线进行切片。

2.4.5 图像的变换与变形调整

Photoshop可以使用选择工具或执行变换命令，对图像进行移动、旋转、缩放、扭曲、斜切等操作调整。

1. 选择工具

使用选择工具可以选择、移动、复制图像。选择选择工具，在选项栏中勾选“自动选择”复选框［自动选择］，单击即可选中要移动的图层/图层组。

若要复制图像，可使用选择工具选中图像，按Ctrl+C组合键复制图像，再按Ctrl+V组合键粘贴图像，同时产生一个新的图层。按Shift+Ctrl+V组合键可原位粘贴图像，如图2-49、图2-50所示。

操作提示

除了使用快捷键复制粘贴图像外，还可以在使用选择工具移动图像时，按住Alt键拖动图像，自由复制图像。

图 2-49

图 2-50

2.“自由变换”命令

执行“编辑”|“自由变换”命令，或按Ctrl+T组合键，图像周围显示定界框，拖曳任意控制点即可放大、缩小图像，如图2-51所示。将光标放于控制点，光标变为↰效果时，可旋转图像，如图2-52所示。按住Ctrl键的同时拖曳四周的控制点可以透视调整，拖曳中心控制点可以斜切图像。

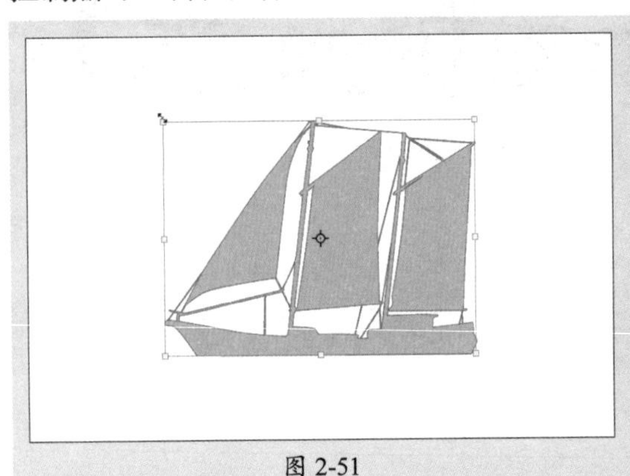
图 2-51

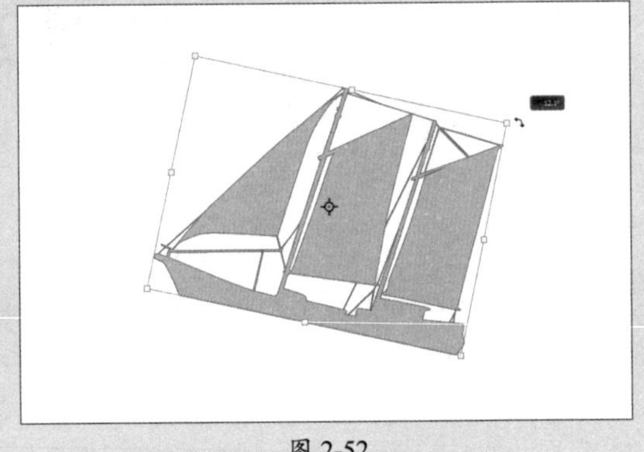
图 2-52

操作提示

在更新版本的Photoshop中参考点默认是没有的，如图2-53所示。在选项栏中勾选“切换参考点”复选框，默认参考点为中心点，如图2-54所示。可设置参考点的位置，如图2-55所示。

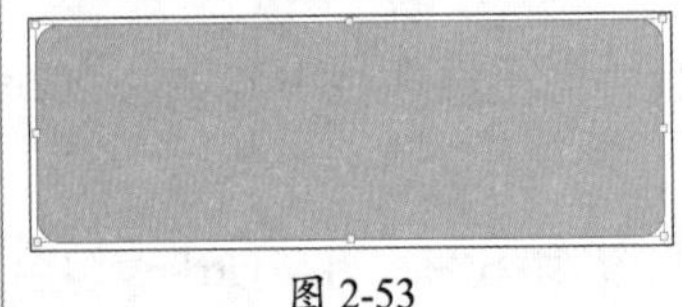
图 2-53

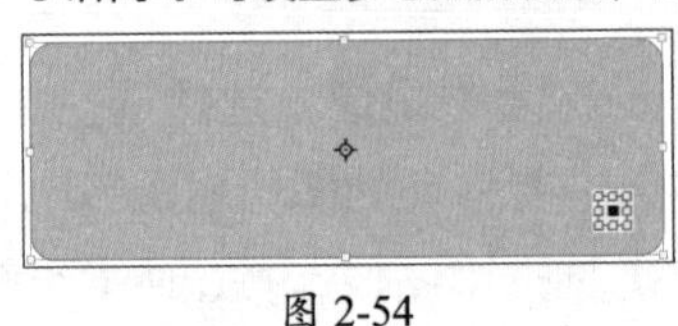
图 2-54

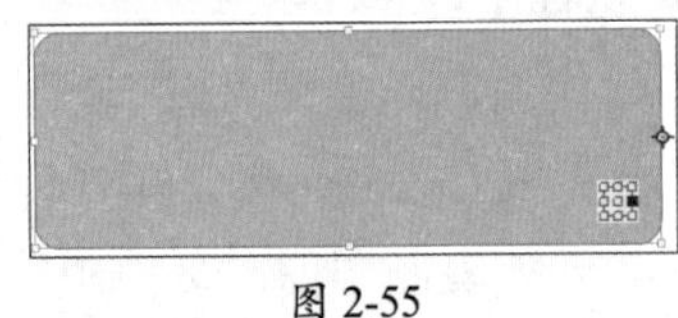
图 2-55

3.“变换”命令

使用变换命令可以对选区中的图像、整个图层、多个图层/图层蒙版、路径、矢量形状、矢量蒙版、选区边界或Alpha通道应用变换。

选中目标对象，执行“编辑”|“变换”命令，在弹出的子菜单中提供了多个变换命令，如图2-56所示。

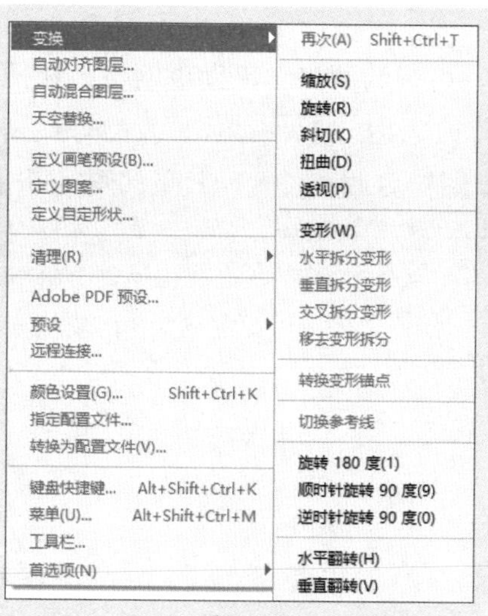

图 2-56

- **缩放**：相对于对象的参考点（围绕其执行变换的固定点）放大或缩小对象。可以水平、垂直或同时沿这两个方向缩放；
- **旋转**：围绕参考点转动对象；
- **斜切**：垂直或水平倾斜对象；
- **扭曲**：将对象向各个方向伸展；
- **透视**：对对象应用单点透视；
- **变形**：变换对象的形状；
- **旋转180度/顺时针旋转90度/逆时针旋转90度**：通过指定度数，顺时针或逆时针方向旋转对象；
- **水平翻转/垂直翻转**：水平或垂直翻转对象。

4. “变形”命令

变形命令可以通过拖动控制点变换图像的形状、大小或路径等。

执行“编辑”|“变换”|“变形”命令，或按Ctrl+T组合键执行自由变换后，在选项栏中单击“在自由变换和变形模式之间切换”按钮应用变形变换，此时画面中显示有网格，如图2-57所示。拖曳网格点，可以令图像产生类似于哈哈镜的效果，如图2-58所示。

图 2-57

图 2-58

5. “操控变形”命令

操控变形功能提供了一种可视的网格，借助该网格，在任意扭曲特定图像区域的同时保持其他区域不变，常用于修改人物/动物的动作、发型等。执行“编辑”|“操控变形”命令，如图2-59所示。创建多个图钉后调整位置，效果如图2-60所示。

图 2-59

图 2-60

6. “透视变形”命令

Photoshop可以轻松调整图像透视。“透视变形”命令对于包含直线和平面的图像（例如建筑图像和房屋图像）尤其有用，也可以使用此功能来复合在单个图像中具有不同透视的对象。

执行“编辑”|“透视变形”命令，沿图像结构的平面绘制四边形。在绘制四边形时，可尝试将四边形的各边平行于结构中的直线，如图2-61所示。在选项栏中切换至“变形”模式，单击变形图标进行调整。图2-62所示为单击“自动拉平接近水平的线段”按钮的效果。

图 2-61

图 2-62

操作提示

按住Shift键再单击，可拉直四边形的单个边，并在后续透视操控中保持伸直；按住Shift键并拖动边缘，可在延伸平面时约束其形状。

课堂实战 制作九宫格效果图

本章课堂实战将制作九宫格效果图，以综合练习本章的知识点，熟练掌握和巩固创建参考线、创建切片以及导出文件等操作。下面进行操作思路的介绍。

步骤 01 将素材文件拖曳至Photoshop中，如图2-63所示。

步骤 02 创建3列3行的参考线版面，如图2-64所示。

图 2-63

图 2-64

步骤 03 选择切片工具，在选项栏中单击“基于参考线的切片”按钮，效果如图2-65所示。

图 2-65

步骤 04 导出切片，如图2-66所示。

图 2-66

课后练习 制作格子壁纸

下面将综合使用不同的工具来制作格子壁纸，如图2-67所示。

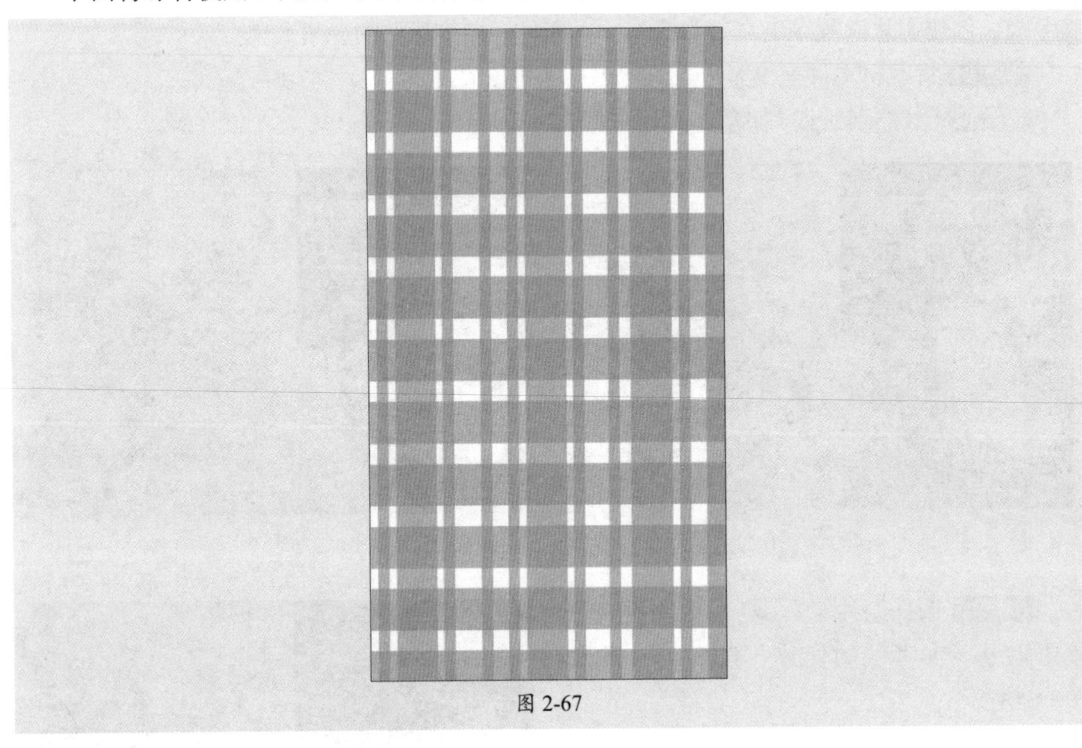

图 2-67

1. 技术要点

- 选择矩形工具绘制矩形并调整透明度；
- 按住Alt键复制图层；
- 执行“图层”|“对齐”命令和“图层”|“分布”命令调整图层。

2. 分步演示

如图2-68所示。

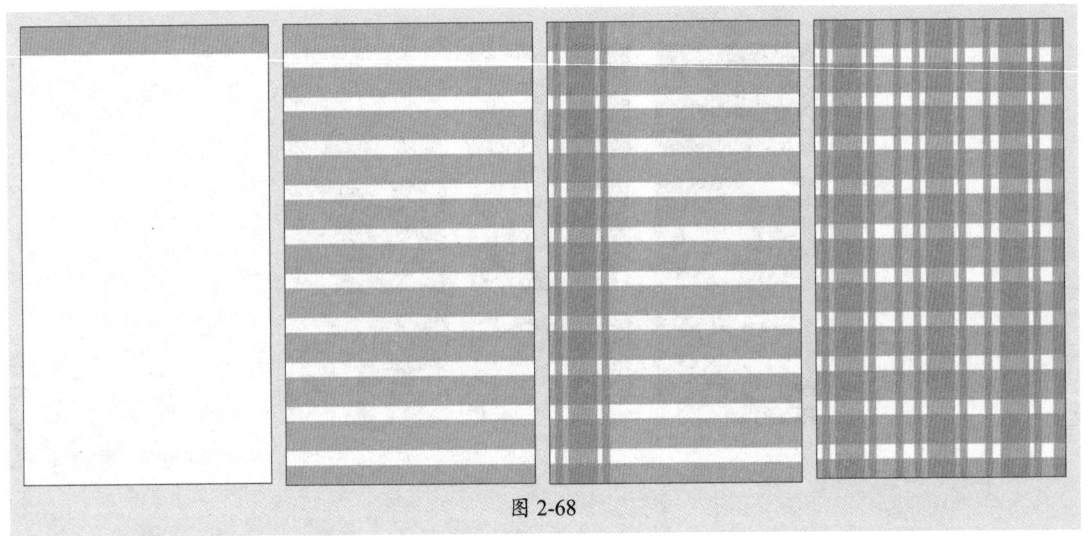

图 2-68

拓展赏析

非遗之十大类目

国务院先后于2006年、2008年、2011年、2014年和2021年公布了五批国家级项目名录，共计1557个国家级非物质文化遗产代表性项目，按照申报地区或单位进行逐一统计，共计3610个子项。为了对传承于不同区域或不同社区、群体持有的同一项非物质文化遗产项目进行确认和保护，从第二批国家级项目名录开始，设立了扩展项目名录。扩展项目与此前已列入国家级非物质文化遗产名录的同名项目共用一个项目编号，但项目特征、传承状况存在差异，保护单位也不同。

国家级项目名录将非物质文化遗产分为十大门类，其中五个门类的名称在2008年有所调整，并沿用至今。十大门类分别为：民间文学，传统音乐，传统舞蹈，传统戏剧，曲艺，传统体育、游艺与杂技，传统美术，传统技艺，传统医药以及民俗。每个代表性项目都有一个专属的项目编号，如表2-1所示。

表 2-1

序号	类别	编号
1	民间文学	Ⅰ(1-167)
2	传统音乐	Ⅱ(1-189)
3	传统舞蹈	Ⅲ(1-144)
4	传统戏剧	Ⅳ(1-171)
5	曲艺	Ⅴ(1-145)
6	传统体育、游艺与杂技	Ⅵ(1-109)
7	传统美术	Ⅶ(1-139)
8	传统技艺	Ⅷ(1-287)
9	传统医药	Ⅸ(1-23)
10	民俗	Ⅹ(1-183)

编号中的罗马数字代表所属门类，如民俗类国家级项目“农历二十四节气”的编号为“X-68”，如图2-69所示。

序号	项目序号	编号	名称	类别	公布时间	类型	申报地区或单位	保护单位
761	516	X-68	农历二十四节气	民俗	2006(第一批)	新增项目	中国农业博物馆	中国农业博物馆

图 2-69

素材文件

视频文件

第3章

图像的细节修饰

内容导读

为了精确地绘制图形，提高绘图的速度和准确性，需要从捕捉、追踪等功能入手，同时利用缩放、移动等功能有效地控制图形显示，辅助设计者快速观察、对比及校准图形。本章将对一些常用的图形辅助工具进行介绍。

思维导图

- 图像的细节修饰
  - 修饰图像显示
    - 模糊工具——柔化边缘
    - 锐化工具——强化边缘
    - 涂抹工具——手涂绘画
    - 减淡工具——亮部提亮
    - 加深工具——暗部加深
    - 海绵工具——饱和度增减
  - 修复图像瑕疵
    - 仿制图章工具——仿制复制图像
    - 污点修复画笔工具——一秒去除瑕疵
    - 修复画笔工具——取样去除瑕疵
    - 修补工具——神奇的内容识别
    - 混合器画笔工具——混合图像效果
  - 图像还原与风格化创作
    - 历史记录画笔工具——恢复图像操作
    - 历史记录艺术画笔工具——风格化描边

3.1 修复图像瑕疵

使用仿制图章工具与修复工具组中的污点修复画笔工具、修复画笔工具、修补工具以及画笔工具组中的混合器画笔，可以很好地修复图像瑕疵。

3.1.1 案例解析：去除风景照片上的人物

在学习修复图像瑕疵之前，可以跟随以下操作步骤了解并熟悉使用污点修复工具以及修补工具修复图像的方法。

步骤 01 将素材文件拖曳至Photoshop中，如图3-1所示。

步骤 02 使用污点修复画笔工具涂抹需要去除的区域，如图3-2所示。

图 3-1

图 3-2

步骤 03 单击“确定”按钮，效果如图3-3所示。

图 3-3

步骤 04 使用污点修复画笔工具继续涂抹需要去除的区域，如图3-4所示。

图 3-4

步骤 05 使用修补工具绘制选区，如图3-5所示。

步骤 06 拖动选区至合适的区域释放，内容识别后的效果如图3-6所示。

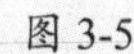

图 3-5

图 3-6

3.1.2 仿制图章工具——仿制复制图像

使用仿制图章工具可分为两步，即取样和复制。选择仿制图章工具，显示其选项栏，如图3-7所示。

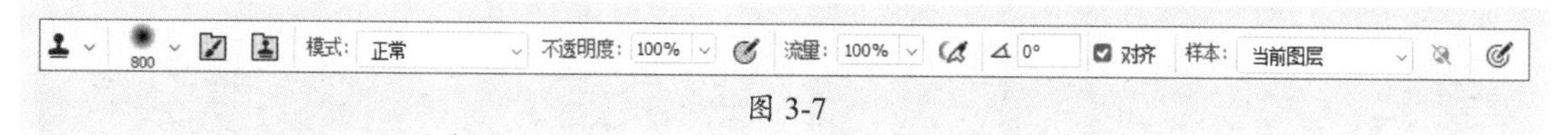

图 3-7

该选项栏中主要选项的功能如下。

- **对齐：** 勾选该复选框，可以对像素连续取样，而不会丢失当前的取样点；若取消勾选该复选框，则会在每次停止并重新开始绘画时使用初始取样点的样本像素。
- **样本：** 从指定的图层中进行数据取样。若选择“当前图层”选项，只对当前图层进行取样；若选择“当前和下方图层”选项，则可以对当前图层和下方图层进行取样；若选择“所有图层”选项，则会从所有可视图层进行取样。

选择仿制图章工具，在选项栏中设置参数后，按住Alt键先对源区域进行取样，如图3-8所示，在文件的目标区域单击并拖动鼠标。释放Alt键后，在需要修复的图像区域单击，即可仿制出取样处的图像，如图3-9所示。

图 3-8

图 3-9

3.1.3 污点修复画笔工具——秒去除瑕疵

污点修复画笔工具可用于校正瑕疵。在修复时，可以将取样像素的纹理、光照和阴影与源像素进行匹配，从而使修复后的像素不留痕迹地融入图像的其余部分。选择污点修复画笔工具，显示其选项栏，如图3-10所示。

图 3-10

该选项栏中主要选项的功能如下。

- **类型：** 选中“内容识别”单选按钮，将使用比较附近的图像内容，不留痕迹地填充选区，同时保留让图像栩栩如生的关键细节，如阴影和对象边缘；选中“创建纹理”单选按钮，将使用选区中的所有像素创建一个用于修复该区域的纹理；选中“近似匹配”单选按钮，将使用选区边缘周围的像素来查找要用作选定区域修补的图像区域。
- **对所有图层取样：** 勾选该复选框，可使取样范围扩展到图像中所有的可见图层。

选择污点修复画笔工具，在选项栏中设置参数后，将光标移动到需要修复区域进行涂抹，如图3-11所示。释放鼠标后系统自动修复，如图3-12所示。

图 3-11　　图 3-12

3.1.4 修复画笔工具——取样去除瑕疵

修复画笔工具在使用前需要按住Alt键在无污点位置进行取样，再用取样点的样本图像来修复图像。修复画笔工具在修复图像时，其颜色会与周围颜色进行一次运算，使其更好地与周围融合。选择修复画笔工具，显示其选项栏，如图3-13所示。

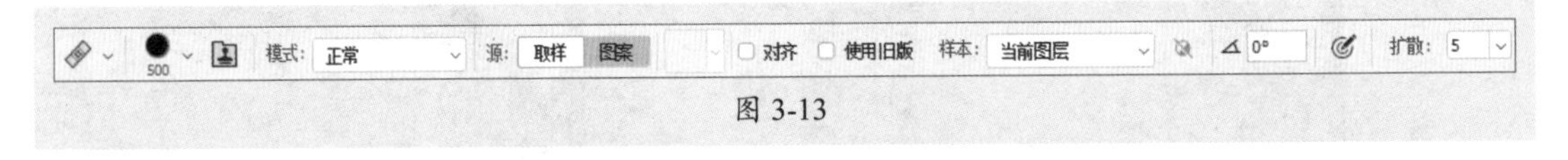

图 3-13

该选项栏中主要选项的功能如下。

- **源：** 指定用于修复像素的源。选中“取样”单选按钮，可以使用当前图像的像素；选中“图案”单选按钮，可在其右侧的列表中选择已有的图案用于修复。

- **扩散：**控制粘贴的区域以怎样的速度适应周围的图像。图像中如果有颗粒或精细的细节则选择较低的值，图像如果比较平滑则选择较高的值。

选择修复画笔工具，在选项栏中设置参数后，按住Alt键在无瑕疵的位置进行取样，如图3-14所示。释放Alt键后，在需要清除的图像区域单击即可修复，如图3-15所示。

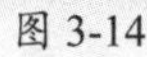
图 3-14

图 3-15

3.1.5 修补工具——神奇的内容识别

修补工具和修复画笔工具类似，都是使用图像中其他区域或图案中的像素来修复选中的区域。而修补工具会将样本像素的纹理、光照和阴影与源像素进行匹配。选择修补工具，显示其选项栏，如图3-16所示。

图 3-16

该选项栏中主要选项的功能如下。

- **修补：**设置修补方式。在下拉列表中可选择“正常”与“内容识别”选项。
- **源：**选择该单选按钮，修补工具将从目标选区修补源选区。
- **目标：**选择该单选按钮，修补工具将从源选区修补目标选区。
- **透明：**勾选该复选框，可使修补的图像与原图图像产生透明的叠加效果。

选择画笔工具，在选项栏中设置参数后，沿需要修补的部分绘制出一个随意性的选区，如图3-17所示。拖动选区到其他空白区域，释放鼠标，即可用其他区域的图像修补有缺陷的图像区域，如图3-18所示。

图 3-17

图 3-18

3.1.6 混合器画笔工具——混合图像效果

混合器画笔工具可以模拟真实的绘画技术，如混合画布上的颜色、组合画笔上的颜色以及在描边过程中使用不同的绘画湿度。选择混合器画笔工具，显示其选项栏，如图3-19所示。

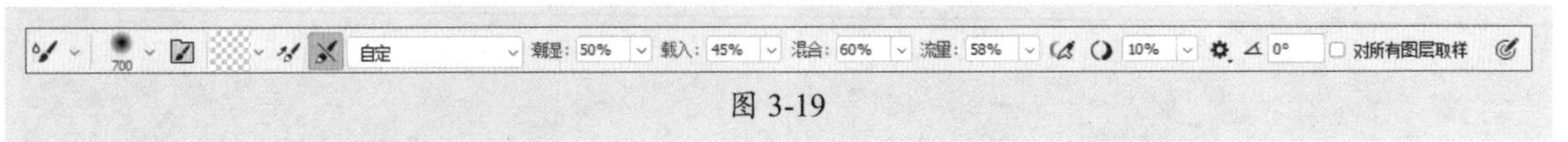

图 3-19

该选项栏中主要选项的功能如下。

- **当前画笔载入：** 单击色块可调整画笔颜色；单击右侧三角符号，从弹出式面板中单击“载入画笔”可使用储槽颜色填充画笔，或单击“清理画笔”移去画笔中的油彩。在每次描边后执行这些任务，需选择“自动载入”选项或“清理”选项。
- **潮湿：** 设置画笔从画布拾取的油彩量，较高的设置会产生较长的绘画条痕。
- **载入：** 设置储槽中载入的油彩量，载入速率较低时，绘画描边干燥的速度会更快。
- **混合：** 设置画布油彩量同储槽油彩量的比例。当比例为100%时，所有油彩将从画布中拾取；当比例为0%时，所有油彩都来自储槽。
- **对所有图层取样：** 勾选该复选框，将拾取所有可见图层中的画布颜色。

选择混合器画笔工具，在选项栏中设置参数后，将光标移动到需要调整的区域进行涂抹。若从干净的区域向有物体的区域涂抹，可以混合颜色达到“擦除”效果，如图3-20、图3-21所示。

图 3-20

图 3-21

3.2 修饰图像显示

图像修饰工具包括加深工具、减淡工具、海绵工具、模糊工具、锐化工具和涂抹工具，可以对图像的颜色进行细致的调整，如模糊图像、锐化图像、加深或减淡图像颜色等。

3.2.1 案例解析：修饰人物图像

在学习修饰图像之前，可以跟随以下操作步骤了解并熟悉使用模糊工具、减淡工具、加深工具修饰图像的方法。

步骤 01 将素材文件拖曳至Photoshop中，如图3-22所示。

步骤 02 按Ctrl+J组合键复制图层，如图3-23所示。

图 3-22　　　　图 3-23

步骤 03 选择加深工具，在选项栏中设置参数，如图3-24所示。

图 3-24

步骤 04 整体涂抹加深（多次在四周暗角涂抹），如图3-25所示。

步骤 05 在选项栏中设置“范围”为“中间调”，“曝光度”为10%，涂抹主体人物，如图3-26所示。

图 3-25

图 3-26

步骤 06 选择海绵工具，在选项栏中设置“模式”为“加色”，“流量”为20%，涂抹主体人物，如图3-27所示。

图 3-27

步骤 07 选择模糊工具[💧]，在选项栏中设置“强度”为30%，涂抹背景，营造景深效果，如图3-28所示。

图 3-28

3.2.2 模糊工具——柔化边缘

模糊工具用于降低图像相邻像素之间的对比度，使图像边界区域变得柔和，产生一种模糊效果，以凸显图像的主体部分。另外，模糊工具还可以柔化粘贴到某个文档中的图像参差不齐的边界，使之更加平滑地融入背景。选择模糊工具[💧]，显示其选项栏，如图3-29所示。

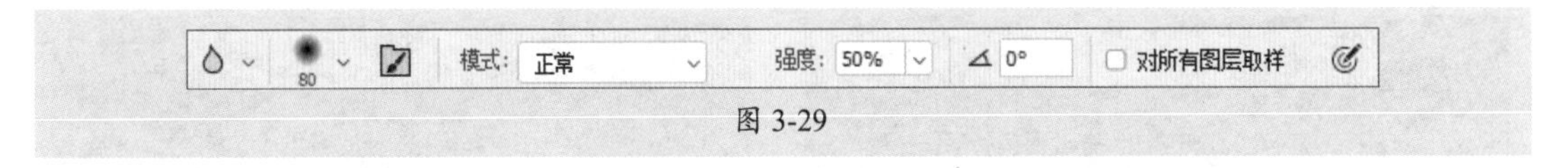

图 3-29

选择模糊工具[💧]，在选项栏中设置参数后，将光标移动到需要模糊的地方涂抹即可。“强度”数值越大，模糊效果越明显，如图3-30、图3-31所示。

图 3-30

图 3-31

3.2.3 锐化工具——强化边缘

锐化工具用于增加图像中像素边缘的对比度和相邻像素间的反差，提高图像清晰度或聚焦程度，从而使图像产生清晰的效果。

选择锐化工具，在选项栏中设置参数后，将光标移动到需要模糊的地方涂抹即可。“强度”数值越大，锐化效果越明显，如图3-32、图3-33所示。

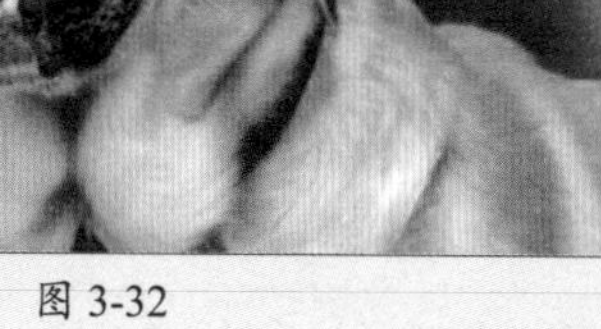
图 3-32

图 3-33

3.2.4 涂抹工具——手涂绘画

涂抹工具的作用是模拟手指进行涂抹绘制的效果，它会提取最先单击处的颜色并与光标拖动经过的颜色相融合，以产生模糊的效果。选择涂抹工具，显示其选项栏，如图3-34所示。

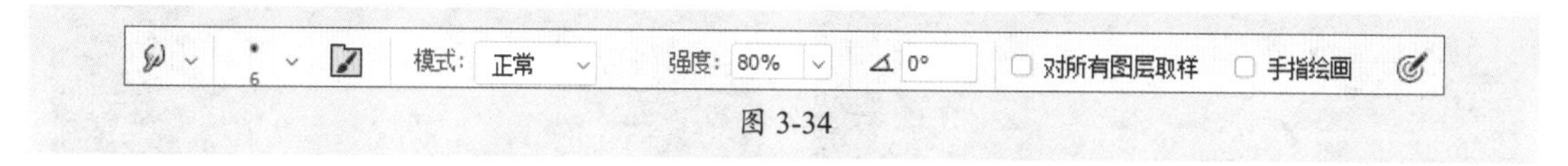

图 3-34

选择涂抹工具，在选项栏中设置参数。若勾选“手指绘画”复选框，拖动光标时，则使用前景色与图像中的颜色相融合；若取消勾选该复选框，则使用开始拖动光标时的图像颜色，如图3-35、图3-36所示。

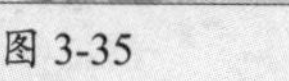
图 3-35

图 3-36

3.2.5 减淡工具——亮部提亮

减淡工具可以改变图像特定区域的曝光度，从而使该区域变亮。选择减淡工具，显示其选项栏，如图3-37所示。

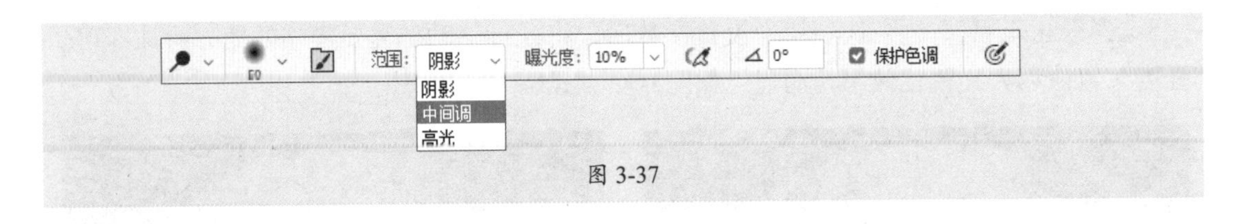

图 3-37

该选项栏中主要选项的功能如下。

- **范围：** 用于设置加深的作用范围，包括三个选项，分别为阴影、中间调和高光。"阴影"表示修改图像的暗部，如阴影区域等；"中间调"表示修改图像的中间色调区域，即介于阴影和高光之间的色调区域；"高光"表示修改图像的亮部。
- **曝光度：** 用于设置对图像色彩减淡的程度，取值范围为0%～100%，输入的数值越大，对图像减淡的效果就越明显。
- **保护色调：** 勾选该复选框后，使用加深或减淡工具进行操作时可以尽量保护图像原有的色调不失真。

选择减淡工具，在选项栏中设置参数后，将光标移动到需处理的位置，单击并拖动光标进行涂抹即可获得减淡效果，如图3-38、图3-39所示。

图 3-38

图 3-39

3.2.6 加深工具——暗部加深

加深工具可以改变图像特定区域的曝光度，从而使该区域变暗。

选择加深工具，在选项栏中设置参数，将光标移动到需处理的位置，单击并拖动光标进行涂抹即可获得加深效果，如图3-40、图3-41所示。

图 3-40

图 3-41

3.2.7 海绵工具——饱和度增减

海绵工具用于改变图像局部的色彩饱和度，能增加或减少一种颜色的饱和度或浓度，因此对于黑白图像的处理效果并不明显。选择海绵工具，显示其选项栏，如图3-42所示。

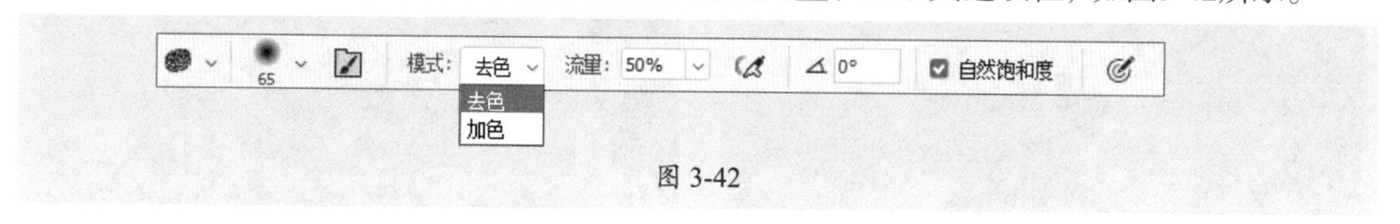

图 3-42

该选项栏中主要选项的功能如下。

- **模式：** 用于选择改变饱和度的方式，包括“去色”和“加色”两种。
- **流量：** 在改变饱和度的过程中，流量越大效果越明显。
- **自然饱和度：** 勾选此复选框，可以在增加饱和度的同时防止因颜色过度饱和产生溢色现象。

选择海绵工具，在选项栏中设置参数，将光标移动到需处理的位置，单击并拖动光标进行涂抹即可，如图3-43、图3-44所示。

图 3-43

图 3-44

3.3 图像还原与风格化创作

历史记录画笔工具可以还原原始或某个步骤的图像，而历史记录艺术画笔工具则可以为图像创建风格化描边效果。

3.3.1 案例解析：制作风格化涂抹图像效果

在学习图像还原与风格化创作之前，可以跟随以下操作步骤了解并熟悉，历史记录艺术画笔的操作技巧。

步骤 01 将素材文件拖曳至Photoshop中，如图3-45所示。

步骤 02 选择历史记录艺术画笔工具，设置画笔大小为9，沿花瓣走向涂抹，如图3-46所示。

图 3-45

图 3-46

操作提示

在使用历史记录艺术画笔工具涂抹时，若对效果不满意，可按Shift+Y组合键切换至历史记录画笔工具，恢复该区域的原始效果。

步骤 03 将“样式”更改为“绷紧长”，涂抹叶子的部分，如图3-47所示。

步骤 04 将“样式”更改为“绷紧短”，涂抹背景，如图3-48所示。

图 3-47

图 3-48

3.3.2 历史记录画笔工具——恢复图像操作

历史记录画笔工具是Photoshop中的一个重要且常用的工具。在出现错误操作之后，可以使用历史记录画笔工具将图像编辑中的某个状态还原。

选择历史记录画笔工具，在其选项栏中设置画笔大小、模式、不透明度和流量等参数。完成设置后，按住鼠标左键不放，在图像中需要恢复的位置处拖动，光标经过的位置即会恢复为上一步对图像进行操作的效果，而图像中未被修改过的区域将保持不变，如图3-49～图3-51所示。

图 3-49

图 3-50

图 3-51

历史记录画笔工具通常与“历史记录”面板搭配使用。

执行“窗口”|“历史记录”命令，弹出“历史记录”面板，如图3-52所示。在操作过程中，可随时修改画笔源和创建快照。单击调整历史记录画笔的源，如图3-53所示。选择任意一个操作步骤，可单击按钮从当前状态创建新文档，单击按钮创建快照，如图3-54所示。

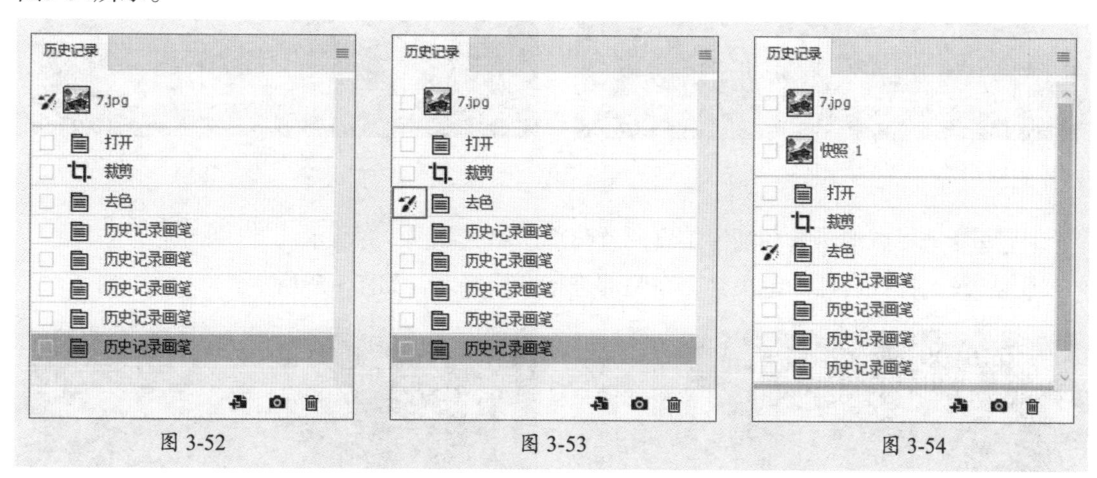

图 3-52　　图 3-53　　图 3-54

3.3.3 历史记录艺术画笔工具——风格化描边

历史记录艺术画笔工具使用指定历史记录状态或快照中的源数据，以风格化描边进行绘画。选择历史记录艺术画笔工具，显示其选项栏，如图3-55所示。

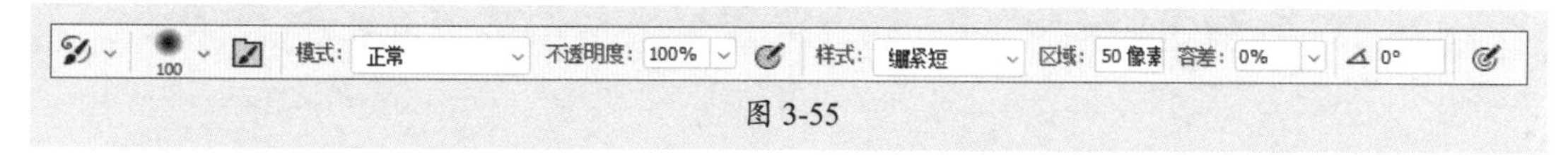

图 3-55

该选项栏中主要选项的功能如下。

- **样式：**在下拉列表中选择一个选项来控制绘画描边的形状。

- **区域：** 输入数值指定绘画描边所覆盖的区域。数值越大，覆盖的区域就越大，描边的数量也越多。
- **容差：** 输入数值以限定可应用绘画描边的区域。低容差可在图像中的任何地方绘制无数条描边，高容差将绘画描边限定在与源状态或快照中的颜色明显不同的区域。

课堂实战 修复人物脸部皮肤

本章课堂实战将修复人物脸部皮肤，以综合练习本章的知识点，熟练掌握和巩固文件的污点修复、减淡、加深以及使用混合器画笔修复等操作。下面进行操作思路的介绍。

步骤 01 将素材文件拖曳至Photoshop中，按Ctrl+J组合键复制图层，如图3-56所示。

步骤 02 选择污点修复画笔工具，单击脸部雀斑处进行修复，如图3-57所示。

图 3-56

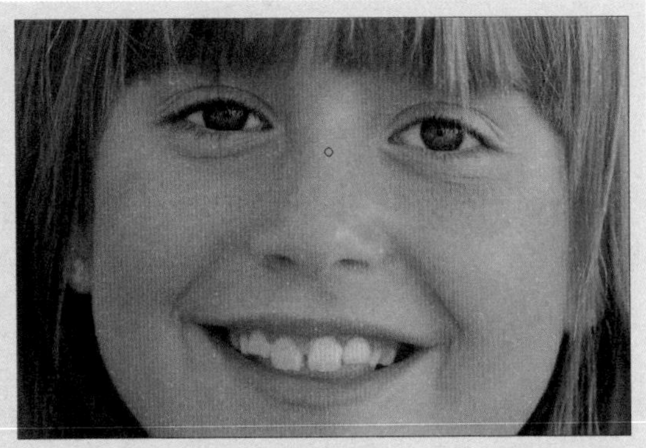

图 3-57

步骤 03 选择减淡工具和加深工具调整脸部明暗，如图3-58所示。

步骤 04 选择混合器画笔工具，在脸部进行肤质修复，如图3-59所示。

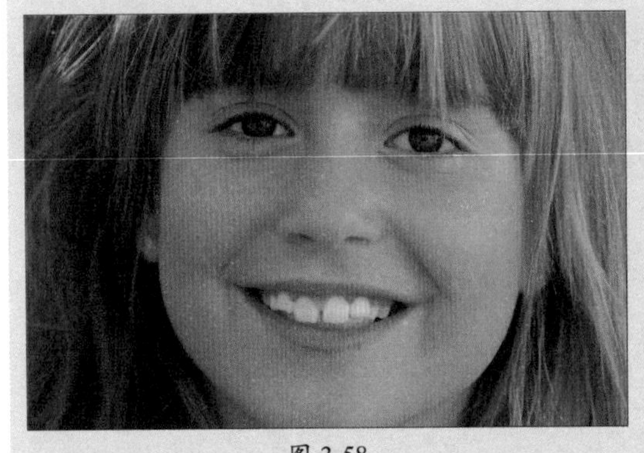

图 3-58

图 3-59

课后练习 绘制毛茸茸效果图形

下面将综合使用各种工具来绘制毛茸茸的桃心图形，如图3-60所示。

图 3-60

1. 技术要点

- 执行添加“杂色”命令，添加“高斯分布”效果；
- 执行“模糊”命令，分别添加“高斯模糊”和“径向模糊”效果；
- 使用涂抹工具涂抹边缘，新建图层并添加高光和阴影。

2. 分步演示

如图3-61所示。

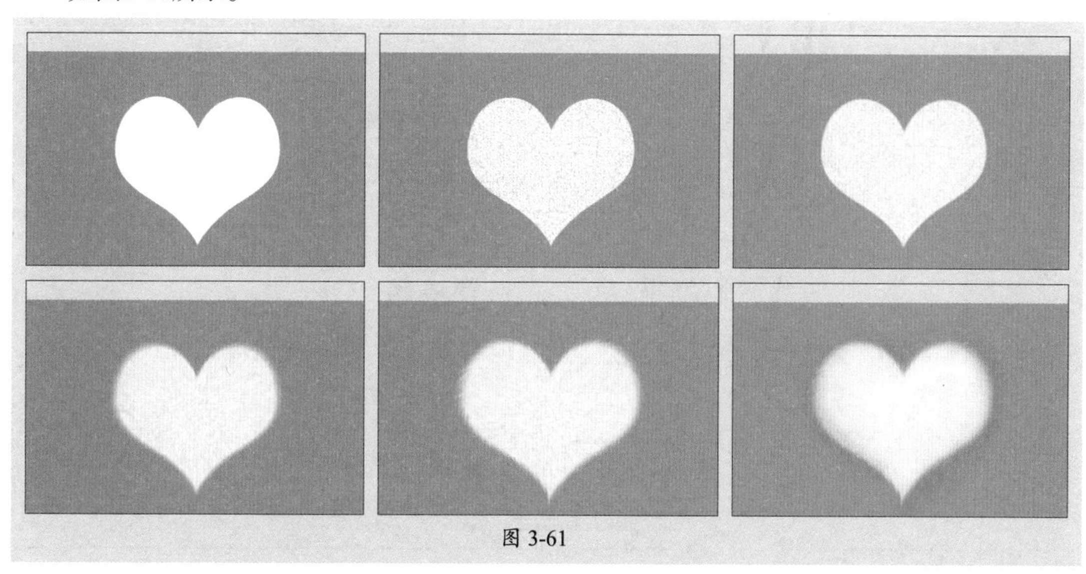

图 3-61

拓展赏析

非遗之民间文学

民间文学是指民众在生活文化和生活世界里传承、传播、共享的口头传统和语辞艺术。从文类上来说，民间文学包括中国神话、传统史诗、民间传说、民间故事、民间歌谣、民间小戏、民间说唱、民间谚语、民间谜语、曲艺等，也包括书面文献、经卷、宝卷、唱本、戏文，图案造型艺术，音乐舞蹈，岁时节日，电子媒介与互联网等媒介载体。

下面将列举非遗中不同类别的民间文学，如图3-62所示。

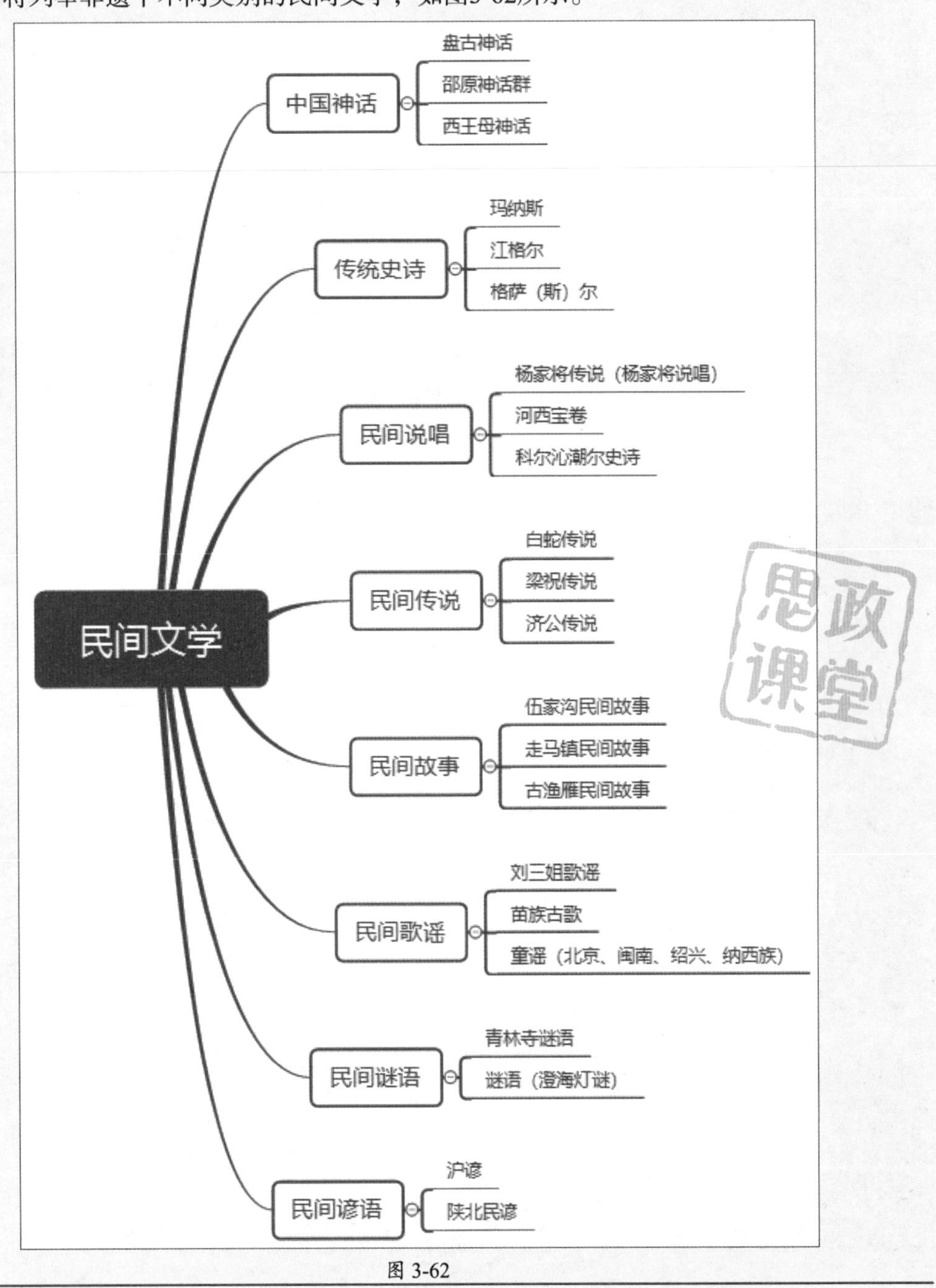

图 3-62

素材文件

视频文件

第4章

图像的绘制与填充

内容导读

本章将对图像的绘制及填充进行讲解，包括使用拾色器、吸管工具、油漆桶工具、渐变工具等拾取应用颜色，使用画笔工具、钢笔工具、形状工具绘制路径和几何图形，使用文字工具与“字符”“段落”面板创建并编辑文本。

思维导图

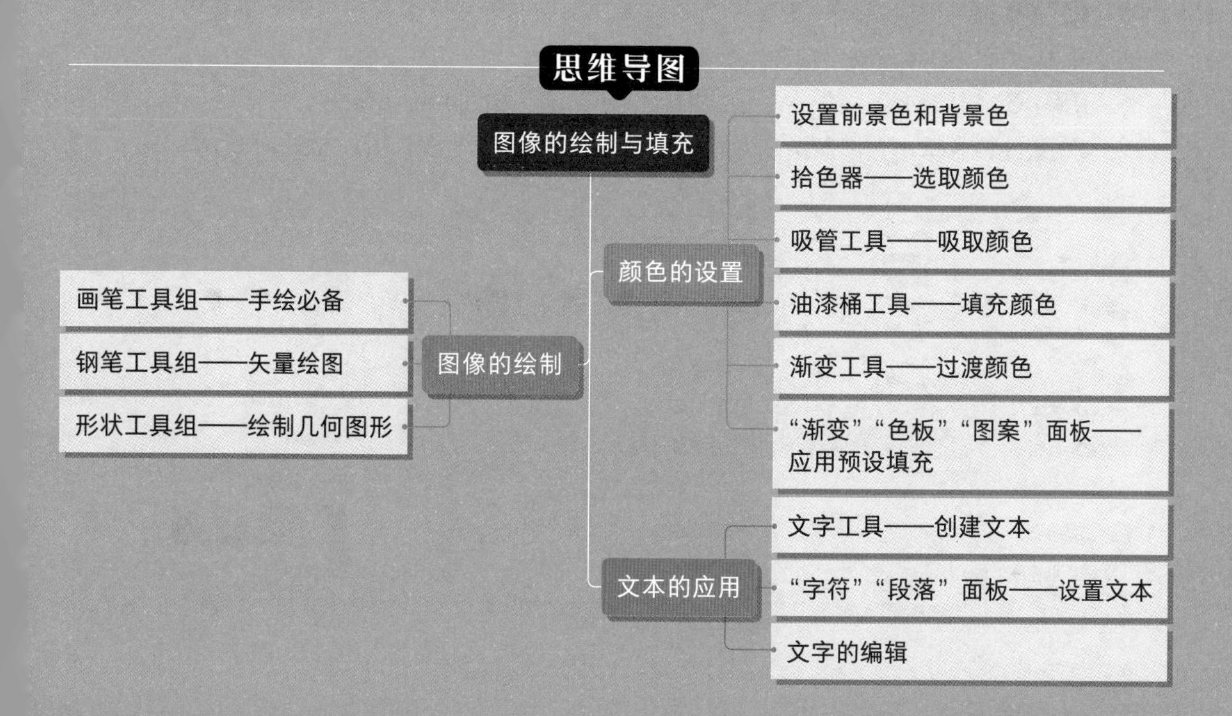

4.1 颜色的设置

在工具箱中可以设置前景色和背景色，使用拾色器和吸管工具可以拾取颜色，使用油漆桶工具、渐变工具、“渐变”面板、“色板”面板以及“图案”面板可以为图像填充颜色和图案。

4.1.1 案例解析：创建彩虹渐变

在学习颜色的设置之前，可以跟随以下操作步骤了解并熟悉使用渐变工具与“渐变”面板创建彩虹渐变效果，使用蒙版、画笔工具以及图层的混合模式使其更加自然的方法。

步骤 01 将素材文件拖曳至Photoshop中，如图4-1所示。

步骤 02 在“图层”面板中新建一个透明图层，如图4-2所示。

图 4-1　　图 4-2

步骤 03 执行“窗口”|“渐变”命令，在弹出的“渐变”面板中单击菜单按钮，在弹出的菜单中选择“旧版渐变”选项，如图4-3所示。

步骤 04 在“渐变”面板中显示“旧版渐变”组，如图4-4所示。

步骤 05 依次单击“旧版渐变”|“特殊效果”|“罗素渐变”项，如图4-5所示。

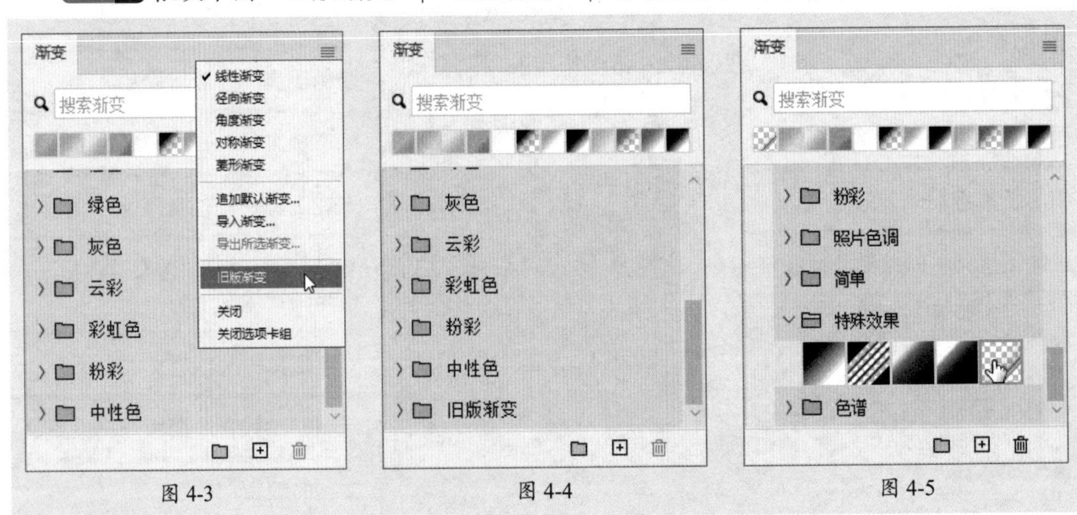

图 4-3　　图 4-4　　图 4-5

步骤 06 自左下向右上创建渐变，如图4-6、图4-7所示。

图 4-6

图 4-7

步骤 07 按Ctrl+T组合键进行自由变换，旋转渐变位置，如图4-8所示。

步骤 08 在“图层”面板中更改图层的混合模式为“滤色”，“不透明度”为40%，如图4-9所示。

图 4-8

图 4-9

步骤 09 在“图层”面板中单击“添加图层蒙版”按钮，选择画笔工具，设置前景色为黑色，涂抹部分图像使之隐藏，如图4-10所示。

步骤 10 最终效果如图4-11所示。

图 4-10

图 4-11

4.1.2 设置前景色和背景色

当前的前景色与背景色显示在工具箱上面的颜色选择框中，默认前景色是黑色，默认背景色是白色，如图4-12所示。

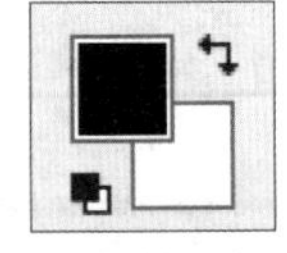
图 4-12

- **前景色：** 单击该按钮，在弹出的拾色器中选取一种颜色作为前景色；
- **背景色：** 单击该按钮，在弹出的拾色器中选取一种颜色作为背景色；
- **"切换颜色"按钮** ：单击该按钮或按X键，切换前景色和背景色；
- **"默认颜色"按钮** ：单击该按钮或按D键，恢复默认前景色和背景色。

4.1.3 拾色器——选取颜色

在Adobe拾色器中，可以使用四种颜色模型来选取颜色：HSB、RGB、Lab和CMYK。使用拾色器可以设置前景色、背景色和文本颜色，也可以为不同的工具、命令和选项设置目标颜色。图4-13所示为"拾色器（前景色）"对话框。

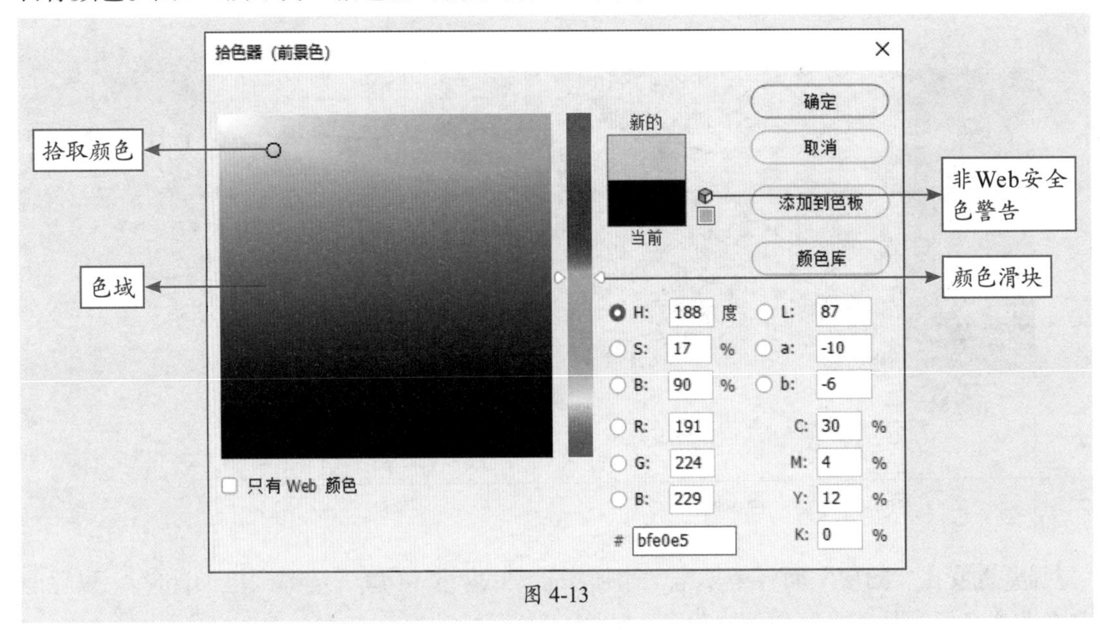

图 4-13

该对话框中主要选项的功能如下。

- **色域/拾取颜色：** 在色域中移动光标可调整当前的拾取颜色；
- **新的/当前：** "新的"颜色块显示的是目前设置的颜色；"当前"颜色块显示的是上一次设置的颜色。
- **非Web安全色警告** ：该警告图标表示当前设置的颜色不能在网络上准确地显示出来。单击该图标下的颜色色块，可以将颜色替换为最接近的Web安全色。
- **颜色滑块：** 拖动该滑块可更改颜色选择范围。使用色域和颜色滑块调整颜色时，对应的数值也会发生相应的改变。
- **颜色值：** 显示当前颜色值，可通过输入具体的数值设置颜色。
- **只有Web颜色：** 勾选该复选框，在色域中仅显示Web安全色。
- **颜色库：** 单击该按钮，在弹出的"颜色库"对话框中可选择预设颜色。

4.1.4 吸管工具——吸取颜色

吸管工具用来采集色样以指定新的前景色或背景色。选择吸管工具，可以从现有图像或屏幕的任何位置拾取前景色，如图4-14所示；按住Alt键的同时单击任意位置，将拾取背景色，如图4-15所示。

图 4-14

图 4-15

若要拾取画布外的颜色，可按住鼠标右键拖动进行颜色拾取，如图4-16所示。

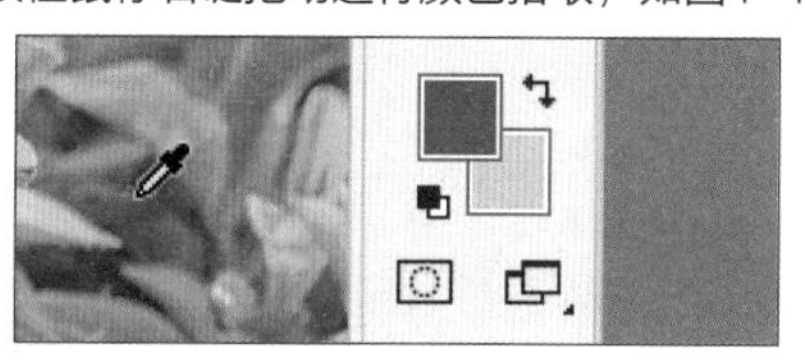

图 4-16

4.1.5 油漆桶工具——填充颜色

油漆桶工具可以在图像中填充前景色和图案。

1. 填充颜色

选择油漆桶工具，设置前景色，填充的是与光标吸取处颜色相近的区域，如图4-17所示；若新建图层后创建选区，填充的则是当前选区，如图4-18所示。

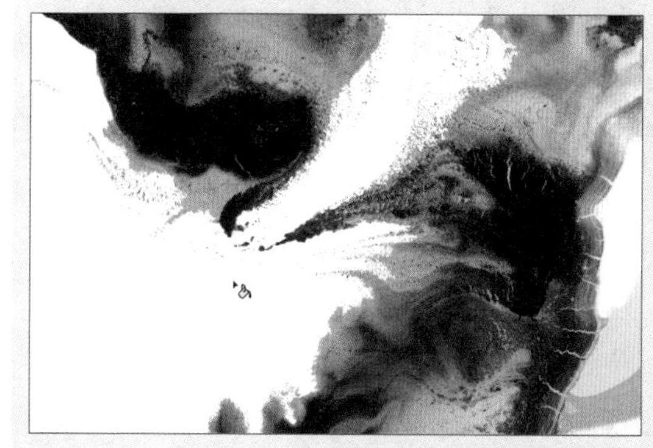

图 4-17

图 4-18

2. 填充图案

选择油漆桶工具，在选项栏中切换填充为“图案”，在后面的下拉列表中选择相应的图案，如图4-19所示。

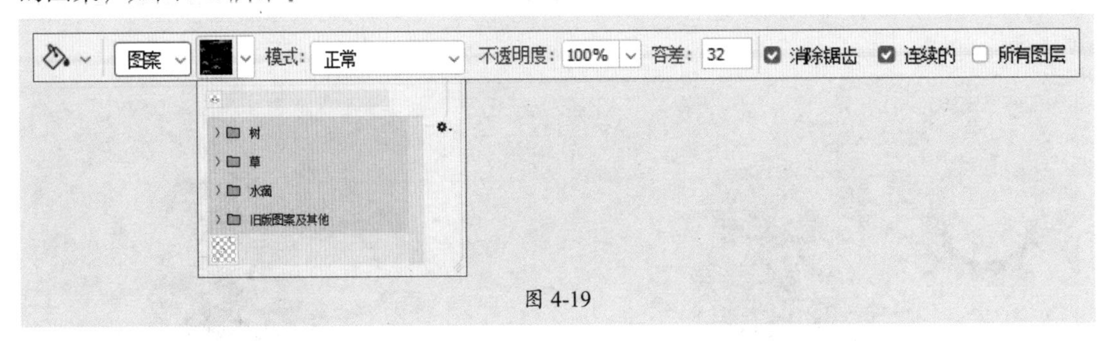

图 4-19

4.1.6 渐变工具——过渡颜色

渐变工具应用非常广泛，不仅可以填充图像，还可以填充图层蒙版、快速蒙版和通道等。渐变工具可以创建多种颜色之间的逐渐混合。选择渐变工具，显示其选项栏，如图4-20所示。

图 4-20

在该选项栏中主要选项的功能如下。

- **渐变颜色条**：显示当前渐变颜色，单击渐变颜色条，可以在弹出的“渐变编辑器”对话框中设置颜色。
- **线性渐变**：以直线方式从不同方向创建起点到终点的渐变，如图4-21所示。
- **径向渐变**：以圆形方式创建起点到终点的渐变，如图4-22所示。
- **角度渐变**：创建围绕起点以逆时针扫描方式产生渐变，如图4-23所示。
- **对称渐变**：使用均衡的线性渐变在起点的任意一侧创建渐变，如图4-24所示。
- **菱形渐变**：单击该按钮，可以菱形方式从起点向外产生渐变，终点定义菱形的一个角，如图4-25所示。

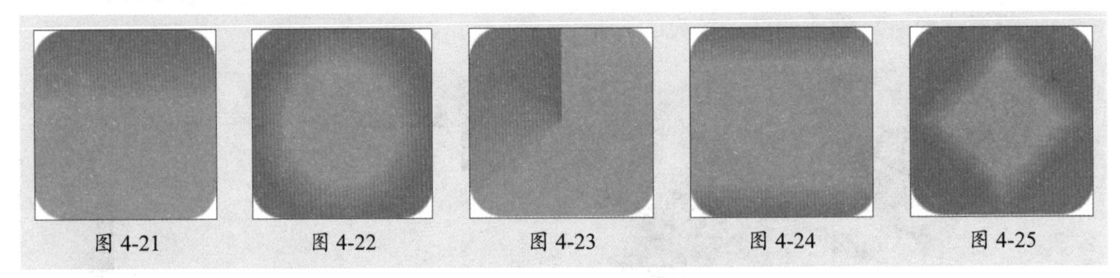

图 4-21　图 4-22　图 4-23　图 4-24　图 4-25

- **模式**：设置应用渐变时的混合模式。
- **不透明度**：设置应用渐变时的不透明度。
- **反向**：勾选该复选框，得到反方向的渐变效果。
- **仿色**：勾选该复选框，可以使渐变效果更加平滑，防止打印时出现条带化现象，但在显示屏上不能明显地显示出来。

- **透明区域：** 选中该复选框，可以创建包含透明像素的渐变。

4.1.7 “渐变”“色板”“图案”面板——应用预设填充

在“渐变”“色板”“图案”面板中可以使用预设颜色、图案进行快捷填充。

1. “渐变”面板

执行“窗口”|“渐变”命令，弹出“渐变”面板，如图4-26所示，单击相应的渐变预设即可应用。若要更改部分颜色，可在选中渐变工具状态下，单击渐变编辑条，在弹出的“渐变编辑器”对话框中进行更改，如图4-27所示。

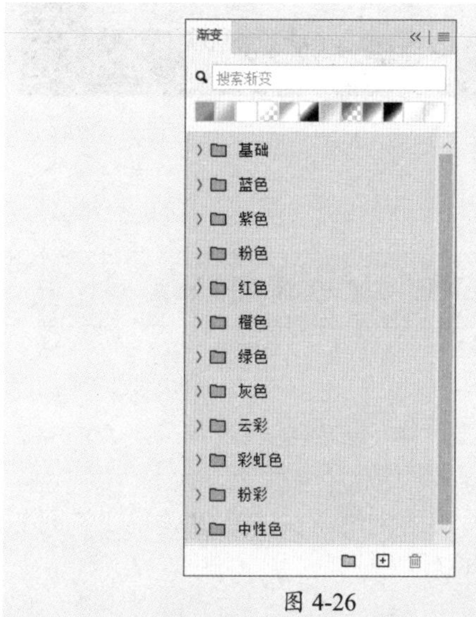

图 4-26

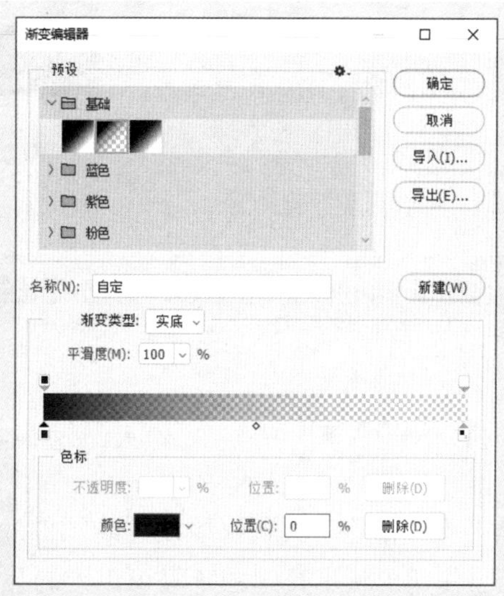

图 4-27

在“渐变编辑器”对话框中设置参数后，使用渐变工具在图像上自右向左创建默认线性渐变，如图4-28、图4-29所示。

图 4-28

图 4-29

2. “色板”面板

执行“窗口”|“色板”命令，弹出“色板”面板，如图4-30所示。单击相应的颜色即可将其设置为前景色，按住Alt键则设置为背景色。

3. “图案”面板

执行“窗口”|“图案”命令，弹出“图案”面板，如图4-31所示。创建选区后，在“图案”面板中将任意图案拖动至面板即可填充选区，如图4-32所示。

图 4-30　图 4-31　图 4-32

操作提示

单击面板右侧的菜单按钮，在弹出的菜单中选择“旧版图案及其他”选项，可添加旧版图案。

4.2 图像的绘制

使用画笔工具、铅笔工具可以绘制手绘图像效果，使用钢笔工具、弯度钢笔工具可以绘制矢量图形，使用形状工具组的工具可以绘制几何图形。

4.2.1 案例解析：创建山脉预设画笔笔触

在学习图形绘制之前，可以跟随以下操作步骤了解并熟悉使用自定形状工具、画笔工具制作山脉预设画笔笔触的方法。

步骤 01 选择自定形状工具，单击选项栏中的图标，在预设下拉列表中选择“形状 85”，如图4-33所示。

步骤 02 按住Shift键拖动绘制，如图4-34所示。

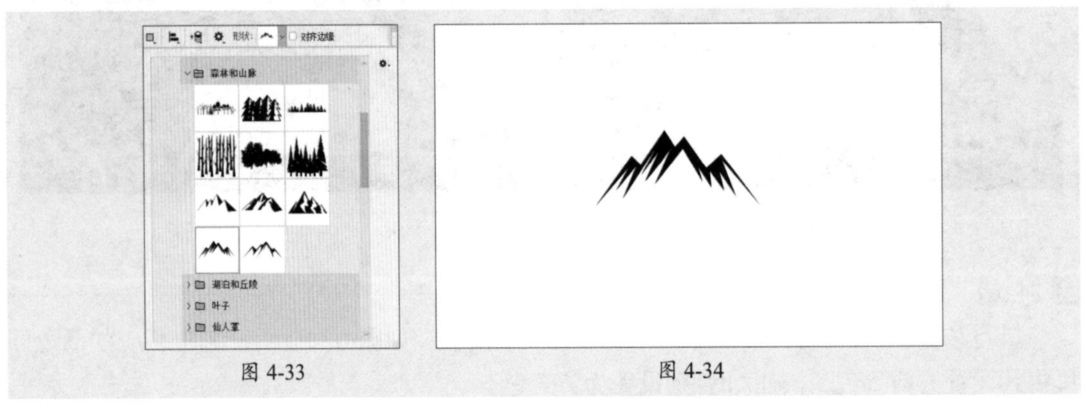

图 4-33　图 4-34

步骤 03 选择“形状 87”，按住Shift键拖动绘制，如图4-35所示。

步骤 04 按住Alt键移动复制两次，如图4-36所示。

图 4-35

图 4-36

步骤 05 选择“形状 871拷贝”，按住Shift键拖动绘制，如图4-37所示。

步骤 06 按住Alt键移动复制两次，如图4-38所示。

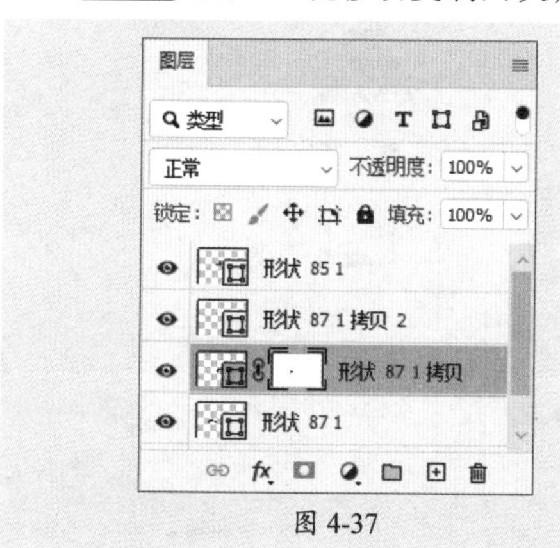

图 4-37

图 4-38

步骤 07 使用相同的方法为其他的形状创建蒙版，擦除重叠的部分，如图4-39所示。

步骤 08 选择所有的形状图层，右击鼠标，在弹出的菜单中选择“转换为智能对象”选项，如图4-40所示。

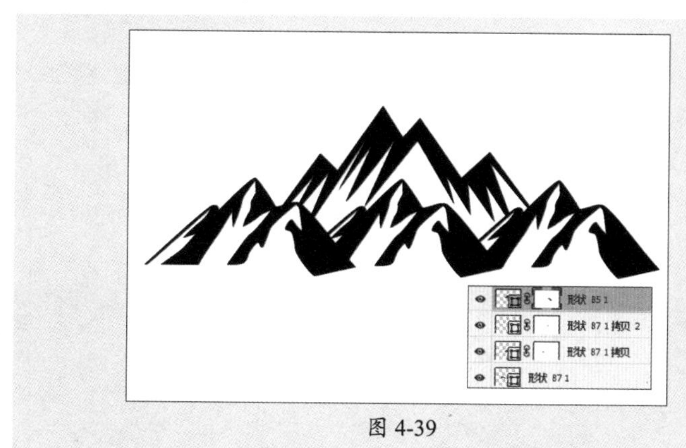

图 4-39

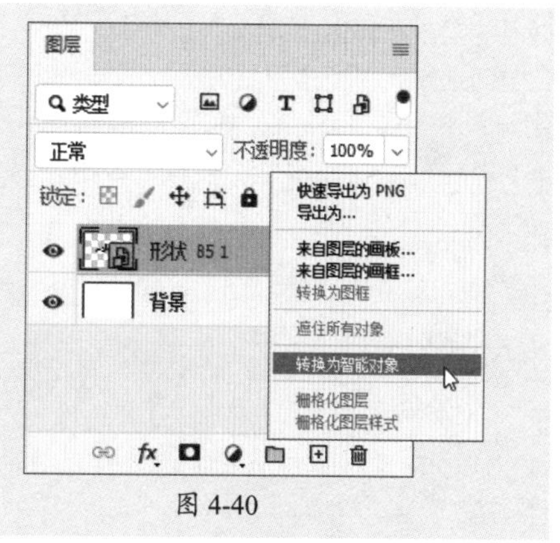

图 4-40

步骤 09 执行“编辑”|“定义画笔预设”命令，在弹出的“画笔名称”对话框中设置参

数，如图4-41所示。

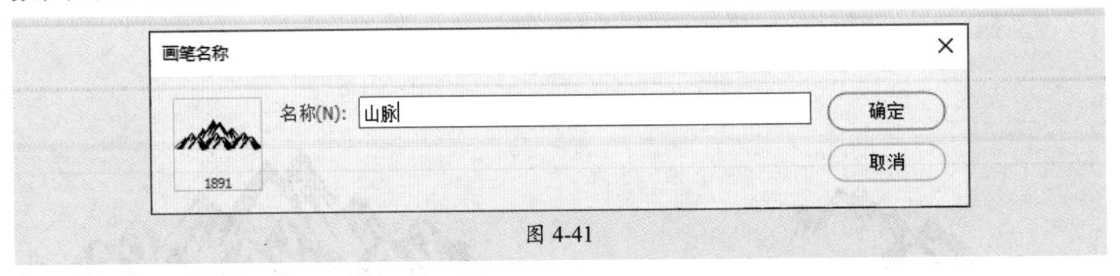

图 4-41

步骤 10 选择画笔工具，设置前景色为（R：17、G：103、B：152）。

步骤 11 按F5功能键，弹出“画笔设置”对话框，分别在“画笔笔尖形状”“形状动态”以及“传递”选项中设置参数，如图4-42、图4-43、图4-44所示。

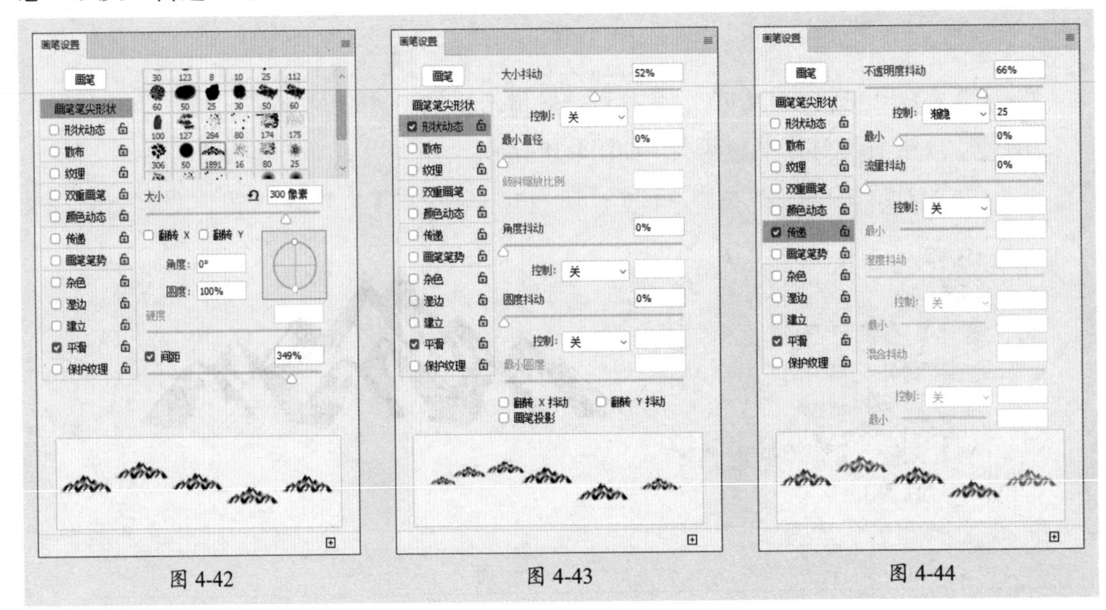

图 4-42　　图 4-43　　图 4-44

步骤 12 设置前景色为（R：17、G：103、B：152），选择画笔工具，每次单击都可绘制不同明度的山脉画笔效果，如图4-45所示。

步骤 13 按住鼠标左键连续绘制，可绘制不同间距、不同大小以及不同明度的山脉画笔效果，如图4-46所示。

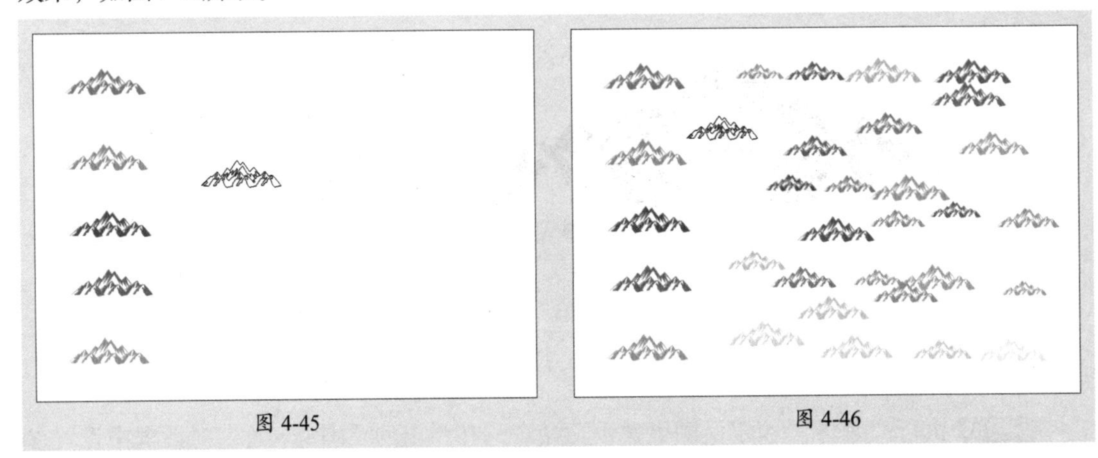
图 4-45　　图 4-46

4.2.2 画笔工具组——手绘必备

使用画笔工具可以创建画笔描边，使用铅笔工具可以创建硬边线条。

1. 画笔工具

画笔工具是使用频率最高的工具之一，在开始绘图之前，应对其参数进行设置。选择画笔工具，显示其选项栏，如图4-47所示。

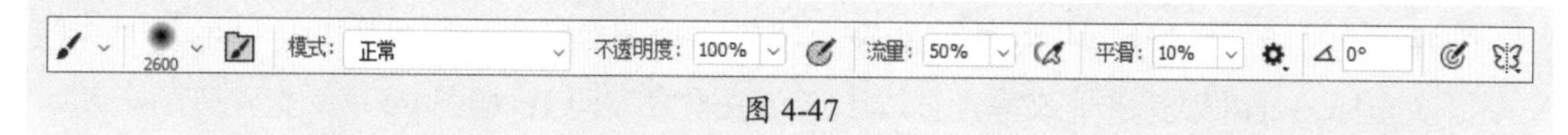

图 4-47

该选项栏中主要选项的功能如下。

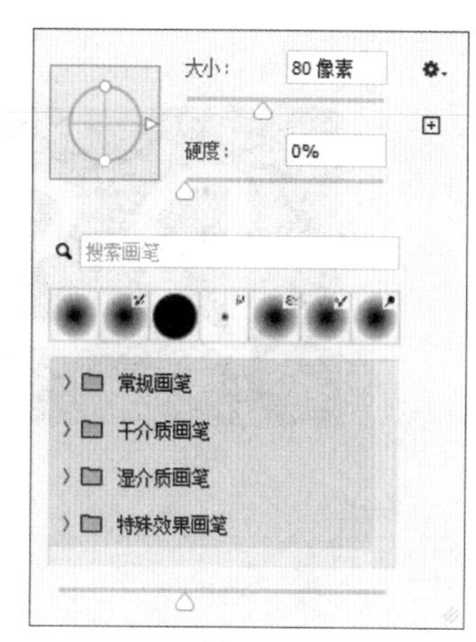

图 4-48

- **画笔预设：** 在工具选项栏中单击画笔预设右边的三角按钮，在预设下拉列表中可以设置画笔的大小和硬度，如图4-48所示。其中"大小"设置画笔的粗细，"硬度"控制画笔边缘的柔和程度。
- **模式：** 设置画笔绘画颜色与底图的混合效果。
- **不透明度：** 设置绘画图像的不透明度，该数值越小，透明度越高。
- **流量：** 设置画笔墨水的流量大小，该数值越大，墨水的流量越大。配合"不透明度"设置，可以创建更加丰富的笔调效果。
- **启用喷枪样式的建立效果：** 单击该按钮即可启动喷枪功能，将渐变色调应用于图像，同时模拟传统的喷枪技术，Photoshop会根据单击程度确定画笔线条的填充数量。
- **平滑：** 控制绘画得到图像的平滑度，数值越大，平滑度越高。
- **绘板压力控制大小：** 使用压感笔压大小可以覆盖"画笔"面板中的"不透明度"和"大小"的设置。
- **设置绘画的对称选项：** 单击该按钮，有多种对称类型供选择，例如垂直、水平、双轴、对角线、波纹、圆形螺旋线、平行线，径向、曼陀罗。

操作提示

按键可细化画笔，按键可加粗画笔。对于实边圆、柔边圆和书法画笔，按Shift+组合键可减小画笔硬度，按Shift+组合键可增加画笔硬度。图4-49、图4-50所示为硬度0%和硬度100%的绘制效果。

图 4-49

图 4-50

2. 铅笔工具

铅笔工具常用于绘制硬边线条。在绘制斜线时，锯齿效果会非常明显，并且所有定义的外形光滑的笔刷也会被锯齿化。选择铅笔工具，显示其选项栏，如图4-51所示。

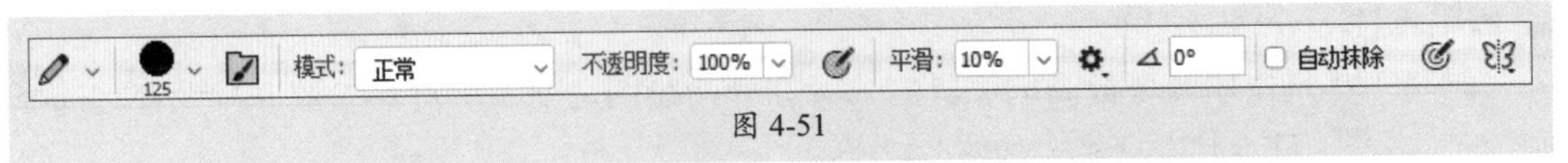

图 4-51

选择铅笔工具，绘制任意样式的硬边线条，如图4-52所示。按住Shift键的同时在图像中拖动光标，可以绘制水平或垂直直线（水平或垂直方向），如图4-53所示。

图 4-52　　图 4-53

操作提示

在选项栏中，勾选“自动抹除”复选框，铅笔工具会自动选择以前景色或背景色作为画笔的颜色。若起始点为前景色，则以背景色作为画笔颜色；若起始点为背景色，则以前景色作为画笔颜色。

4.2.3 钢笔工具组——矢量绘图

使用钢笔工具、弯度钢笔工具可以自由绘制出各种矢量路径。

1. 钢笔工具

钢笔工具是最基本的路径绘制工具，可用于创建或编辑直线、曲线及自由线条、形状。

选择钢笔工具，在选项栏中设置为“路径”模式 路径 。单击创建路径起点，此时在图像中会出现一个锚点。继续单击创建锚点，每个锚点由直线连接，如图4-54所示。在创建锚点时拖动光标拉出控制柄，可调节锚点两侧或一侧的曲线弧度，如图4-55所示。

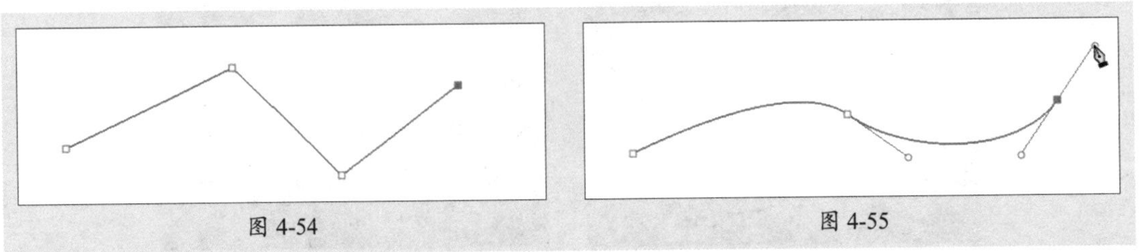

图 4-54　　图 4-55

在选项栏中将模式更改为“形状” [形状]，单击创建起点。当创建第三个锚点时，会显示填充颜色，如图4-56所示。继续绘制路径锚点，当起点和终点的锚点相互重合时，鼠标指针会变成形状，路径会自动闭合并填充前景色，如图4-57所示。

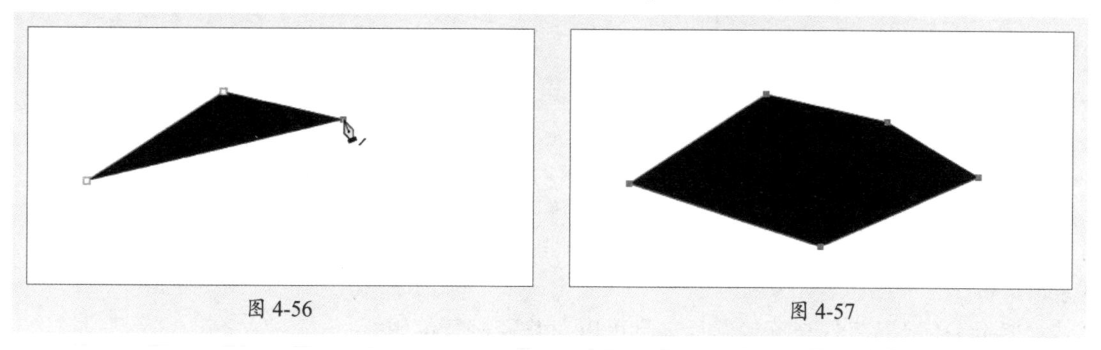

图 4-56　　图 4-57

在任意路径处单击即可添加锚点，如图4-58所示；若在锚点处单击则会删除锚点，如图4-59所示。

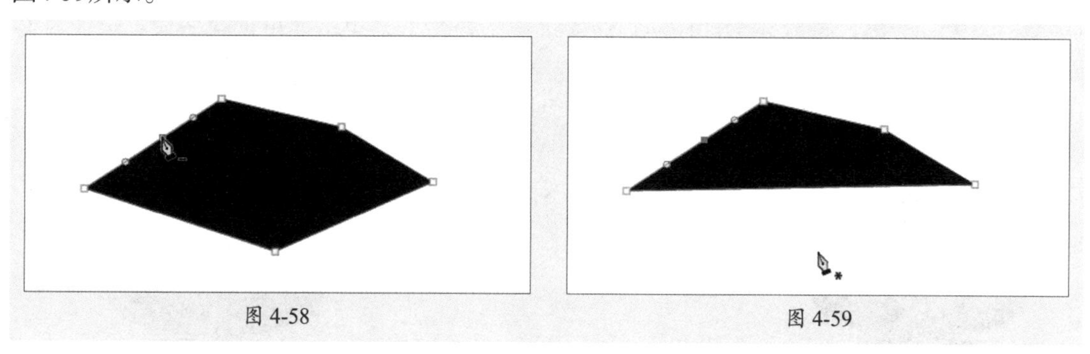

图 4-58　　图 4-59

按住Alt键在路径任意位置处拖曳，可添加锚点并创建独立方向的角点，如图4-60所示。按住Alt键的同时将光标放置锚点处，可切换为“转换点工具”状态，拖曳锚点可将角点转换为平滑点，如图4-61所示

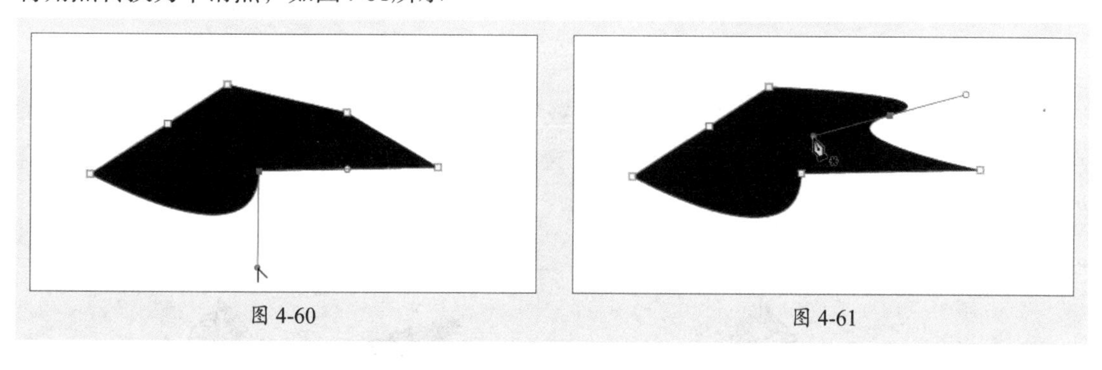

图 4-60　　图 4-61

2. 弯度钢笔工具

弯度钢笔工具可以轻松绘制平滑曲线和直线段。在使用过程中，无须切换工具就能创建、切换、编辑、添加或删除平滑点或角点。

选择弯度钢笔工笔，单击确定起始点，绘制第二个点为直线段，如图4-62所示。绘制第三个点，这三个点就会形成一条连接的曲线。将光标移到锚点时出现，此时可随意移动锚点位置，如图4-63所示。闭合路径后，可拖动锚点调整路径，如图4-64所示。

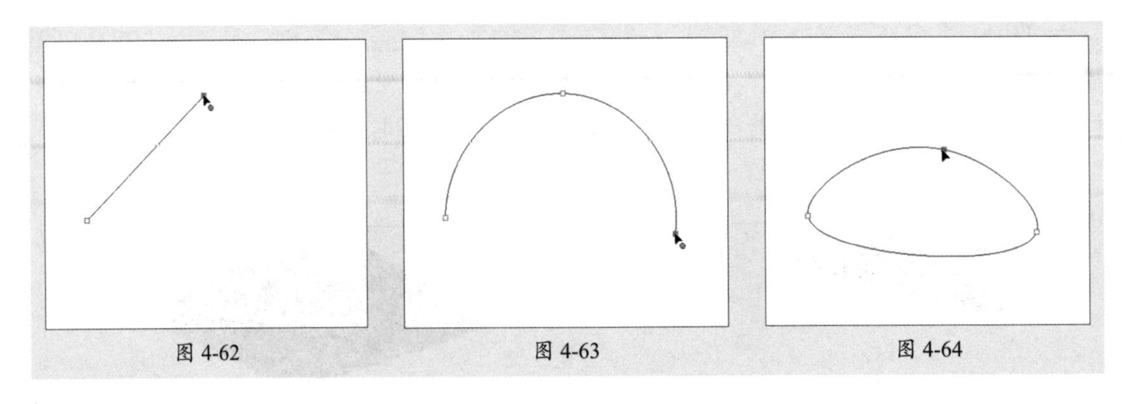
图 4-62　　图 4-63　　图 4-64

3. 编辑路径

使用路径选择工具与直接选择工具可以对路径进行编辑。

（1）路径选择工具——选择并移动路径。

路径选择工具用于选择和移动整个路径。在“路径”面板中单击即可选中该路径。选择路径选择工具，将鼠标指针移动到需要选择的路径上，单击即可选择路径。按住鼠标左键不放进行拖动，即可改变所选择路径的位置，如图4-65、图4-66所示。

图 4-65　　图 4-66

（2）直接选择工具——选择路径和锚点。

直接选择工具用于移动路径的部分锚点或线段，或调整路径的方向点和方向线。选择直接选择工具，在路径上任意位置单击，选中的锚点显示为实心方形，出现锚点和控制柄。可根据需要对其进行调整编辑，如图4-67、图4-68所示。

图 4-67　　图 4-68

若要选择多个锚点，可在目标位置拖动选框，释放即可选中，如图4-69、图4-70所示。

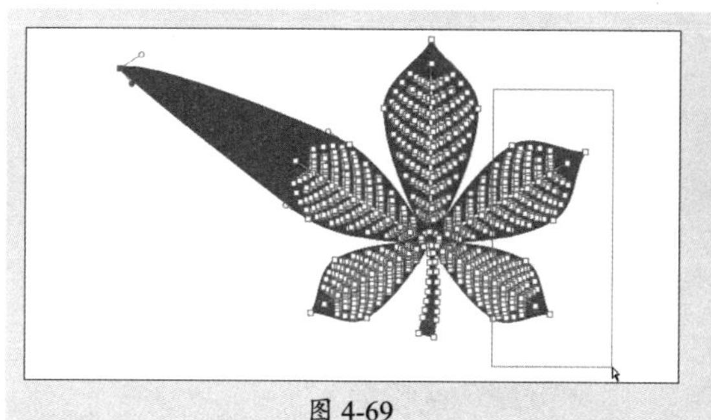
图 4-69

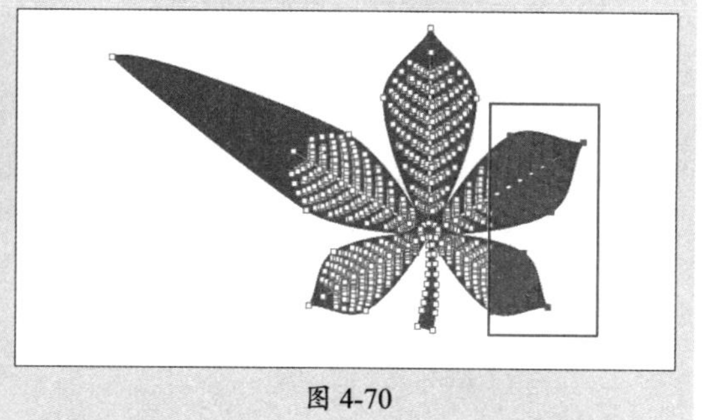
图 4-70

4.2.4 形状工具组——绘制几何图形

使用形状工具组中的工具可以方便、快捷地绘制出所需的图形，比如矩形、圆形、三角形、多边形和自定形状。

1. 矩形工具

矩形工具可用来绘制任意方形或具有固定长宽的矩形。选择“矩形工具”，显示其选项栏，如图4-71所示。

图 4-71

该选项栏中主要选项的功能如下。

- **模式：** 设置形状工具的模式，包括形状、路径和像素。
- **填充：** 设置填充形状的颜色。
- **描边：** 设置形状描边的颜色、宽度和类型。
- **宽与高：** 手动设置形状的宽度和高度。
- **路径操作** ：设置形状彼此交互的方式。
- **路径对齐方式** ：设置形状组件的对齐与分布方式。
- **路径排列方式** ：设置所创建形状的堆叠顺序。
- **其他形状和路径选项：** 单击图标，可访问其他形状和路径选项。通过这些选项，可在绘制形状时设置路径在屏幕上显示的宽度和颜色等属性，以及约束选项。

选择矩形工具，绘制矩形，拖动内部的控制点可调整圆角半径，如图4-72、图4-73所示。

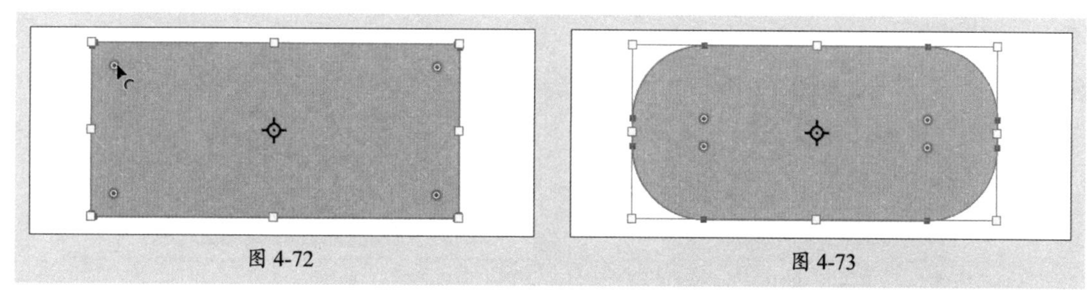
图 4-72　　图 4-73

若要绘制精确的矩形，可以在窗口中单击，在弹出的对话框中设置精确的宽度、高度以及半径，单击“确定”按钮，如图4-74、图4-75所示。

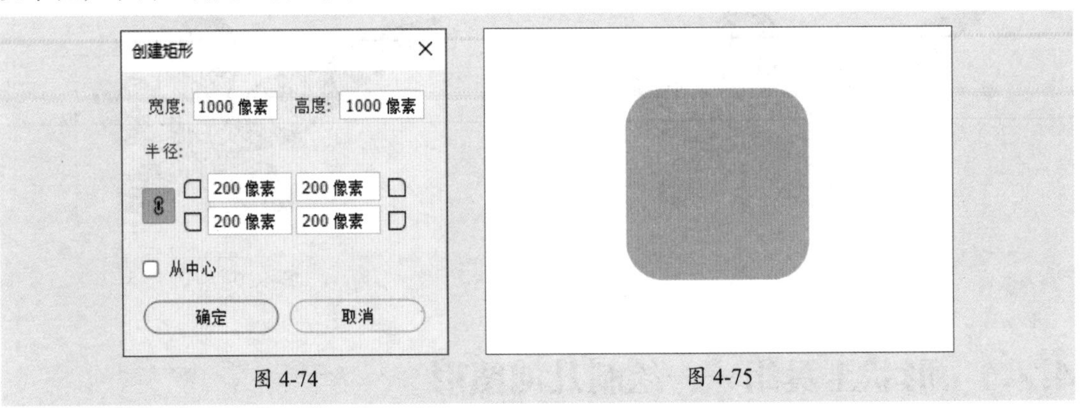

图 4-74　　图 4-75

操作提示

按住Shift键拖动鼠标，可以绘制出正方形。按住Alt键拖动鼠标，可以鼠标为中心绘制矩形，按住Shift+Alt组合键拖动鼠标，可以鼠标为中心绘制正方形。

2. 椭圆工具

椭圆工具可以绘制椭圆形和正圆形，其操作方法和矩形工具相同。选择椭圆工具◯，直接拖动鼠标可绘制椭圆，如图4-76所示。按住Shift键拖动鼠标，可绘制正圆，如图4-77所示。

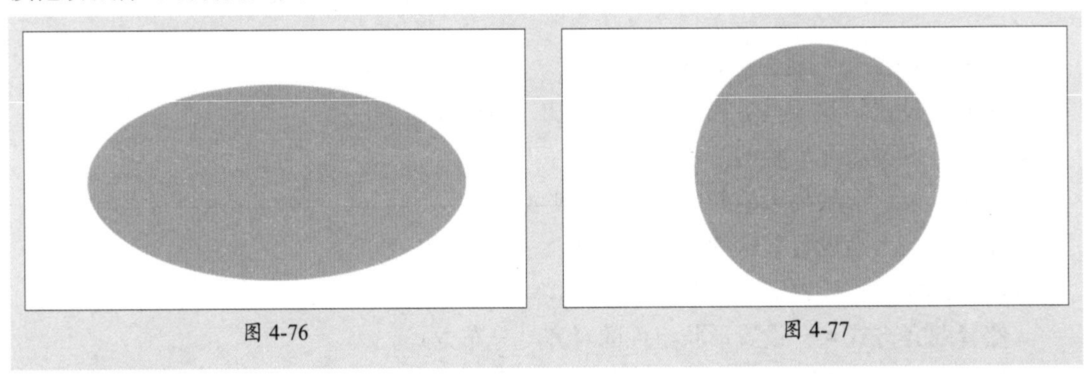

图 4-76　　图 4-77

3. 三角形工具

使用三角形工具可以绘制三角形。选择三角形工具△，直接拖动鼠标可绘制三角形，拖动内部的控制点可调整圆角半径，如图4-78所示。按住Shift键拖动鼠标可绘制等边三角形，如图4-79所示。

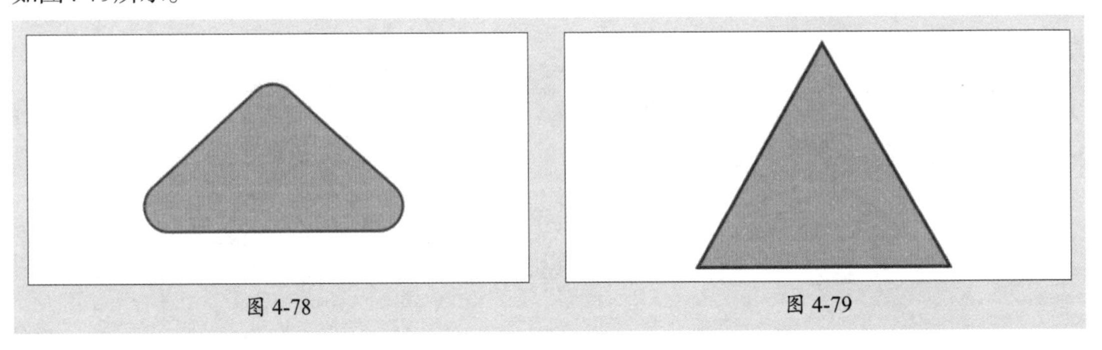

图 4-78　　图 4-79

4. 多边形工具

多边形工具可用于绘制正多边形（最少为三边）和星形。选择多边形工具⬡，在窗口中单击，在弹出的对话框中可以设置精确的宽度、高度、边数、平滑缩进等参数，如图4-80、图4-81所示。

图 4-80

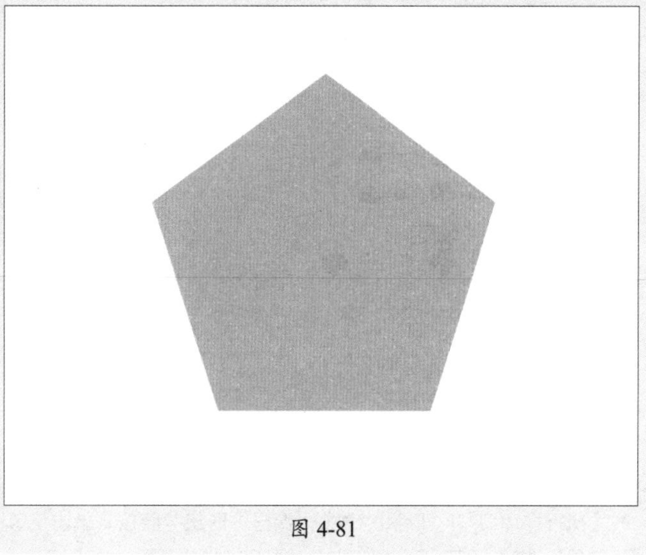
图 4-81

选择多边形工具⬡，在选项栏中设置有关参数，如图4-82所示。拖动绘制星形，如图4-83所示。在“属性”面板中可更改参数，勾选“平滑星形缩进”选项，如图4-84、图4-85所示。

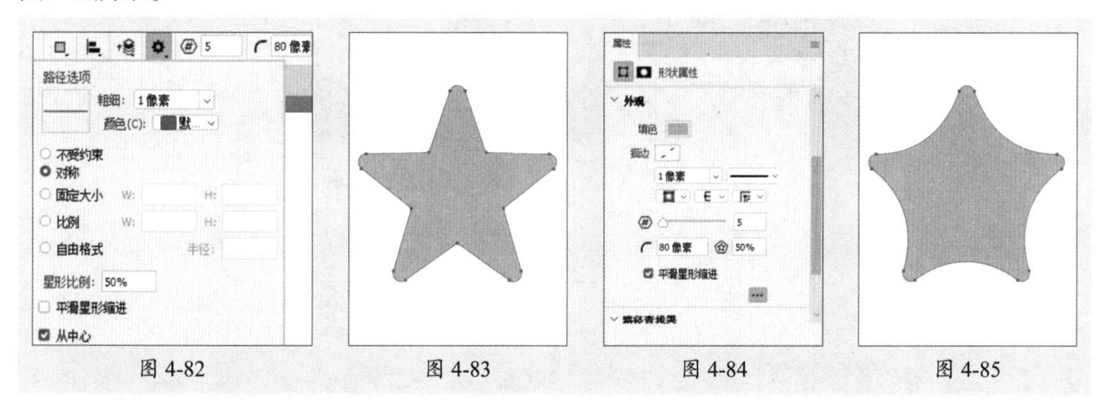

图 4-82　图 4-83　图 4-84　图 4-85

5. 直线工具

直线工具可用于绘制直线和带有箭头的路径。选择直线工具╱，在选项栏中可以设置线条的粗细，从而改变所绘制直线路径的宽度。

6. 自定形状工具

自定义形状工具可用来绘制系统自带的不同形状。选择自定形状工具，单击选项栏中的⚙图标可选择预设自定形状，如图4-86所示。按住Shift键拖动鼠标可绘制等比例形状，如图4-87所示。

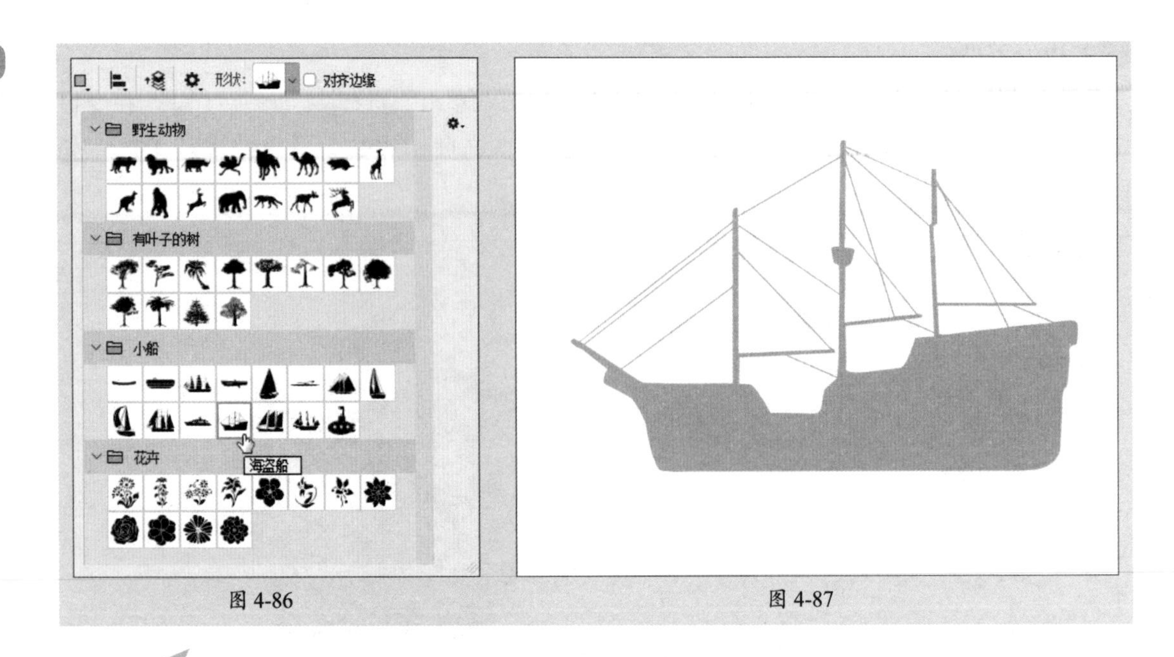

图 4-86　　图 4-87

操作提示

执行“窗口”|“形状”命令，弹出“形状”面板。单击菜单按钮，在弹出的菜单中选择“旧版形状及其他”选项，即可添加旧版形状，如图4-88、图4-89所示。

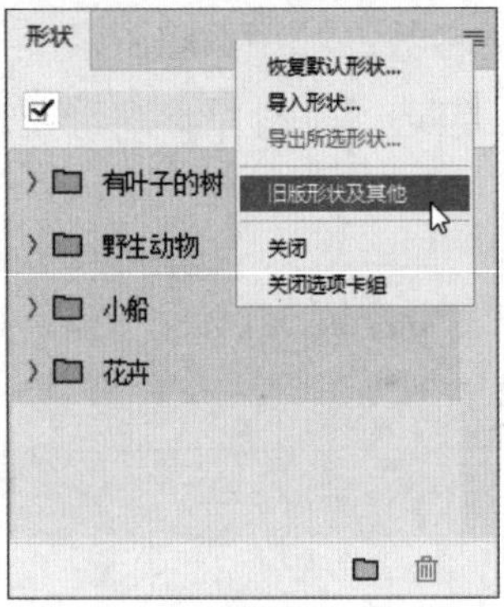

图 4-88 　　图 4-89

4.3 文本的应用

使用文字组工具可以创建点文字、段落文字、路径文字以及变形文字，在“字符”“段落”面板中可以设置文本参数。

4.3.1 案例解析：制作购课须知banner

在学习文本的应用之前，可以跟随以下操作步骤了解并熟悉使用文字工具创建点文字、段落文本以及设置文本的方法。

步骤 01 将素材文件拖曳至Photoshop中，如图4-90所示。

步骤 02 选择横排文字工具输入文字，按Ctrl+T组合键放大文本并移动至右上方，如

图4-91所示。

图 4-90　　图 4-91

步骤 03 在“字符”面板中更改文字样式，如图4-92、图4-93所示。

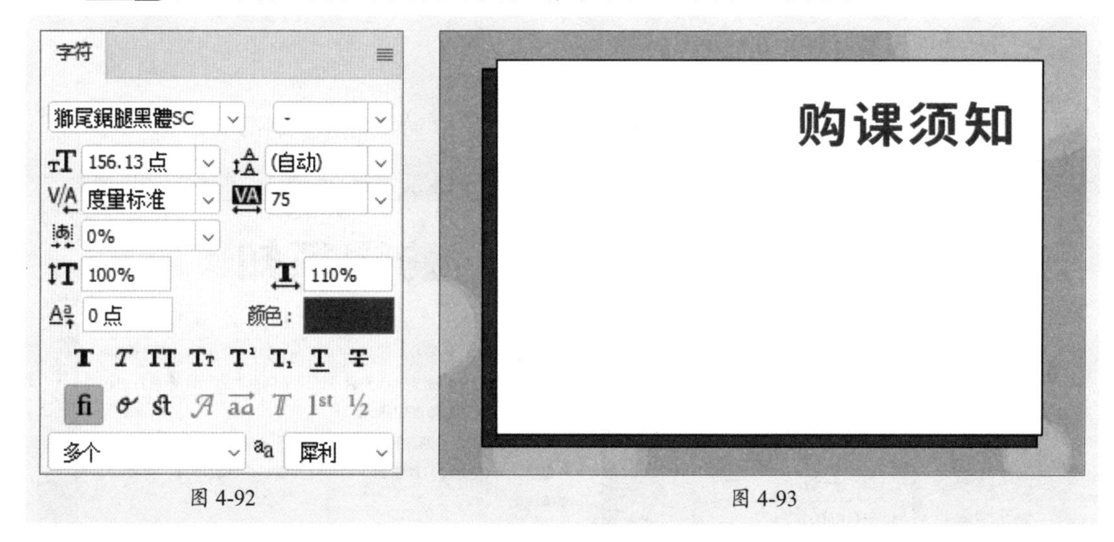

图 4-92　　图 4-93

步骤 04 选择横排文字工具T，拖动绘制文本框，如图4-94所示。

步骤 05 打开素材文档“购课须知.txt”，按Ctrl+A组合键全选文本，按Ctrl+C组合键复制文本，如图4-95所示。

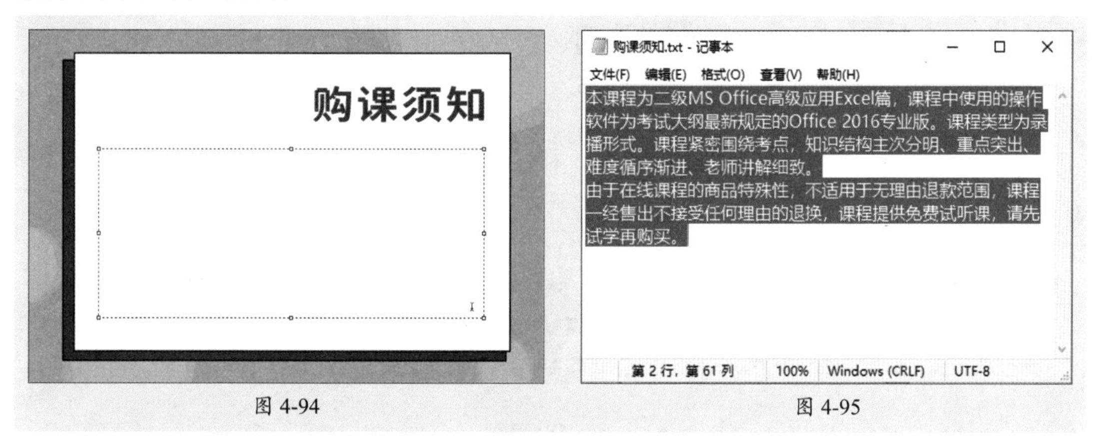

图 4-94　　图 4-95

步骤 06 按Ctrl+V组合键粘贴文本，如图4-96所示。

步骤07 按Ctrl+A组合键全选文本，在“字符”面板中设置参数，如图4-97所示。

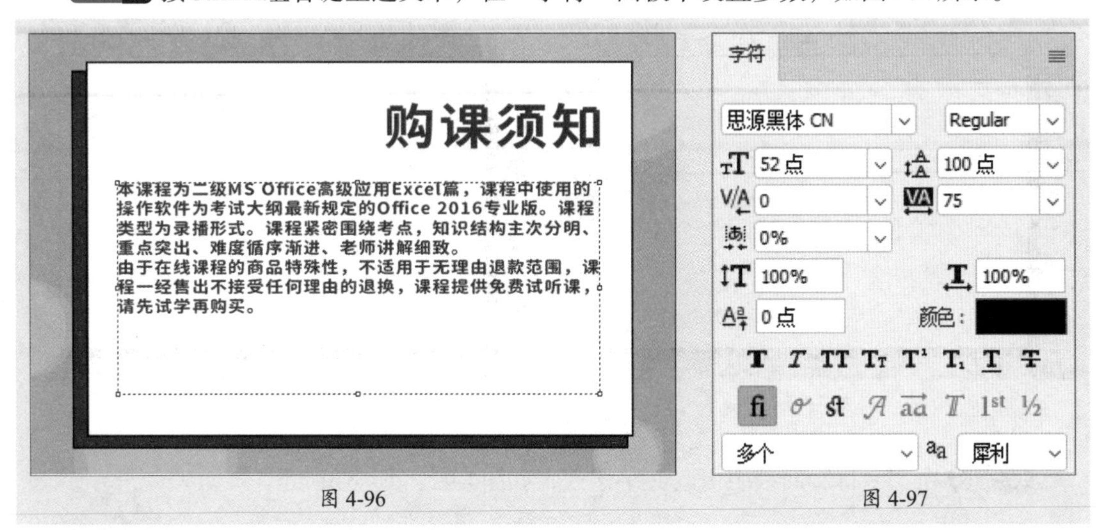

图 4-96　　图 4-97

步骤08 在“段落”面板中设置参数，如图4-98所示。

步骤09 按Ctrl+Enter组合键完成调整，移动标题的位置，如图4-99所示。

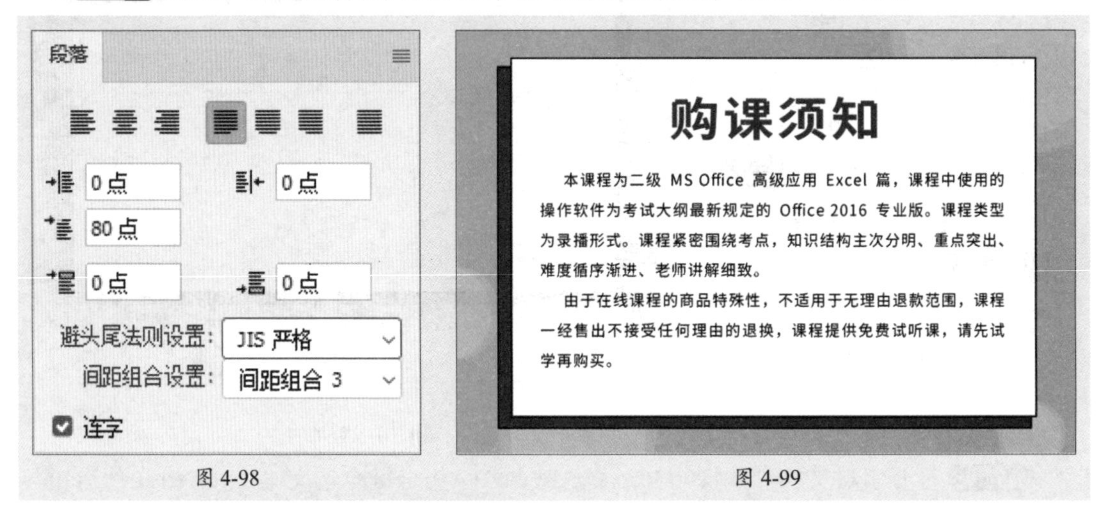

图 4-98　　图 4-99

4.3.2　文字工具——创建文本

横排文字工具是最基本的文字类工具之一，用于一般横排文字的处理，输入方向从左至右。选择横排文字工具T，显示选项栏，如图4-100所示。在此可以设置文本的大小、颜色、字体、排列方式等属性。

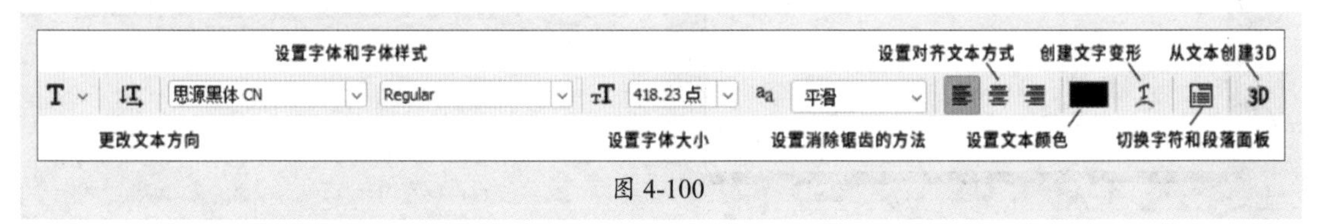

图 4-100

使用横排文字工具可以创建点文本以及段落文本。

1. 点文本

使用横排文字工具T在图像中单击，文档中将会出现一个闪动光标，输入文字后，系统将自动创建一个缩略图为T的图层，如图4-101、图4-102所示。

图 4-101

图 4-102

在选项栏中单击“更改文本方向”按钮可以切换文本方向，如图4-103所示。单击色块可以设置文本的颜色，效果如图4-104所示。

图 4-103

图 4-104

操作技巧

结束文本输入主要有以下四种方法：

- 按Ctrl+Enter组合键；
- 在小键盘（数字键盘）区按Enter键；
- 单击选项栏右侧的“提交当前编辑”按钮☑；
- 单击工具箱中的其他任意工具。

2. 段落文本

若需要输入的文字内容较多，可创建段落文字，并对文字进行管理以及对格式进行设置。

选择横排文字工具T，将鼠标指针移动到图像窗口中，当指针变成插入符号时，按住鼠标左键不放，拖动鼠标创建出文本框，如图4-105所示。文本插入点会自动出现在文本框前端。在文本框中输入文字，当文字到达文本框的边界时会自动换行，如图4-106所示。调整外框四周的控制点，可以调整文本框大小，如图4-107所示。

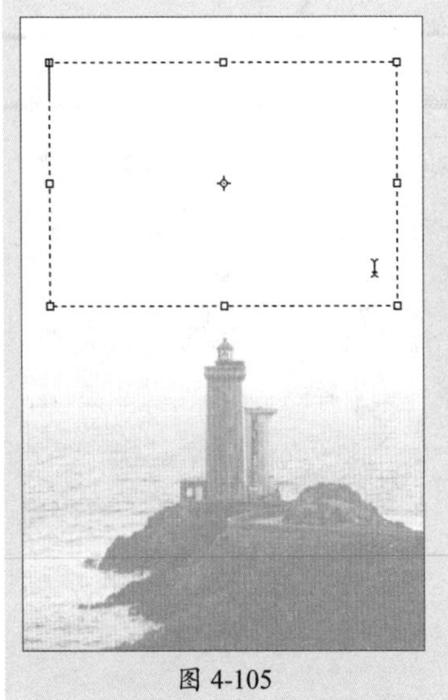
图 4-105

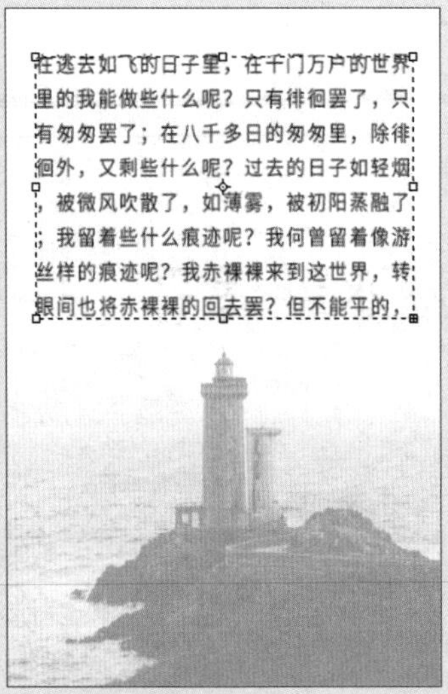

图 4-106

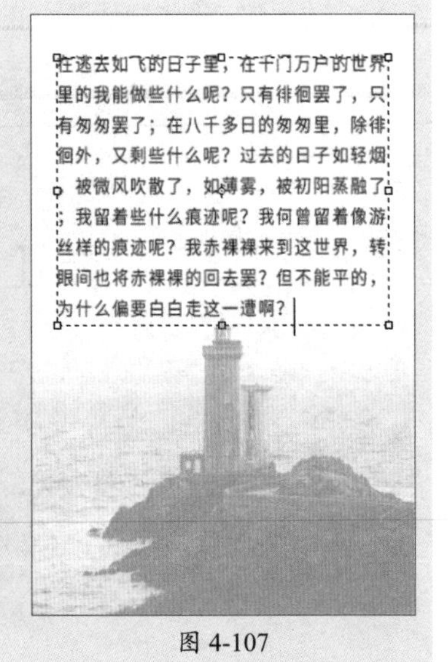

图 4-107

操作提示

文本框右下角显示溢流文本符号⊞时，将鼠标指针移动到文本框四周的控制点上，拖动鼠标调整文本框大小，可使文字全部显示在文本框中。

4.3.3 “字符”“段落”面板——设置文本

添加文本或段落文本后，除了在选项栏中设置基础的样式、大小、颜色等参数外，还可以在“字符”和“段落”面板上设置字距、基线偏移等参数。

1. “字符”面板

在选项栏中单击“切换字符和段落面板”按钮，然后执行“窗口”|“字符”命令或按F7功能键，可打开或隐藏“字符”面板。在该面板中可以精确地调整所选文字的字体、大小、颜色、行间距、字间距和基线偏移等属性，方便文字的编辑，如图4-108所示。

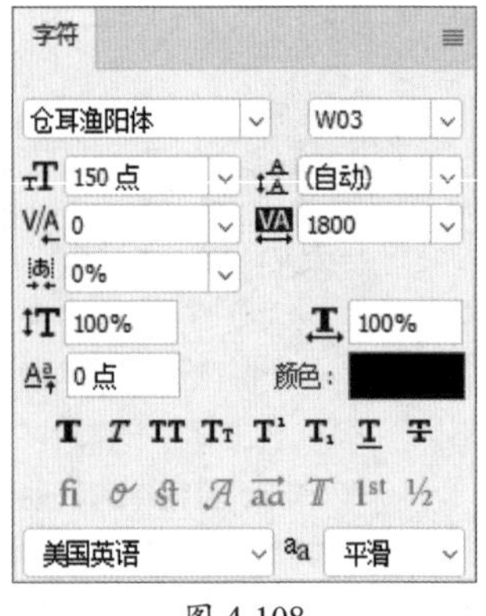

图 4-108

该面板中主要选项的功能如下。

- **字体大小**：在下拉列表中选择预设数值或者输入自定义数值，即可更改字符大小。
- **设置行距**：设置输入文字行与行之间的距离。
- **字距微调**：设置两个字符之间的字距微调。在设置时，将光标插入两个字符之间，在数值框中输入所需的字距微调数量即可。输入正值时，字距扩大；输入负值时，字距缩小。
- **字距调整**：设置文字的字符间距。输入正值时，字距扩大；输入负值时，字距缩小。

- **比例间距**：设置文字字符间的比例间距，数值越大则字距越小。
- **垂直缩放**：设置文字垂直方向上的大小，即调整文字的高度。
- **水平缩放**：设置文字水平方向上的大小，即调整文字的宽度。
- **基线偏移**：设置文字与文字基线之间的距离，输入正值时，文字会上移；输入负值时，文字会下移。
- **颜色**：单击色块，在弹出的拾色器中设置颜色。
- **文字效果按钮组**：设置文字的效果，依次是仿粗体、仿斜体、全部大写字母、小型大写字母、上标、下标、下划线和删除线。
- **Open Type功能组**：依次是标准连字、上下文替代字、自由连字、花饰字、替代样式、标题代替字、序数字、分数字。
- **语言设置**：设置文本连字符和拼写的语言类型。
- **设置消除锯齿的方法**：设置消除文字锯齿的模式。

2. “段落”面板

在选项栏中单击“切换字符和段落面板”按钮，然后执行“窗口”|“段落”命令，可打开或隐藏“段落”面板。在该面板中可对段落文本的属性进行细致调整，还可使段落文本按照指定的方向对齐，如图4-109所示。

图 4-109

该面板中主要选项的功能如下。

- **对齐方式按钮组**：从左到右依次为“左对齐文本”“居中对齐文本”“右对齐文本”“最后一行左对齐”“最后一行居中对齐”“最后一行右对齐”“全部对齐”。
- **左缩进**：设置段落文本左边向内缩进的距离。
- **右缩进**：设置段落文本右边向内缩进的距离。
- **首行缩进**：设置段落文本首行缩进的距离。
- **段前添加空格**：设置当前段落与上一段落的距离。
- **段后添加空格**：设置当前段落与下一段落的距离。
- **避头尾设置**：避头尾字符是指不能出现在每行开头或结尾的字符。Photoshop提供了基于标准JIS的宽松和严格的避头尾集，宽松的避头尾设置忽略了长元音和小平假名字符。
- **标点挤压**：设置内部字符集间距。
- **连字**：勾选该复选框，可将文本行的最后一个英文单词拆开，形成连字符号，而剩余的部分则自动换到下一行。

4.3.4 文字的编辑

输入文字后，还可以对文字进行更为高级的编辑操作，例如转换点文字与段落文字、沿路径绕排文字以及变形文字等。

1. 转换点文字与段落文字

创建的点文字和段落文本可以相互进行切换。选中点文本，执行“文字”|“转换为段落文本”命令，可将点文本转换为段落文本，如图4-110所示；选中段落文本，执行“文字”|“转换为点文本”命令，可将段落文本转换为点文本，如图4-111所示。

图 4-110

图 4-111

2. 沿路径绕排文字

使用路径工具绘制路径，将鼠标指针移至路径上方，当指针变为形状时，在路径上单击鼠标，如图4-112所示。此时光标会自动吸附到路径上，即可输入文字，如图4-113所示。

图 4-112

图 4-113

3. 变形文字

文字变形是文字图层的属性之一，可以根据选项创建出不同样式的文字效果。选中文字图层后，在选项栏中单击“创建文字变形”按钮，打开“变形文字”对话框，如图4-114所示。

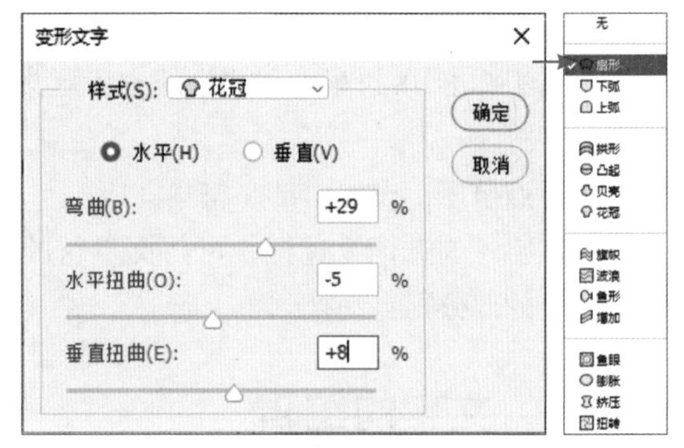

图 4-114

该对话框中主要选项的功能如下。

- **样式：** 决定文字最终的变形效果，该下拉列表中包括各种变形的样式，分别为扇形、下弧、上弧、拱形、凸起、贝壳、花冠、旗帜、波浪、鱼形、增加、鱼眼、膨胀、挤压和扭转。选择不同的选项，文字的变形效果也各不相同。

- **水平或垂直**：设置文本的变形在水平方向或垂直方向上进行。
- **弯曲**：设置文字的弯曲方向和弯曲程度（参数为0时无任何弯曲效果）。
- **水平扭曲**：设置文本在水平方向上的扭曲程度。
- **垂直扭曲**：设置文本在垂直方向上的扭曲程度。

图4-115、图4-116所示为花冠与鱼形变形效果。

图 4-115

图 4-116

操作提示

变形文字工具只针对整个文字图层而不能单独针对某些文字。如果要制作多种文字混合变形的效果，可以通过将文字输入到不同的文字图层，然后分别设定变形的方式来实现。

课堂实战 绘制卡通雪人

本章课堂实战为绘制卡通雪人，以综合练习本章的知识点，熟练掌握和巩固画笔、路径和几何形状的绘制与填充方法。下面进行操作思路的介绍。

步骤01 按Ctrl+N组合键创建3：2文档，填充10%灰色，如图4-117所示。

步骤02 设置前景色为白色，使用椭圆工具分别绘制不同大小的正圆，如图4-118所示。

图 4-117

图 4-118

步骤03 使用钢笔工具绘制帽子及围巾轮廓，使用椭圆工具绘制帽子和球球，如图4-119所示。

步骤04 使用画笔工具绘制纹理，按Ctrl+G组合键创建剪贴蒙版，如图4-120所示。

图 4-119

图 4-120

步骤05 为帽子和围巾所在图层添加描边效果，如图4-121所示。

步骤06 使用钢笔工具绘制树枝形的胳膊，如图4-122所示。

图 4-121

图 4-122

步骤07 使用椭圆工具绘制眼睛和扣子，使用多边形工具绘制鼻子，如图4-123所示。

步骤08 使用钢笔工具绘制嘴巴，如图4-124所示。

图 4-123

图 4-124

课后练习 制作帆船俱乐部徽章

下面将综合使用多种绘图工具制作帆船俱乐部徽章，如图4-125所示。

图 4-125

1. 技术要点

- 绘制正圆并填充渐变与描边效果；
- 按住Shift+Alt组合键，从中心向外绘制正圆并创建路径文字；
- 使用文字工具自定形状工具绘制主体与文字内容。

2. 分步演示

如图4-126所示。

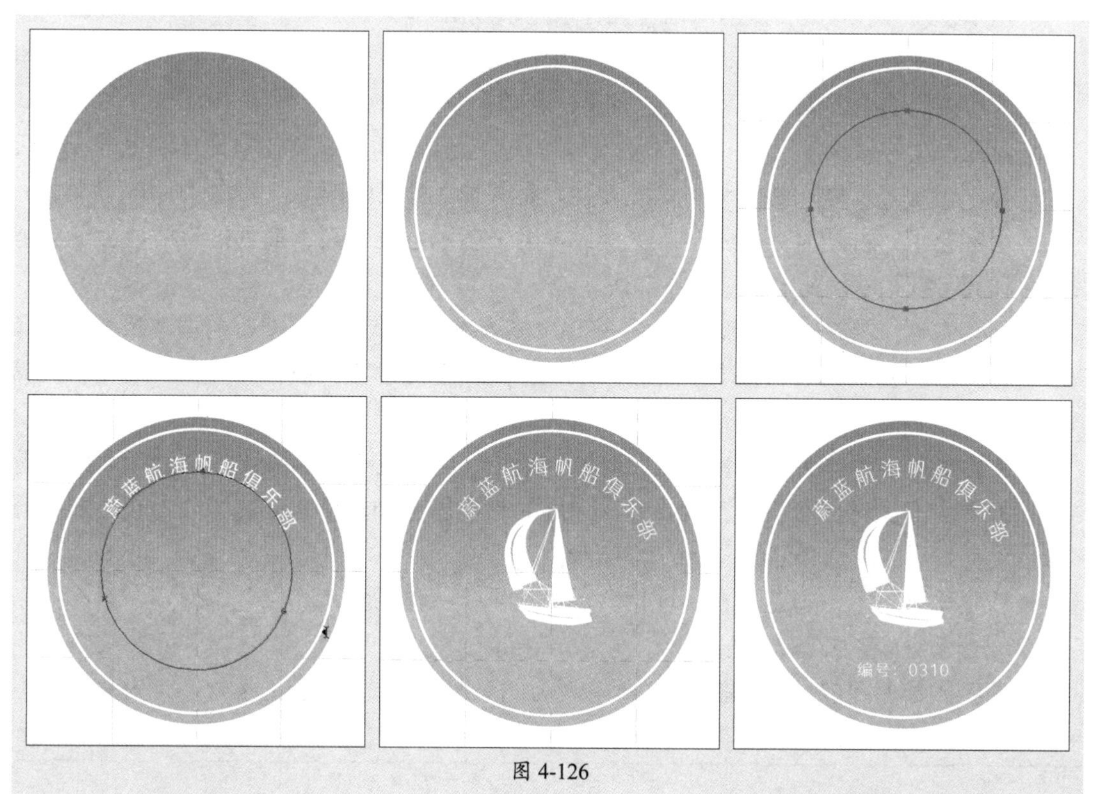

图 4-126

拓展赏析

非遗之传统音乐

中国传统音乐是中国人运用本民族固有方法、采取本民族固有形式创造的、具有本民族固有形态特征的音乐，不仅包括在历史上产生、流传至今的古代作品，还包括当代作品。我国传统音乐一般划分为文人音乐、宗教音乐、民间音乐以及宫廷音乐四大类，如图4-127所示。

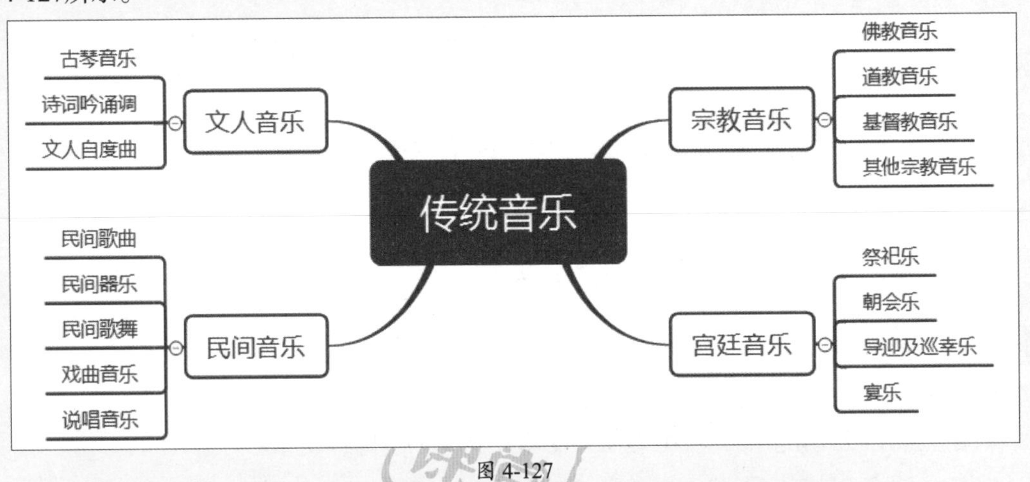

图 4-127

在非遗名录上，既入选世界级又入选国家级的传统音乐名单有以下八个。

- **西安鼓乐：**我国古代音乐的重要遗存，它特有的复杂曲体和丰富的特性乐汇、旋法及乐器配置形式成为破解中国古代音乐艺术谜团的珍贵线索。
- **南音：**也称“弦管”“泉州南音”，是中国现存最古老的乐种之一。南音以标准泉州方言古语演唱，读音保留了中原古汉语音韵。
- **花儿：**又称“少年”，因歌词中把女性比喻为花朵而得名，其传唱分日常生产、生活与“花儿会”两种主要场合。“花儿会”是一种大型民间歌会，又称“唱山”。
- **古琴艺术：**古琴演奏是中国历史上最古老，艺术水准最高，最具民族精神、审美情趣和传统艺术特征的器乐演奏形式。
- **侗族大歌：**侗族称为“嘎老”，是一种由多人参与的歌队集体演唱的古老歌种，故译为大歌。侗族大歌内容丰富，品种多样，旋律优美动听，被誉为世界“最美的天籁之音”。
- **蒙古族呼麦：**作为一种特殊的民间歌唱形式，呼麦是蒙古族杰出的创造。它传达着蒙古族人民对自然宇宙和世界万物深层的哲学思考和体悟，表达了蒙古族追求和谐生存发展的理念和健康向上的审美情趣。
- **新疆维吾尔木卡姆艺术：**一种集歌、舞、乐于一体的大型综合艺术形式，素有“东方音乐明珠”之誉称。
- **蒙古族长调民歌：**“长调”蒙古语发音为“乌尔汀哆”，意思是长歌，是内蒙古自治区的传统音乐，被誉为“草原音乐活化石”。

素材文件

视频文件

第5章

图像的颜色调整

内容导读

本章将对图像的颜色调整进行讲解，包括执行色阶、曲线、亮度/对比度、色彩平衡、可选颜色、替换颜色及匹配颜色等命令调整图像的色彩、色调，执行去色、黑白、反相、阈值、渐变映射及照片滤镜等命令对图像的色彩进行特殊调整。

思维导图

5.1 基础色彩、色调调整

执行色阶、曲线、亮度/对比度命令可以调整图像的色调，执行色彩平衡、色相/饱和度、可选颜色、替换颜色以及匹配颜色可以调整图像的色彩。

5.1.1 案例解析：调整人物肤色

在学习基础色彩、色调调整之前，可以跟随以下操作步骤了解并熟悉可选颜色、曲线以及色相/饱和度命令的应用效果。

步骤 01 将素材文件拖曳至Photoshop中，如图5-1所示。

步骤 02 选择套索工具，在选项栏设置“羽化”为80像素，在需要调整的区域绘制选区，如图5-2所示。

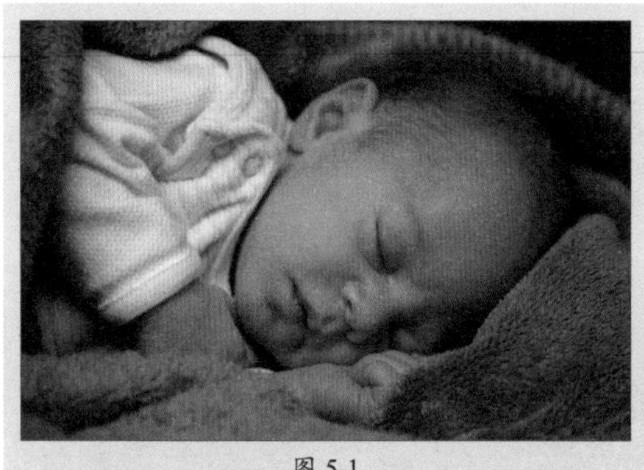

图 5-1

图 5-2

步骤 03 在“图层”面板中创建“可选颜色”调整图层，在“属性”面板中设置颜色为“黄色”并设置其他颜色参数，如图5-3所示。

步骤 04 效果如图5-4所示。

图 5-3

图 5-4

步骤 05 在选项栏中更改“羽化”为30像素，使用套索工具绘制选区，如图5-5所示。

步骤06 在“图层”面板中创建“可选颜色”调整图层，在“属性”面板中设置颜色为“红色”并设置颜色参数，如图5-6所示。

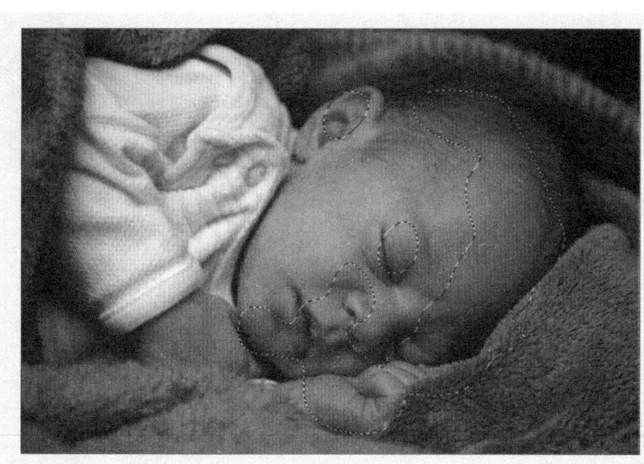

图 5-5

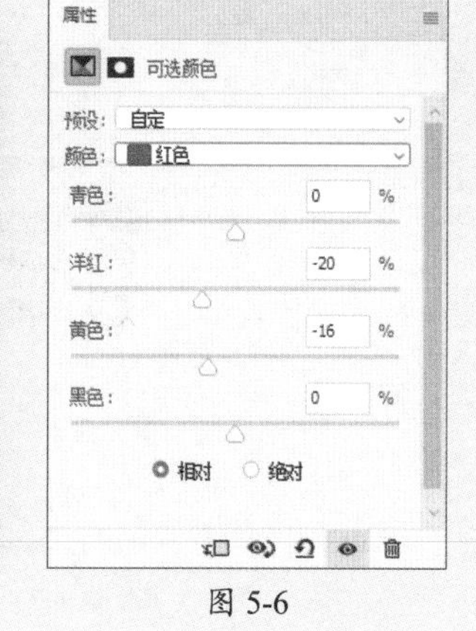

图 5-6

步骤07 效果如图5-7所示。

步骤08 使用套索工具绘制选区，如图5-8所示。

图 5-7

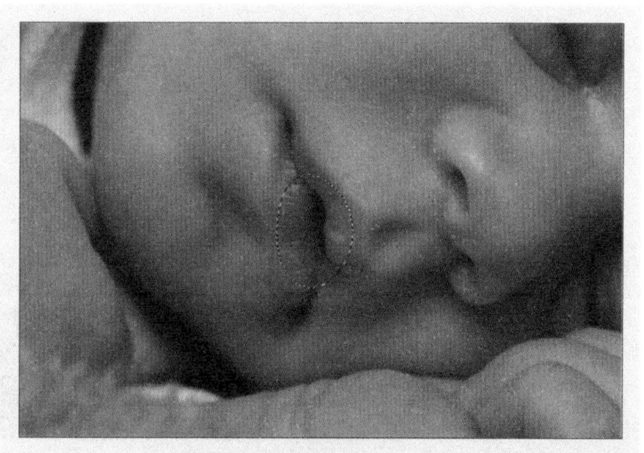

图 5-8

步骤09 在“图层”面板中创建“曲线”调整图层，在“属性”面板中设置其他参数并稍微调亮图像，如图5-9所示。

步骤10 效果如图5-10所示。

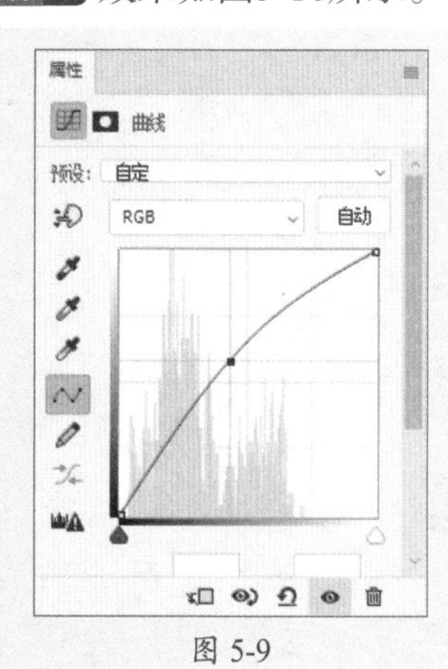

图 5-9

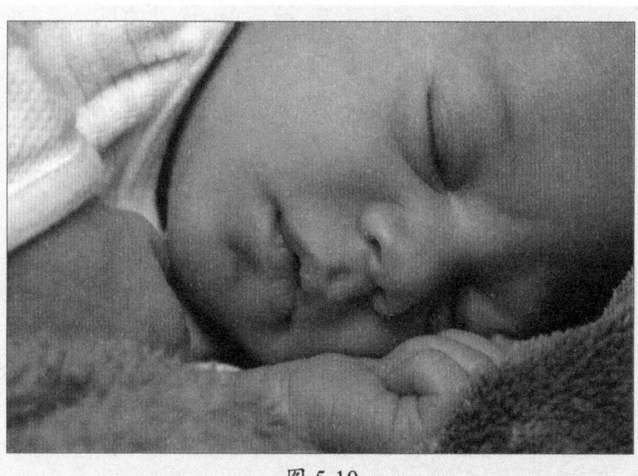

图 5-10

步骤 11 在“图层”面板中，按住Alt键单击图层蒙版缩览图载入选区，如图5-11所示。

步骤 12 在“图层”面板中，创建“色相/饱和度”调整图层，如图5-12所示。

图 5-11

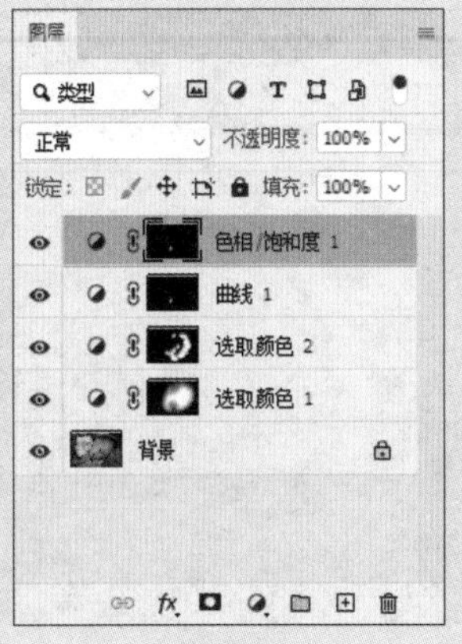

图 5-12

步骤 13 在“属性”面板中设置相关参数，如图5-13所示。

步骤 14 效果如图5-14所示。

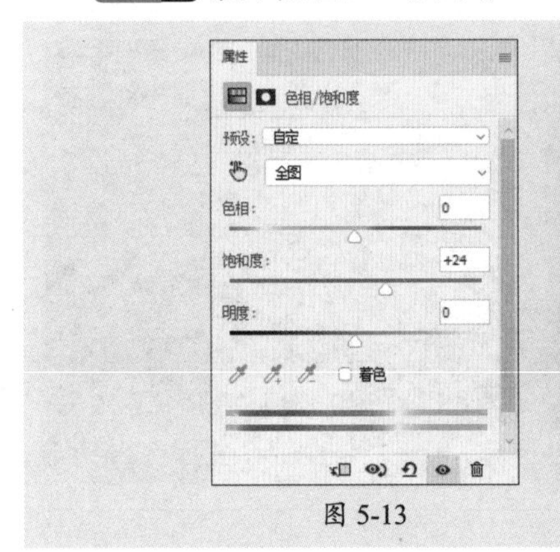

图 5-13

图 5-14

5.1.2 色阶——校正图像色调范围

使用色阶命令可以调整图像的暗调、中间调和高光等颜色范围。执行“图像”|“调整”|“色阶”命令或按Ctrl+L组合键，弹出“色阶”对话框，如图5-15所示。

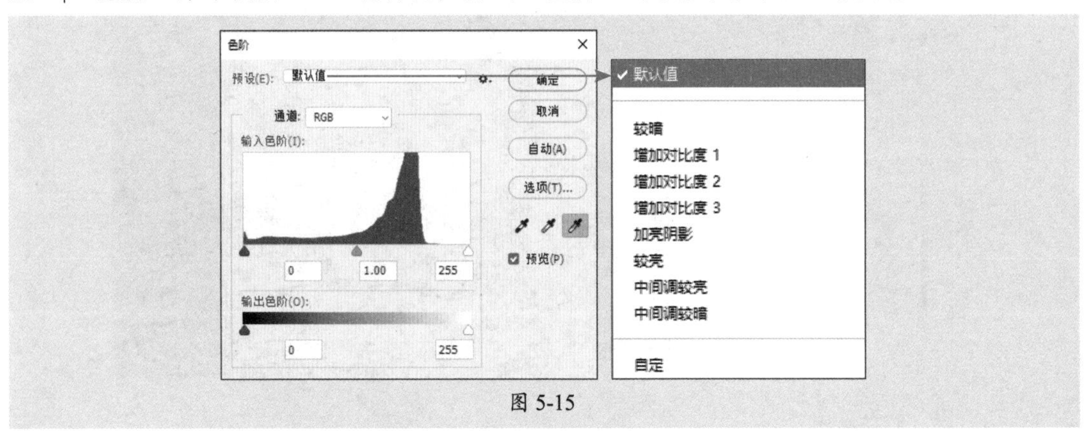

图 5-15

该对话框中主要选项的功能如下。

- **预设：** 选择预设色阶效果。
- **通道：** 设置需要调整色调的通道。
- **输入色阶：** 该选项分别对应上方直方图中的三个滑块，拖动即可调整其阴影、高光以及中间调。
- **输出色阶：** 用于限定图像亮度范围，其取值范围为0～255，两个数值分别用于调整暗部色调和亮部色调。
- **自动：** 单击该按钮，Photoshop将以0.5的比例对图像进行调整，把最亮的像素调整为白色，把最暗的像素调整为黑色。
- **选项：** 单击该按钮，打开“自动颜色校正选项”对话框，可设置“阴影”和“高光”所占比例。
- **从图像中取样以设置黑场**：单击该按钮，在图像中取样，可以将单击处的像素调整为黑色，同时图像中比该单击处亮的像素也会变成黑色。
- **从图像中取样以设置灰场**：单击该按钮，在图像中取样，可以将单击处设置为灰度色，从而改变图像的色调。
- **从图像中取样以设置白场**：单击该按钮，在图像中取样，可以将单击处的像素调整为白色，同时图像中比该单击处亮的像素也会变成白色。

图5-16、图5-17所示为调整色阶前后效果对比图。

图 5-16

图 5-17

5.1.3 曲线——调整图像颜色和色调

使用曲线命令可以调整图像的明暗度颜色。执行“图像”|“调整”|“曲线”命令或按Ctrl+M组合键，弹出“曲线”对话框，如图5-18所示。

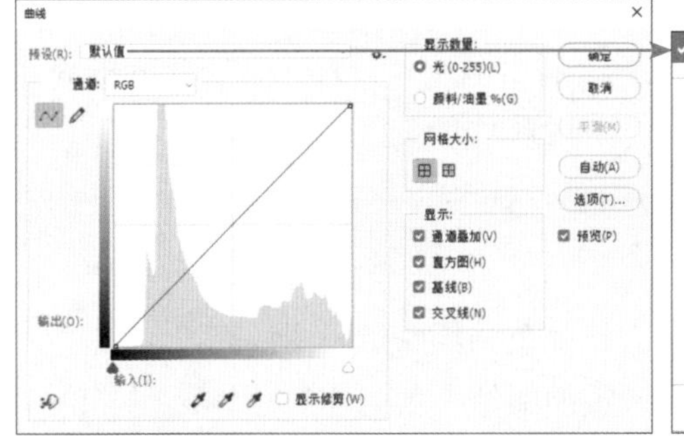

图 5-18

该对话框中部分选项的功能如下。

- **曲线编辑框：** 曲线的水平轴表示原始图像的亮度，即图像的输入值；垂直轴表示处理后新图像的亮度，即图像的输出值；曲线的斜率表示相应像素点的灰度值。在曲线上单击可创建控制点。
- **编辑点以修改曲线**：拖动曲线上控制点可以调整图像。
- **通过绘制来修改曲线**：单击该按钮后，将光标移到曲线编辑框中，当其变为铅笔形状时单击并拖动，可绘制需要的曲线来调整图像。
- **色调增量按钮**：控制曲线编辑框中曲线的网格数量。
- **显示选项区：** 包括“通道叠加”“直方图”“基线”和“交叉线”4个复选框，只有勾选这些复选框才会在曲线编辑框里显示三个通道叠加以及基线、直方图和交叉线的效果。

图5-19、图5-20所示为调整曲线中各通道前后效果对比图。

图 5-19

图 5-20

5.1.4 亮度/对比度——调整图像明暗

利用亮度/对比度命令可以对图像的色调范围进行简单的调整。执行“图像”|“调整”|“亮度/对比度”命令，弹出“亮度/对比度”对话框，如图5-21所示。

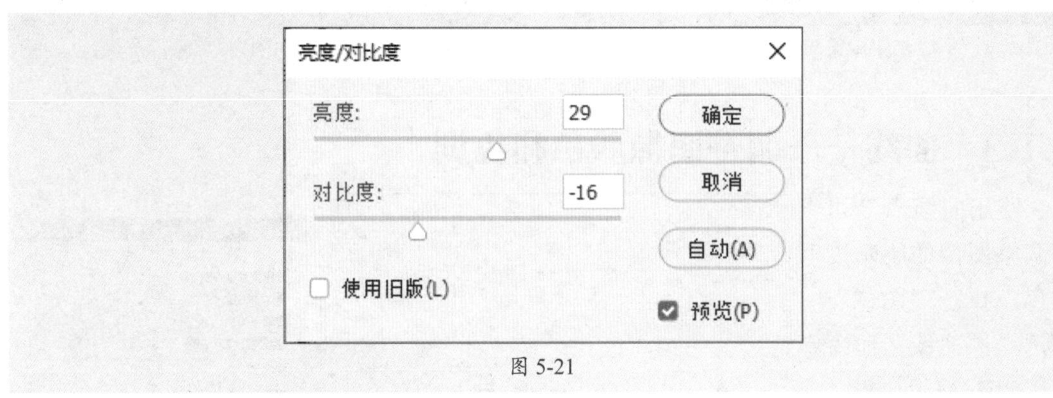

图 5-21

“亮度”滑块向右移动会增加色调值并扩展图像高光，向左移动会减少色调值并扩展阴影。“对比度”滑块可扩展或收缩图像中色调值的总体范围。图5-22、图5-23所示为调整亮度及对比度前后的效果。

图 5-22

图 5-23

5.1.5 色彩平衡——调整图像平衡

使用色彩平衡命令可以增加或减少图像的颜色，使图层的整体色调更加平衡。执行“图像”|“调整”|“色彩平衡”命令或按Ctrl+B组合键，弹出“色彩平衡”对话框，如图5-24所示。

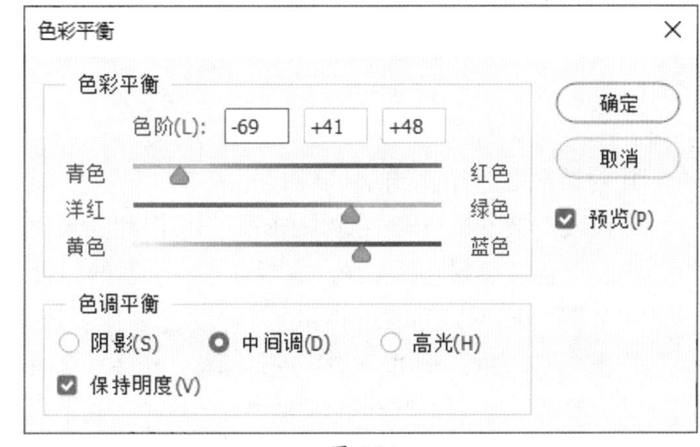

图 5-24

该对话框中部分选项的功能如下。

- **“色彩平衡”选项组：**在“色阶”后的文本框中输入数值即可调整组成图像的6个不同原色的比例。也可将青色/红色、洋红/绿色或黄色/蓝色滑块移向要添加到图像的颜色。
- **“色调平衡”选项组：**可选择任意色调平衡选项（阴影、中间调或高光）。勾选“保持明度”复选框，可防止图像的明度值随颜色的更改而改变。

图5-25、图5-26所示为调整色彩平衡前后的效果。

图 5-25

图 5-26

5.1.6 色相/饱和度——调整指定颜色范围

使用色相/饱和度命令可以调整整个图像或是局部图像的色相、饱和度和亮度，实现图像色彩的改变。执行“图像”|“调整”|“色相/饱和度”命令或按Ctrl+U组合键，弹出“色相/饱和度”对话框，如图5-27所示。

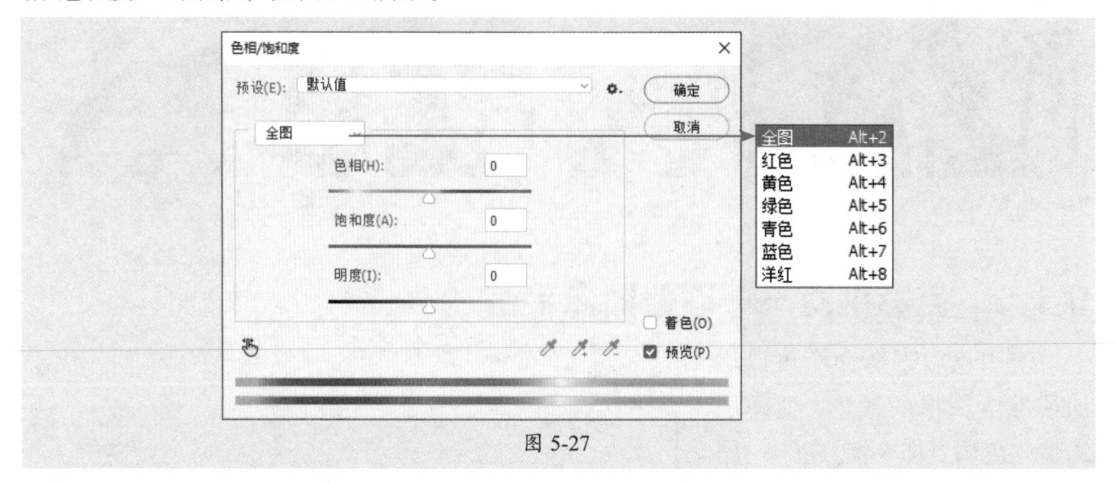

图 5-27

该对话框中部分选项的功能如下。

- **预设：** 该下拉列表中提供了8种色相/饱和度预设，单击“预设选项”按钮⚙可对当前设置的参数进行保存，或者载入一个新的预设调整文件。
- **全图：** 该下拉列表中提供了7种颜色选择。选择不同颜色后，可以拖动下面“色相”“饱和度”“明度”滑块进行调整。选择“全图”选项，可一次调整整幅图像中的所有颜色。若选择“全图”选项之外的选项，则色彩变化只对当前选中的颜色起作用。
- **移动工具**：在图像上单击并拖动可修改饱和度，按住Ctrl键单击可修改色相。
- **着色：** 勾选该复选框，图像整体偏向于单一色调，如图5-28、图5-29所示。

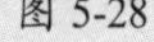
图 5-28

图 5-29

5.1.7 可选颜色——校正图像色彩

使用可选颜色命令可以校正颜色的平衡，它主要针对RGB、CMYK和黑、白、灰等主要颜色的组成进行调节。这个命令可以有选择地在图像某一主色调成分中增加或减少印刷颜色含量，但不影响该印刷色在其他主色调中的表现，从而对图像的颜色进行校正。

执行“图像”|“调整”|“可选颜色”命令，弹出“可选颜色”对话框，如图5-30所示。

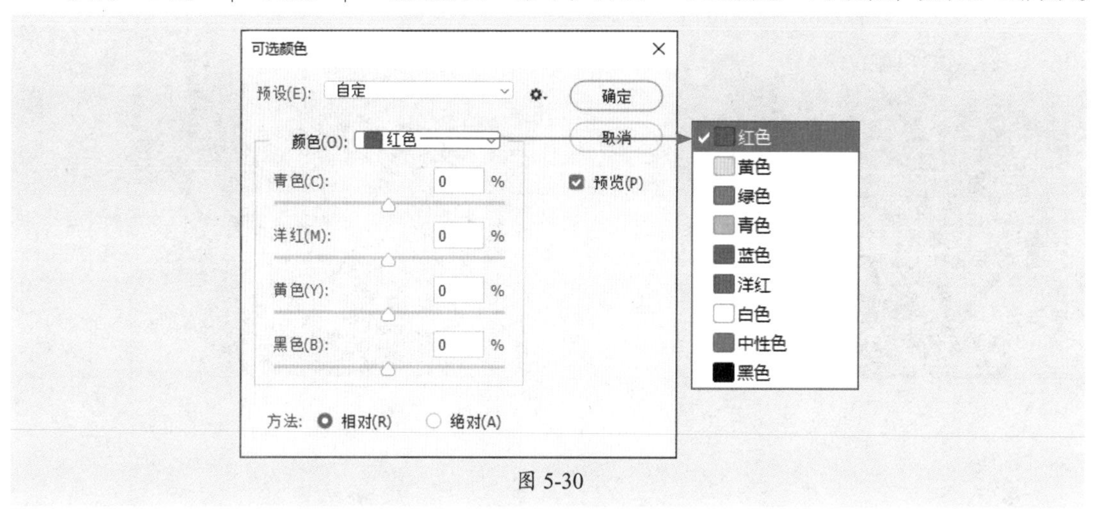

图 5-30

图5-31、图5-32所示为调整可选颜色前后的效果。

图 5-31　　图 5-32

5.1.8　替换颜色——更换图像色彩

替换颜色命令用于替换图像中某个特定范围的颜色，以调整色相、饱和度和明度值。

执行“图像”|“调整”|“替换颜色”命令，弹出“替换颜色”对话框，如图5-33所示。打开该对话框后，使用吸管工具单击图像中要改变的颜色区域，预览框中就会出现灰度图像，其中白色部分的是要更改的颜色范围，黑色部分是不会改变颜色的范围。

拖动调整“颜色容差”参数，可扩大或缩小有效区域的范围。设置“结果”颜色、“色相”、“饱和度”或明度，可更改选定区域的颜色与色相饱和度。

图 5-33

图5-34、图5-35所示为替换颜色前后的对比效果。

图 5-34

图 5-35

操作提示

使用吸管工具时，按住Shift键在图像中单击将添加区域，按住Alt键单击将移去区域。按Ctrl键，可将该预览框在选区和图像显示之间切换。

5.1.9 匹配颜色——统一图像颜色

匹配颜色命令可将一个图像作为源图像，另一个图像作为目标图像，以源图像的颜色与目标图像的颜色进项匹配。源图像和目标图像可以是两个独立的文件，也可以匹配同一个图像中不同图层之间的颜色。置入两张图像素材，图5-36、图5-37所示分别为目标图像与源图像。

图 5-36

图 5-37

在目标图像中，执行“图像”|“调整”|“匹配颜色”命令，弹出“匹配颜色”对话框，如图5-38所示，应用效果如图5-39所示。

图 5-38　　图 5-39

操作提示

匹配颜色命令仅适用于RGB模式图像。

5.2 特殊色彩调整

执行去色、黑白、反相、阈值、渐变映射以及照片滤镜命令，可以对图像的色彩进行特殊调整。

5.2.1 案例解析：创建黑白照片效果

在学习特殊色彩调整之前，可以跟随以下操作步骤了解并熟悉黑白命令的应用效果。

步骤 01 将素材文件拖曳至Photoshop中，如图5-40所示。

步骤 02 在“图层”面板中创建“黑白”调整图层，图像效果如图5-41所示。

图 5-40

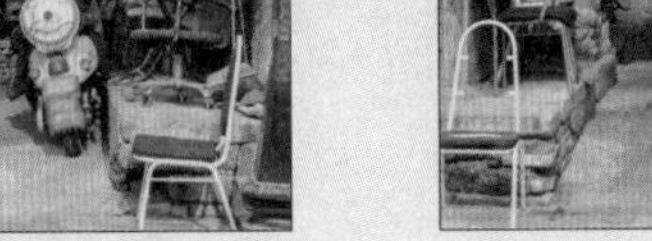

图 5-41

步骤 03 在“属性”面板中单击“自动”按钮，如图5-42、图5-43所示。

图 5-42

图 5-43

步骤 04 在“属性”面板中拖动滑块调整参数，如图5-44、图5-45所示。

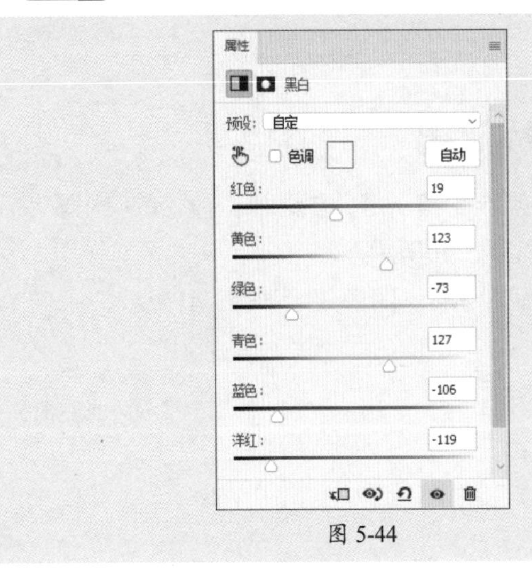

图 5-44

图 5-45

5.2.2 去色——彩色变灰度效果

使用去色命令可以去除图像的色彩，将图像中所有颜色的饱和度变为0，使图像显示为灰度效果，但每个像素的亮度值不会改变。执行“图像”|“调整”|“去色”命令或按Shift+Ctrl+U组合键，图5-46、图5-47所示为应用去色命令前后效果。

图 5-46

图 5-47

5.2.3 黑白——彩色变单色效果

使用黑白命令可以将彩色图像轻松转换为层次丰富的灰度图像，也可以通过对图像应用色调来将彩色图像转换为单色图像。执行“图像”|“调整”|“黑白”命令，弹出“黑白”对话框，如图5-48所示。

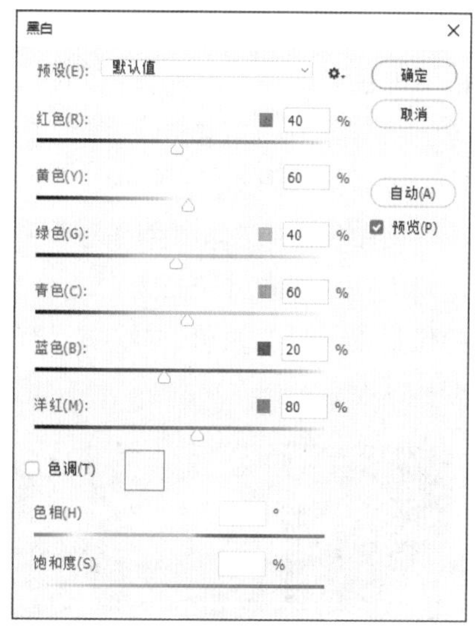

图 5-48

该对话框中部分选项的功能如下。

- **自动**：根据图像的颜色值设置灰度混合。“自动”混合通常会产生极佳的效果，可以作为使用颜色滑块调整灰度值的起点。
- **色调**：勾选“色调”复选框，单击色板可以打开“拾色器”选择色调颜色。
- **颜色滑块**：调整图像中特定颜色的灰色调。

图5-49、图5-50所示为应用黑白命令前后效果。

图 5-49

图 5-50

5.2.4 反相——反转图像颜色

使用反相命令可以将图像颜色翻转，产生照片胶片的图像效果。执行“图像”|“调整”|“反相”命令或按Ctrl+I组合键，效果对比如图5-51、图5-52所示。

图 5-51

图 5-52

5.2.5 阈值——转换为高对比黑白图像

使用阈值命令可以将图像转换成只有黑白两种色调的高对比度黑白图像。执行“图像”|“调整”|“阈值”命令，弹出“阈值”对话框，如图5-53所示。

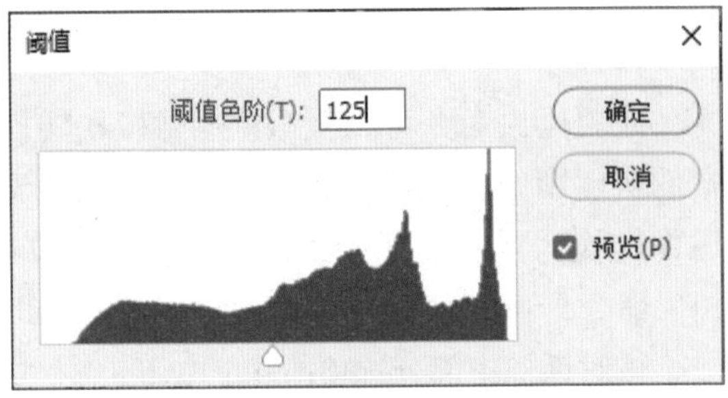

图 5-53

该命令会将图像像素的亮度值一分为二，比阈值亮的像素将转换为白色，而比阈值暗的像素将转换为黑色，效果对比如图5-54、图5-55所示。

图 5-54

图 5-55

5.2.6 渐变映射——映射渐变填充

使用渐变映射命令可将相等的图像灰度范围映射到指定的渐变填充色。执行“图像”|“调整”|“渐变映射”命令，弹出“渐变映射”对话框。在该对话框中，单击渐变颜色条旁的下拉按钮，将会弹出渐变样式面板，选择相应的渐变样式可确定渐变颜色，如图5-56所示。

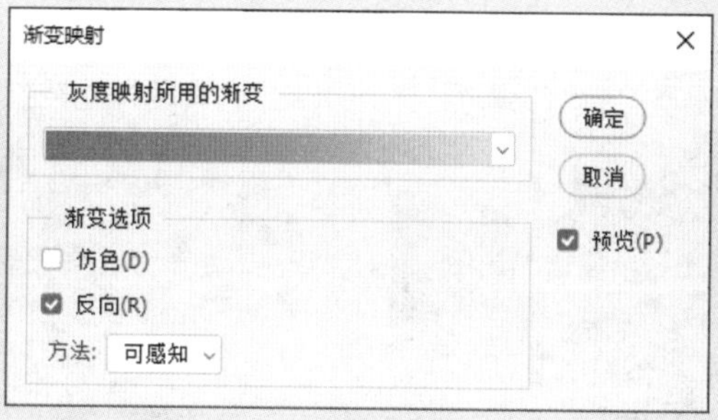

渐变映射
灰度映射所用的渐变
确定
取消
渐变选项
预览(P)
仿色(D)
反向(R)
方法: 可感知

图 5-56

图像中的阴影会映射到渐变填充的一个端点颜色，高光映射到另一个端点颜色，中间调则映射到两个端点颜色之间的渐变，图5-57、图5-58所示为应用前后效果。

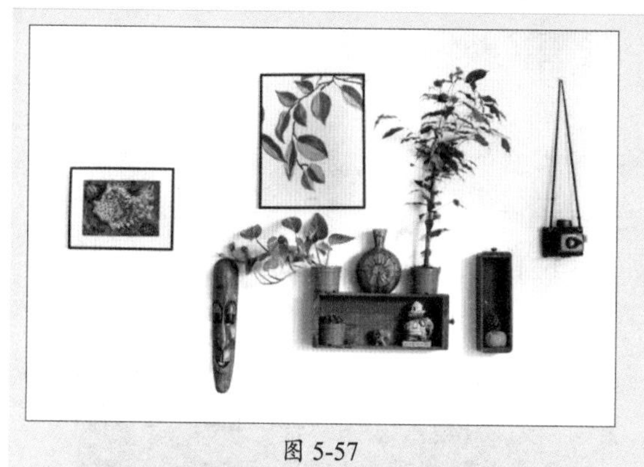

图 5-57

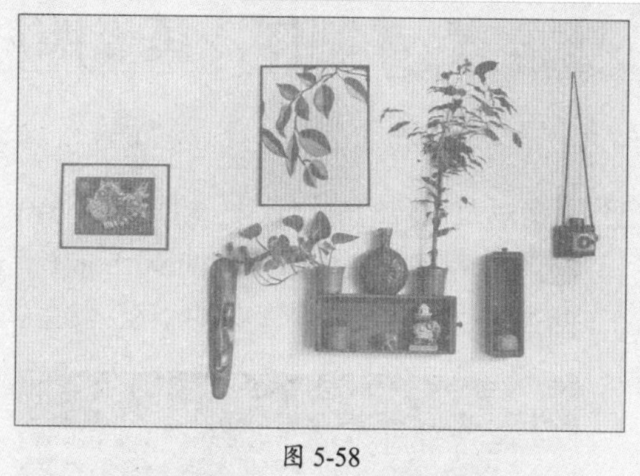

图 5-58

5.2.7 照片滤镜——为照片添加滤镜

照片滤镜命令是通过模拟相机镜头前滤镜的效果来进行色彩调整的，该命令还允许选择预设的颜色，以便向图像应用色相调整。执行“图像”|“调整”|“照片滤镜”命令，弹出“照片滤镜”对话框，如图5-59所示。

照片滤镜
使用
滤镜(F): Cooling Filter (82)
确定
取消
颜色(C):
预览(P)
密度(D): 33 %
保留明度(L)

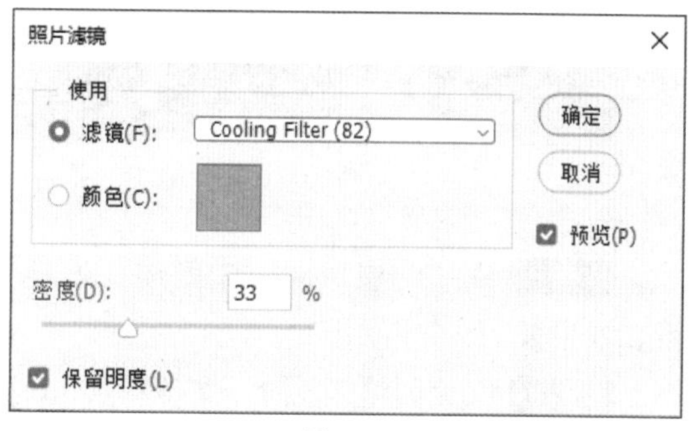

图 5-59

该对话框中主要选项的功能如下。

- **滤镜：** 在该从下拉列表中选取一个滤镜颜色。
- **颜色：** 对于自定滤镜，单击颜色方块，在弹出的拾色器中为自定滤镜指定颜色。
- **密度：** 调整应用于图像的颜色数量。直接输入参数或拖动滑块均可调整，密度越高，颜色调整幅度就越大。
- **保留明度：** 勾选该复选框，可保持图像中的整体色调平衡，防止图像的明度值随颜色的更改而改变。

图5-60、图5-61所示为应用照片滤镜命令前后效果。

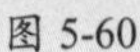
图 5-60

图 5-61

课堂实战 制作泛黄老照片效果

本章课堂实战为调整老照片颜色，以综合练习本章的知识点，熟练掌握和巩固去色、色彩平衡以及色阶的应用效果。下面进行操作思路的介绍。

步骤 01 将素材文件拖曳至Photoshop中，如图5-62所示。

步骤 02 按Ctrl+J组合键复制图层，按Shift+Ctrl+U组合键去色，如图5-63所示。

图 5-62

图 5-63

步骤 03 在“图层”面板中创建“色彩平衡”调整图层，并在“属性”面板中设置参数，效果如图5-64所示。

步骤 04 继续创建“色阶”调整图层，并在“属性”面板中设置参数，效果如图5-65所示。

图 5-64

图 5-65

课后练习 提取图像线稿

下面将综合执行色彩命令为图像提取线稿，如图5-66、图5-67所示。

图 5-66

图 5-67

1. 技术要点

- 复制图层后去色，复制去色图层后反相；
- 更改反相图层的混合模式为“颜色减淡”；
- 盖印图层后调整色阶参数。

2. 分步演示

如图5-68所示。

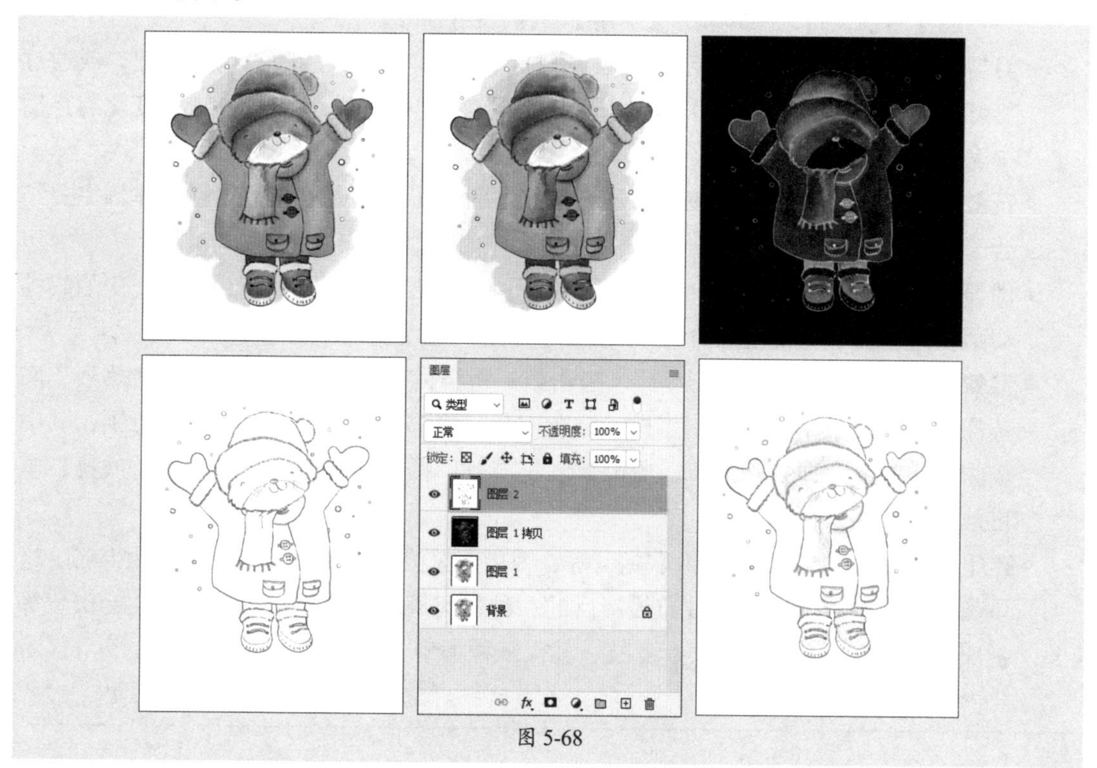

图 5-68

拓展赏析

非遗之传统舞蹈

舞蹈是通过有节奏的、经过提炼和组织的人体动作和造型来表达一定的思想感情的艺术。中华民族的舞蹈文化源远流长，经过了多个阶段的发展和演变，逐渐形成了具有中国独特形态和神韵的东方舞蹈艺术。

朝鲜族农乐舞是我国唯一入选的世界级舞蹈类非遗名录。除此之外，还有很多传统舞蹈都入选国家级非遗名录。下面列举具有代表性的10个舞蹈。

- **朝鲜族农乐舞：**“农乐舞”俗称“农乐”，是一种融合音乐舞蹈、演唱为一体的综合性艺术表演形式，最早起源于农业劳作，并具有古代祭祀成分。其中以象帽舞和乞粒舞最具代表性。
- **秧歌（高跷）：**又称“扭秧歌”，是我国最具代表性的一种民间舞蹈，多在节日集会时表演。在民间，可以分为踩跷的“高跷秧歌”和不踩跷的“地秧歌”。人们口中的“秧歌”主要是指“地秧歌”。
- **龙舞：**也称“舞龙”，因舞者持传说中的龙形道具而得名。龙的形象源于中国古代图腾，被视为民族的象征。龙舞则是华夏精神的象征，是中华民族极为珍贵的文化遗产。
- **狮舞（醒狮）：**也称“舞狮”，多在年节和喜庆活动中表演。狮子在中华各族人民心目中为瑞兽，象征着吉祥如意，从而舞狮活动寄托着民众消灾除害、求吉纳福的美好意愿。
- **麒麟舞：**也称“武麒麟”，是中国最早的拟兽类舞蹈。逢年过节人们舞起麒麟，以表达迎祥纳福，祈求风调雨顺、国泰民安的良好愿望。
- **灯舞：**灯舞主要在元宵节夜晚表演，彩灯照耀中，灯、人相映，情趣盎然，或通过彩灯形成不同的队形、图案，或摆成“吉祥”“天下太平”等字样，或在变化与穿插中表达各种意境。
- **花鼓灯：**集舞蹈、灯歌和锣鼓音乐、情节性的双（三）人舞和情绪性集体舞完美结合于一体的民间舞种。
- **傩舞：**傩舞又称鬼戏，是汉族最古老的一种祭神跳鬼、驱瘟避疫、表示安庆的娱神舞蹈。它起源于汉族先民的自然崇拜、图腾崇拜和巫术意识。
- **鼓舞（安塞腰鼓、花钹大鼓）：**一边击鼓一般舞的舞蹈，鼓谱丰富、情绪热烈、底蕴深厚见长。中华鼓舞形制多样，分布广泛，舞蹈姿态各异，种类千差万别，其中较为典型的形态即有腰鼓舞、鼗鼓舞、长鼓舞、猴儿鼓舞、花鞭鼓舞、竹鼓舞、羊皮鼓舞等多种。
- **芦笙舞：**又名“踩芦笙”“踩歌堂”等，因用芦笙为舞蹈伴奏和自吹自舞而得名。这是南方少数民族最喜爱、分布最广泛的一种民间舞蹈。大多在年节、集会、庆贺等喜庆时刻表演，主要有自娱、竞技、礼仪三种类型。

素材文件

视频文件

第6章

图像的抠取与合成

内容导读

本章将对图像的抠取、合成进行讲解，包括使用选框工具组、套索工具组、魔棒工具组、橡皮擦工具组及钢笔工具组的工具抠取图像，执行色彩范围、主体、选择并遮住及天空替换命令抠图，通过设置图层的混合模式及在通道、蒙版中抠取图像。

思维导图

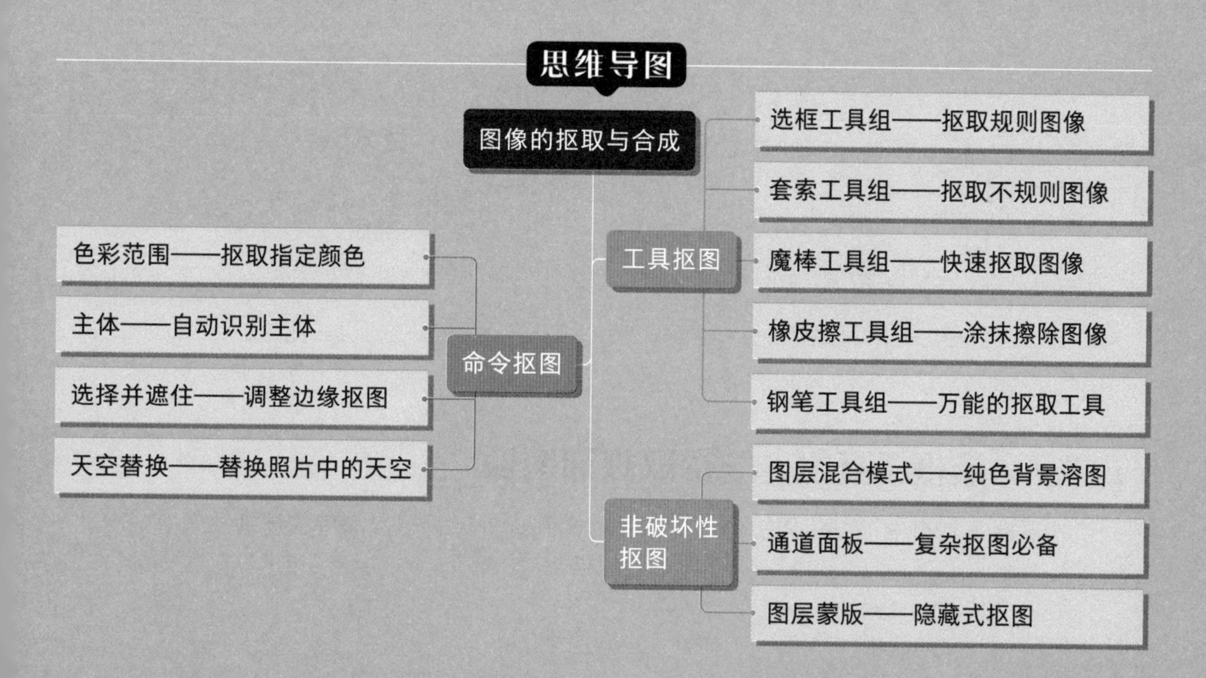

6.1 工具抠图

使用选框工具组、多边形工具组、钢笔工具组以及橡皮擦工具组的工具，可以为不同类型的图进行抠取擦除操作。

6.1.1 案例解析：抠取白色耳机

在学习工具抠图之前，可以跟随以下操作步骤了解并熟悉使用钢笔工具抠取主体与背景区分不明显的图像。

步骤 01 将素材文件拖曳至Photoshop中，如图6-1所示。

步骤 02 选择钢笔工具，在选项栏设置“羽化”为80像素，将模式更改为“路径”，沿主体边缘绘制路径，如图6-2所示。

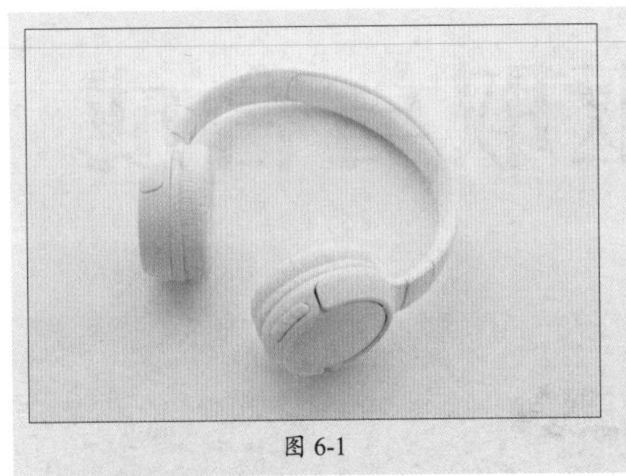

图 6-1

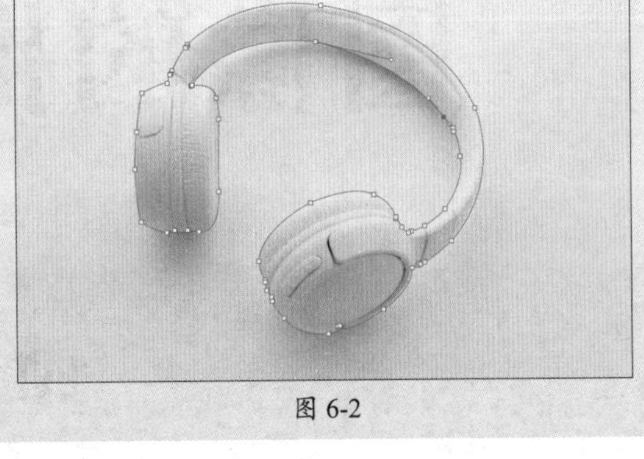

图 6-2

步骤 03 按Ctrl+Shift+Enter组合键创建选区，如图6-3所示。

步骤 04 按Ctrl+J组合键复制选区，隐藏背景图层，如图6-4所示。

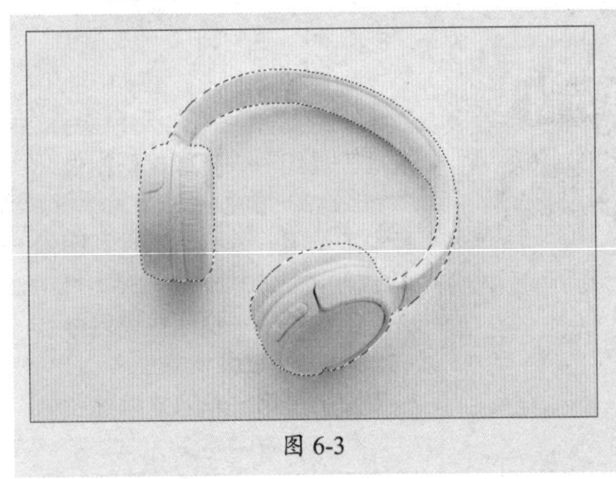

图 6-3

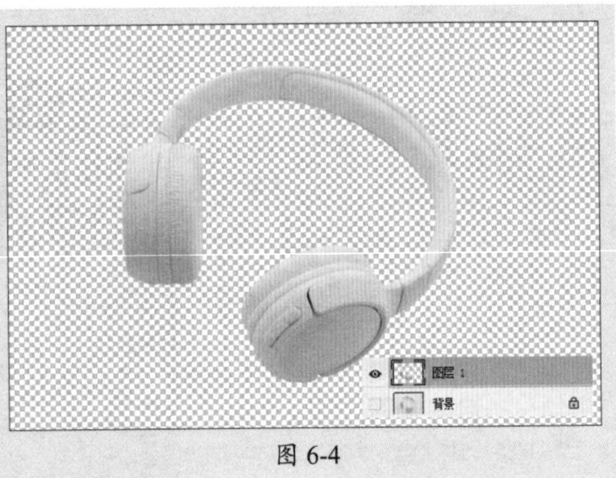

图 6-4

6.1.2 选框工具组——抠取规则图像

在选框工具组中可以使用矩形选框工具和椭圆选框工具抠取简单的规则图像。

1. 矩形选框工具

使用矩形选框工具可以在图像或图层中绘制矩形选区。选择矩形选框工具，显示其选项栏，如图6-5所示。

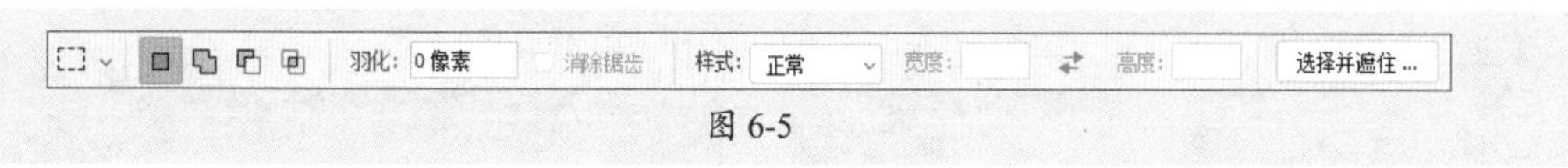

图 6-5

该选项栏中主要选项的功能如下。

- **选区编辑按钮组**：该按钮组又称为“布尔运算”按钮组，各按钮的名称从左至右分别是新选区、添加到选区、从选区减去及与选区交叉。单击“新选区”按钮，是选择新的选区；单击“添加到选区”按钮，可以连续创建选区，将新的选择区域添加到原来的选择区域里；单击“从选区减去”按钮，选择范围为从原来的选择区域里减去新的选择区域；单击“与选区交叉”按钮，选择的是新选择区域和原来的选择区域相交的部分。
- **羽化**：羽化是指通过创建选区边框内外像素的过渡来使选区边缘模糊，羽化宽度越大，则选区的边缘越模糊，此时选区的直角处也将变得圆滑。
- **样式**：该下拉列表中有“正常”“固定比例”和“固定大小”三个选项，用于设置选区的形状。

选择矩形选框工具，按住鼠标左键拖动，释放鼠标左键即可创建出一个矩形选区，如图6-6所示。右击鼠标，在弹出的菜单中选择“变换选区”选项，出现调整框，按住Ctrl键调整选区，按Enter键完成调整，如图6-7所示。

图 6-6

图 6-7

操作提示

使用矩形选框工具创建选区时，按住Shift键进行拖动可创建正方形选区，按住Shift+Alt键拖动可创建以起点为中心的正方形选区。

2. 椭圆选框工具

使用椭圆选框工具可以在图像或图层中绘制出圆形或椭圆形选区。选择椭圆选框工具，按住鼠标左键拖动，释放鼠标左键即可创建出椭圆选区。右击鼠标，在弹出的菜单中选择"变换选区"选项，出现调整框，按住Shift键调整选区，按Enter键完成调整，如图6-8所示。按Ctrl+J组合键复制选区，移动位置，如图6-9所示。

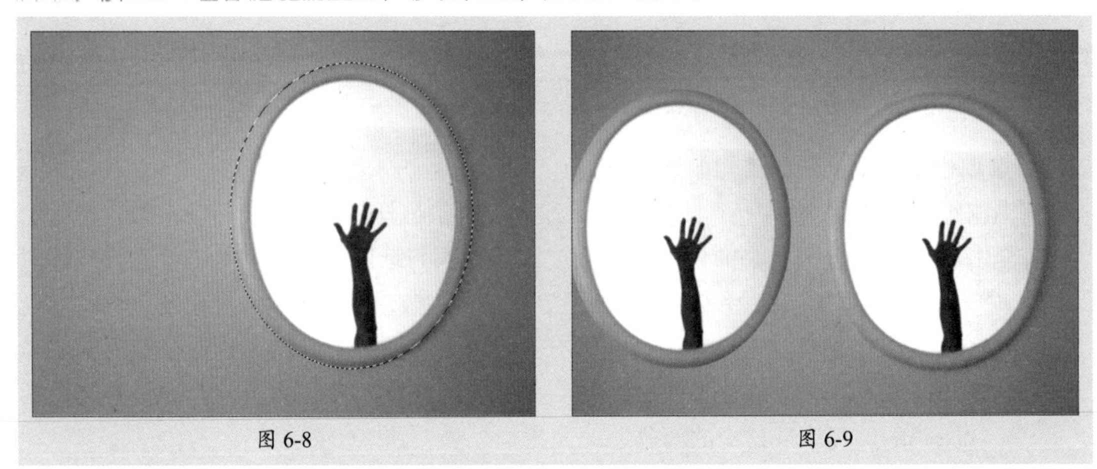

图 6-8　　图 6-9

6.1.3 套索工具组——抠取不规则图像

在套索工具组中可以使用套索工具、多边形套索工具以及磁性套索工具选取、抠取不规则图像。

1. 套索工具

使用套索工具可以创建任意形状的选区。选择套索工具，按住鼠标左键进行绘制，释放鼠标后即可创建选区，按住Shift键添加选区，按住Alt键减去选区，如图6-10所示。按Ctrl+X组合键剪切选区，按Ctrl+V组合键粘贴选区，如图6-11所示。

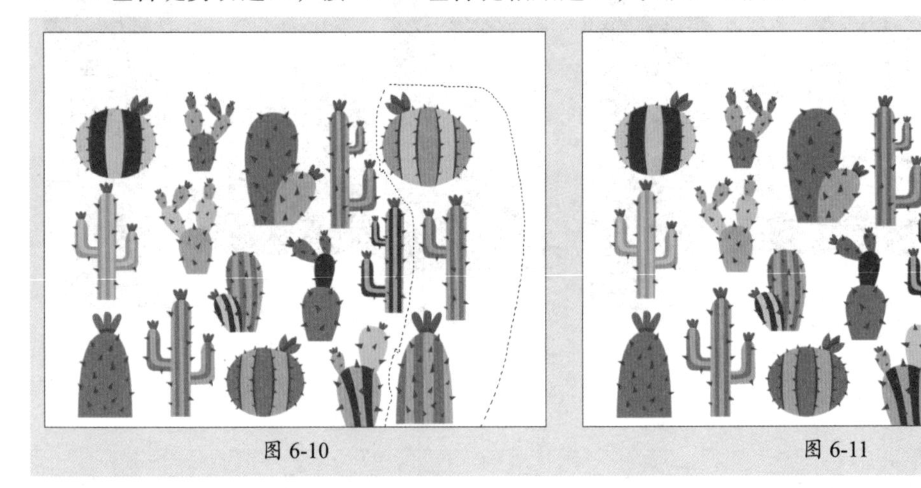

图 6-10　　图 6-11

2. 多边形套索工具

使用多边形套索工具可创建不规则形状的多边形选区。选择多边形套索工具，单击创建起始点，沿着要创建选区的轨迹依次单击鼠标创建其他端点，最后将光标移动到起始点，当光标变成形状时单击创建选区，如图6-12所示。按Ctrl+J组合键复制图像，隐藏背景图层，如图6-13所示。

图 6-12

图 6-13

操作提示

使用多边形套索工具绘制图形时，若不回到起点，在任意位置双击鼠标也会自动在起点和终点间生成一条连线作为多边形选区的最后一条边。

3. 磁性套索工具

磁性套索工具适用于快速选择与背景对比强烈且边缘复杂的对象。选择磁性套索工具，显示其选项栏，如图6-14所示。

图 6-14

该选项栏中主要选项的功能如下。

- **宽度：** 指定磁性套索工具在选取时光标两侧的检测宽度，取值范围是0～256像素，数值越大，所要查寻的颜色就越相似。
- **对比度：** 指定磁性套索工具在选取时对图像边缘的灵敏度，可输入一个1%～100%之间的值。较高的数值只检测与其周边对比鲜明的边缘，较低的数值将检测低对比度边缘。
- **频率：** 用于设置磁性套索工具自动插入锚点数，取值范围是0～100，数值越大生成的锚点数越多，能更快地固定选区边框。

选择磁性套索工具，移动光标至图像边缘单击确定第一个锚点，沿着图像的边缘移动光标即自动生成锚点，当光标回到起始点时变为形状，单击即可创建精确的不规则选区，如图6-15所示。按Ctrl+J组合键复制图像，隐藏背景图层，如图6-16所示。

图 6-15

图 6-16

6.1.4 魔棒工具组——快速抠取图像

在魔棒工具组中可以使用对象选择工具、快速选择工具以及魔棒工具快速抠取图像。

1. 对象选择工具

对象选择工具可简化在图像中选择对象或区域的过程——人物、汽车、宠物、天空、水、建筑物、山脉等。只需在对象周围绘制矩形区域或套索，或者让对象选择工具自动检测并选择图像或区域。选择“对象选择工具”，显示其选项栏，如图6-17所示。

图 6-17

该选项栏中主要选项的功能如下。

- **对象查找程序：** 默认情况下，对象查找程序为启用状态，将鼠标悬停在图像上并选择所需的对象或区域。
- **模式：** 选择“矩形”或“套索”模式手动定义对象周围的区域。
- **对所有图层取样：** 根据所有图层，而并非仅仅是当前选定的图层来创建选区。
- **硬化边缘：** 启用选区边界上的硬边。
- **选择主体：** 单击该按钮，从图像中最突出的对象创建选区。

选择对象选择工具，在对象周围拖动绘制选区，如图6-18所示。系统会自动识别选择区域内的对象，如图6-19所示。

图 6-18

图 6-19

2. 快速选择工具

快速选择工具利用可调整的圆形画笔笔尖快速创建选区，拖动时，选区会向外扩展并自动查找和跟随图像中定义的边缘。

选择快速选择工具，在需要选择的图像上单击并拖动鼠标，创建选择区域。按住Shift键操作可添加选区，按住Alt键操作可减去选区，如图6-20所示。按Ctrl+Shift+I组合键反选选区，按Delete键删除选区，按Ctrl+D组合键取消选区，如图6-21所示。

图 6-20

图 6-21

3. 魔棒工具

魔棒工具可用来选择颜色一致的区域，而不必跟踪其轮廓，只需在图像中颜色相近区域单击即可快速选择色彩差异大的图像区域。选择魔棒工具，显示其选项栏，如图6-22所示。

图 6-22

该选项栏中主要选项的功能如下。

- **容差：**输入0～255之间的数值，确定选取的颜色范围。数值越小，选取的颜色范围与鼠标单击位置的颜色越相近，选取范围也越小。数值越大，选取的相邻颜色越多，选取范围就越大。
- **消除锯齿：**选中该复选框，可消除选区的锯齿边缘。
- **连续：**选中该复选框，在选取时仅选取与单击处相邻的、容差范围内的颜色相近区域，否则会将整幅图像或图层中容差范围内的所有颜色相近的区域选中，而不管这些区域是否相近。
- **对所有图层取样：**选中该复选框后，将在所有可见图层中选取容差范围内的颜色相近区域，否则仅选取当前图层中容差范围内的颜色相近区域。

选择魔棒工具，将光标移动到需要创建选区的图像中，当其变为形状时单击即可快速创建选区，按Shift键操作可添加选区，如图6-23所示。按Delete键删除选区，按Ctrl+D组合键取消选区，如图6-24所示。

图 6-23

图 6-24

6.1.5 橡皮擦工具组——涂抹擦除图像

使用擦除工具组中的橡皮擦工具、背景橡皮擦工具以及魔术橡皮擦工具可以对整幅图像中的部分区域进行擦除。

1. 橡皮擦工具

橡皮擦工具可以使像素变透明或使像素与图像背景色相匹配。选择橡皮擦工具，显示其选项栏，如图6-25所示。

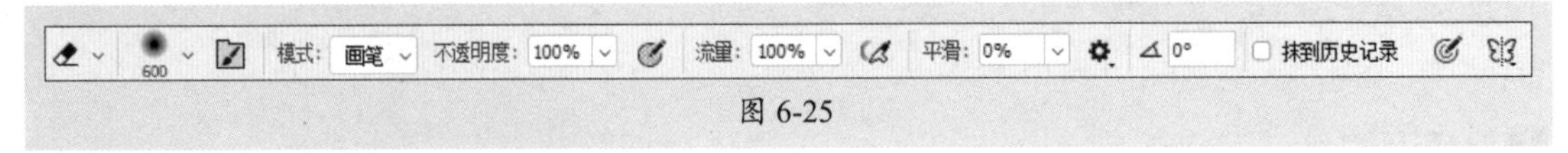

图 6-25

该选项栏中主要选项的功能如下。

- **模式：** 可以选择“画笔”“铅笔”和“块”三种擦除模式。
- **不透明度：** 若不想完全擦除图像，则可以降低不透明度。
- **抹到历史记录：** 勾选该复选框，在擦除图像时，可以使图像恢复到任意一个历史状态。该方法常用于恢复图像的局部到前一个状态。

选择橡皮擦工具，在背景图层中拖动鼠标，此时像素更改为背景色，如图6-26所示。单击“背景”图层后的“指示图层部分锁定”按钮，解锁图层为普通图层，此时涂抹擦除像素为透明效果，如图6-27所示。

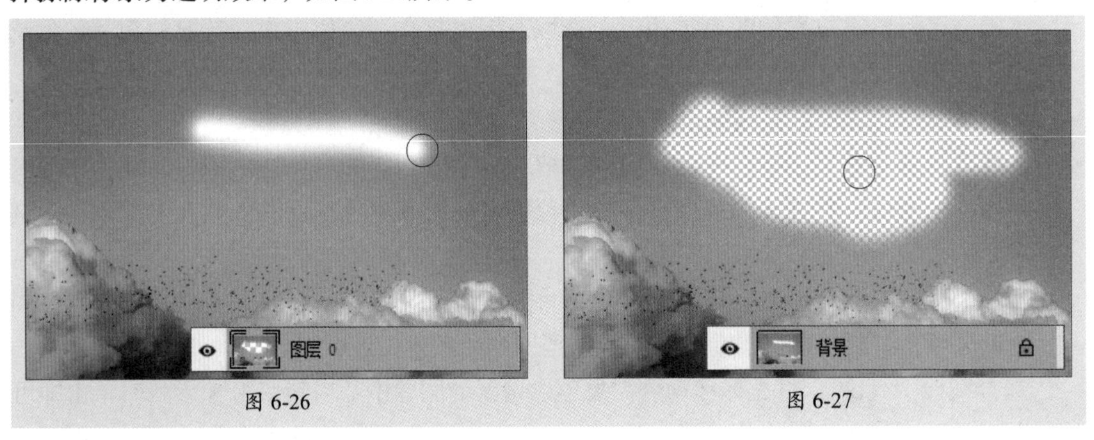

图 6-26　　图 6-27

2. 背景橡皮擦工具

背景橡皮擦工具可用于擦除指定颜色，并将被擦除的区域以透明色填充。选择背景橡皮擦工具，显示其选项栏，如图6-28所示。

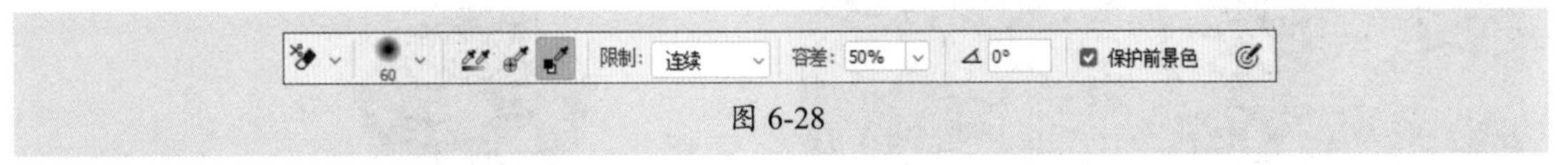

图 6-28

选项栏中主要选项的功能如下。

- **限制：** 在该下拉列表中包含三个选项。若选择“不连续”选项，则擦除图像中所有具有取样颜色的像素；若选择“连续”选项，则擦除图像中与光标相连的具有取样颜色的像素；若选择“查找边缘”选项，则在擦除与光标相连区域的同时保留图像中物体锐利的边缘效果。

- **容差：** 设置被擦除的图像颜色与取样颜色之间的差异大小。数值越小被擦除的图像颜色与取样颜色越接近，擦除的范围越小；数值越大则擦除的范围越大。
- **保护前景色：** 勾选该复选框，可防止具有前景色的图像区域被擦除。

选择“吸管工具”，在图像上吸取保留部分的颜色为前景色，吸取擦除的部分为背景色。选择“背景橡皮擦工具”，涂抹擦除背景，图6-29、图6-30所示为擦除前后对比效果。

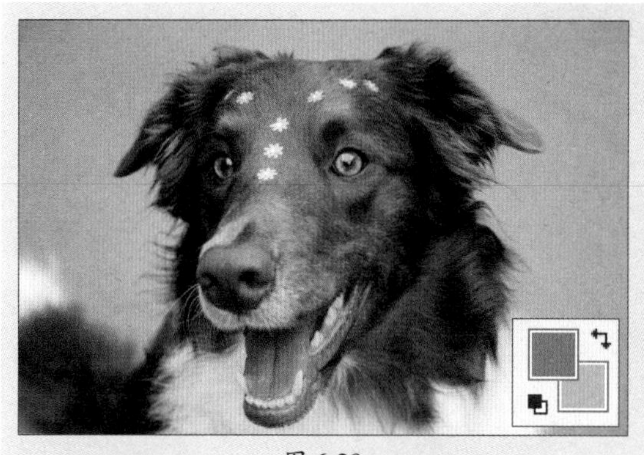

图 6-29

图 6-30

3. 魔术橡皮擦工具

魔术橡皮擦工具是魔棒工具与背景橡皮擦工具功能的结合，可以将一定容差范围内的背景颜色全部清除而得到透明区域。选择魔术橡皮擦工具，显示其选项栏，如图6-31所示。

图 6-31

该选项栏中主要选项的功能如下。

- **消除锯齿：** 勾选该复选框，将得到较平滑的图像边缘。
- **连续：** 勾选该复选框，可使擦除工具仅擦除与单击处相连接的区域。
- **对所有图层取样：** 勾选该复选框，将利用所有可见图层中的组合数据来采集色样，否则只对当前图层的颜色信息进行取样。

选择魔术橡皮擦工具，单击需要擦除的部分，图6-32、图6-33所示为擦除前后对比效果。

图 6-32

图 6-33

6.1.6 钢笔工具组——万能的抠取工具

使用钢笔工具组中的钢笔工具和弯度钢笔工具不仅可以绘制矢量图形，也可以对图像进行细致的抠取。以钢笔工具为例，选择钢笔工具，在选项栏中将模式更改为“路径”，沿主体边缘绘制路径后创建选区，如图6-34所示。按Ctrl+Shift+I组合键反选选区，按Delete键删除选区，按Ctrl+D组合键取消选区，如图6-35所示。

图 6-34

图 6-35

6.2 命令抠图

执行色彩范围、主体、选择并遮住以及天空替换命令，可以为不同类型的图像进行抠取操作。

6.2.1 案例解析：抠取毛绒宠物

在学习命令抠图之前，可以跟随以下操作步骤了解并熟悉“选择并遮住”工作区中各个工具的使用以及输出的设置。

步骤 01 将素材文件拖曳至Photoshop中，如图6-36所示。

步骤 02 选择任意一个选区工具，在选项栏中单击“选择并遮住”按钮进入工作区，如图6-37所示。

图 6-36

图 6-37

步骤 03 在选项栏中单击“选择主体”按钮快速识别主体，如图6-38所示。

步骤 04 选择调整边缘画笔工具，沿边缘毛发涂抹，如图6-39所示。

图 6-38

图 6-39

步骤 05 在右侧“属性”面板中设置“输出设置”的参数，如图6-40所示。

步骤 06 单击“确定”按钮，如图6-41所示。

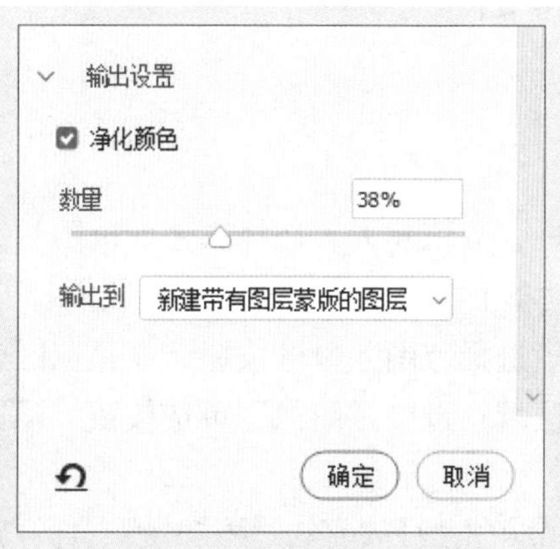

图 6-40

图 6-41

步骤 07 置入素材图像并调整大小，如图6-42所示。

步骤 08 在“图层”面板中调整图层顺序，如图6-43所示。

步骤 09 选择“背景 拷贝”并按Ctrl+T组合键调整大小，如图6-44所示。

图 6-42

图 6-43

图 6-44

6.2.2 色彩范围——抠取指定颜色

色彩范围命令的原理是根据色彩范围创建选区，主要针对色彩进行操作。执行“选择”|“色彩范围”命令，打开“色彩范围”对话框，如图6-45所示。

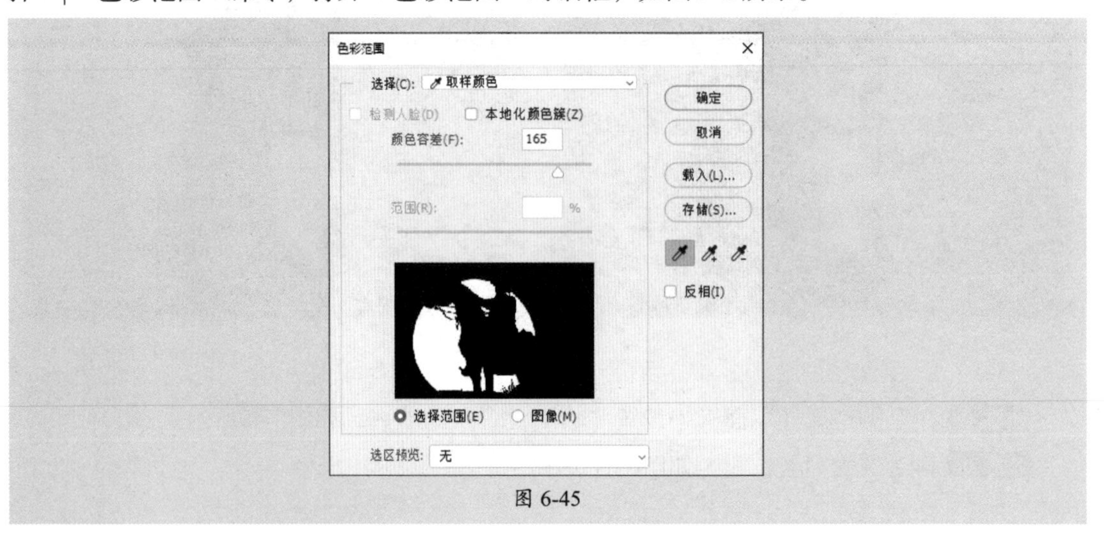

图 6-45

该对话框中主要选项的功能如下。

- **选择：** 用于选择预设颜色。
- **颜色容差：** 用于设置选择颜色的范围，数值越大，选择颜色的范围越大；反之，选择颜色的范围就越小。拖动下方滑动条上的滑块，可快速调整数值。
- **预览区：** 用于显示预览效果。选中“选择范围”单选按钮，在预览区中白色表示被选择的区域，黑色表示未被选择的区域；选中“图像”单选按钮，预览区内将显示原图像。
- **吸管工具组** ：用于在预览区中单击取样颜色， 和 工具分别用于增加和减少选择的颜色范围。

移动光标到图像文件中，光标变为吸管工具 ，此时可在需要选取的图像颜色上单击，在“颜色范围”对话框中，预览框中的白色部分即选中的图像，黑色是选区以外的部分，灰色是半透明区域，单击“确定”按钮，效果如图6-46所示。按Shift+F5组合键可填充选定的选区，图6-47所示为填充白色的效果。

图 6-46

图 6-47

6.2.3 主体——自动识别主体

使用主体命令可自动选择图像中最突出的主体。选择主体有多种方法，具体如下：

- 使用对象选择工具、快速选择工具或魔棒工具时，单击选项栏中的“选择主体”按钮。
- 使用“选择并遮住”工作区中的对象选择工具或快速选择工具，单击选项栏中的“选择主体”按钮。
- 执行“选择”|“主体”命令，可快速选择主体。

图6-48、图6-49所示为执行主体命令前后的效果。

图 6-48

图 6-49

6.2.4 选择并遮住——调整边缘抠图

选择并遮住功能可用于创建细致的选区范围，从而更好地将图像从繁杂的背景中抠取出来。在Photoshop中打开一幅图片，执行以下任意一种操作，均可进入选择并遮住工作区：

- 执行“选择”|“选择并遮住”命令。
- 选择任意创建选区的工具，在对应的选项栏中单击“选择并遮住”按钮。
- 当前图层若添加了图层蒙版，选中图层蒙版缩略图，在“属性”面板中单击“选择并遮住”按钮。

执行以上操作，弹出“选择并遮住”工作区，左侧为工具栏，中间为图像编辑操作区域，右侧为可调整的选项设置区域，如图6-50所示。

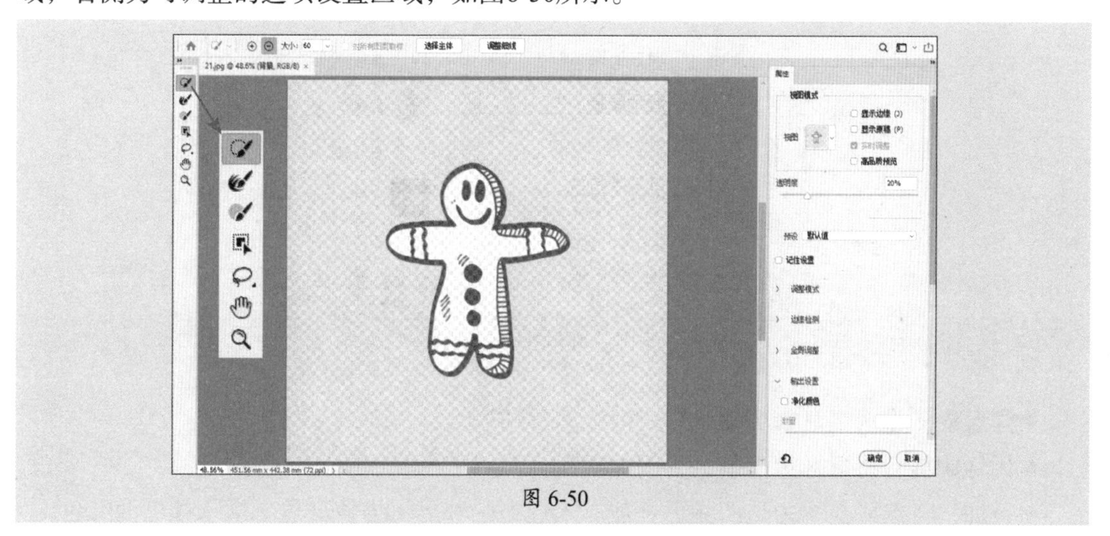
图 6-50

该对话框中主要选项的功能如下。

1. 工具选项区

- **添加/减去选区**：添加或删除调整区域。如有必要，可以调整画笔大小。
- **选择主体**：单击选择照片中的主体。
- **调整细线**：只需单击一下，即可轻松查找和调整难于选择的头发。与调整模式中的“对象识别”结合使用可以获得最佳效果。

2. 工具区

- **快速选择工具**：单击或单击并拖动要选择的区域时，可根据图像颜色和纹理相似性进行选择。在该选项栏中，单击“选择主体”按钮，可快速识别主体。
- **调整边缘画笔工具**：可精确调整选区边缘。若需要在选区中添加诸如毛发类的细节，则需要在视图中右击鼠标，在弹出的面板中将“硬度”参数设置小一些或设置为0。
- **画笔工具**：在属性栏中可选择两种方式微调选区。其中，“扩展检测区域”模式，是直接绘制想要的选区；“恢复原始边缘”模式，是从当前选区中减去不需要的选区。
- **对象选择工具**：在定义的区域内查找并自动选择一个对象。
- **套索工具**：使用该工具可以手动绘制选区。
- **抓手工具**：在图像的部分间平移。
- **缩放工具**：放大或缩小图像的视图。

3. 属性调整选区

选区创建完毕，可在右侧的“属性”面板中调整选区。

（1）视图模式设置。

在“视图模式”选项组中可以为选区选择一种视图模式，如图6-51所示。

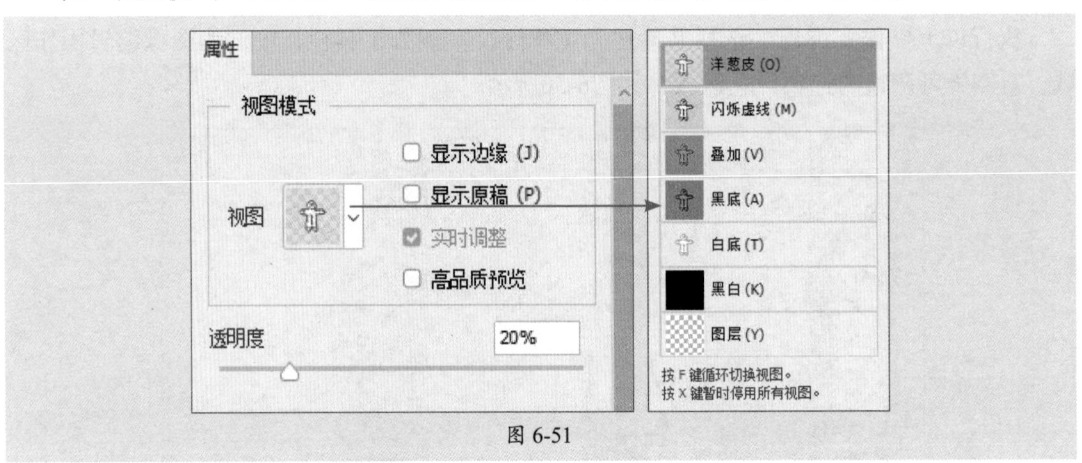

图 6-51

- **洋葱皮**：将选区显示为动画样式的洋葱皮结构。
- **闪烁虚线**：将选区边框显示为闪烁虚线。
- **叠加**：将选区显示为透明颜色叠加。未选中区域显示为该颜色，默认颜色为红色。

- **黑底：** 将选区置于黑色背景上。
- **白底：** 将选区置于白色背景上。
- **黑白：** 将选区显示为黑白蒙版。
- **图层：** 将选区周围变成透明区域。

操作提示

按F键可以在各个模式之间循环切换，按X键可以暂时禁用所有模式。

- **显示边缘：** 显示调整区域。
- **显示原稿：** 显示原始选区。
- **高品质预览：** 渲染更改的准确预览。
- **透明度/不透明度：** 为“视图模式”设置透明度/不透明度。
- **记住设置：** 勾选该复选框，可存储设置，用于以后的图像。设置会重新应用于以后的所有图像。

（2）调整模式设置。

设置“边缘检测”“调整细线”和“调整边缘画笔工具”所用的边缘调整方法。在该选项中有两种模式，如图6-52所示。

图 6-52

- **颜色识别：** 为简单背景或对比背景选择此模式。
- **对象识别：** 为复杂背景上的毛发或毛皮选择此模式。

（3）边缘检测设置。

在“边缘检测”选项组中有两个选项，可以轻松地抠出细密的毛发，如图6-53所示。

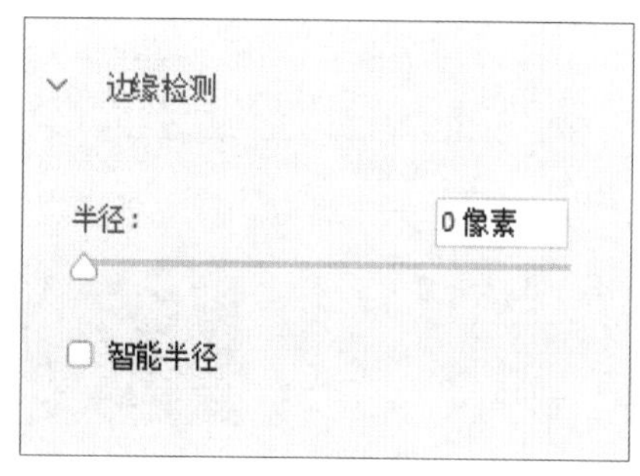

图 6-53

- **半径：** 确定边缘调整的选区边框的大小。对锐边使用较小的半径，对较柔和边缘使用较大的半径。
- **智能半径：** 允许选区边缘出现宽度可变的调整区域。

（4）全局调整设置。

在“全局调整”选项组中有四个选项，主要用来做全局调整，对选区进行平滑、羽化和扩展等处理，如图6-54所示。

全局调整
平滑：0
羽化：0.0 像素
对比度：0%
移动边缘：0%
清除选区　反相

图 6-54

- **平滑：** 减少选区边界的不规则区域，以创建更加平滑的轮廓。
- **羽化：** 模糊选区与周围像素之间的过渡效果。
- **对比度：** 锐化选区边缘并去除模糊的不自然感。
- **移动边缘：** 收缩或扩展选区边界。扩展选区对柔化边缘选区进行微调很有用，收缩选区有助于从选区边缘移去不需要的背景色。

（5）输出设置。

在“输出设置”选项组中有三个选项，主要用于消除选区边缘杂色以及设置选区的输出方式，如图6-55所示。

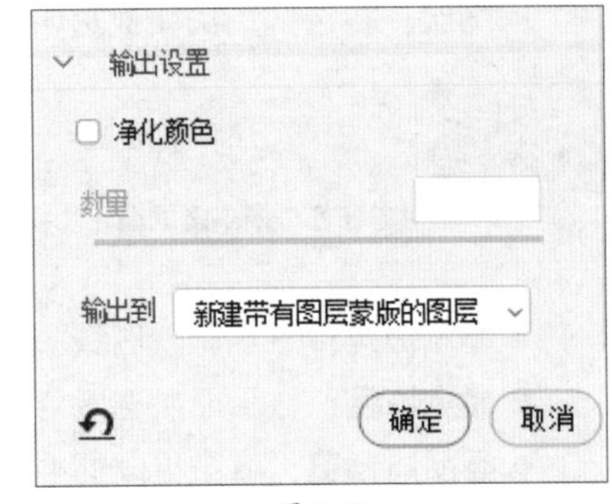

图 6-55

- **净化颜色：**将彩色边替换为附近完全选中的像素的颜色。颜色替换的强度与选区边缘的软化度是成比例。调整滑块可以更改净化量，默认值为100%（最大强度）。
- **输出到：**设置输出选项，在弹出的菜单中可以选择选区、图层蒙版、新建图层等选项。

操作提示

按Ctrl+Alt+R快捷键，可快速进入选择并遮住工作区。

6.2.5 天空替换——替换照片中的天空

2021版Photoshop软件新增了“天空替换”功能，可从包含的预设中选择新天空或添加自定天空，以减少照片编辑工作流程中的步骤。

执行“编辑”|“天空替换”命令，弹出“天空替换”对话框，如图6-56所示。

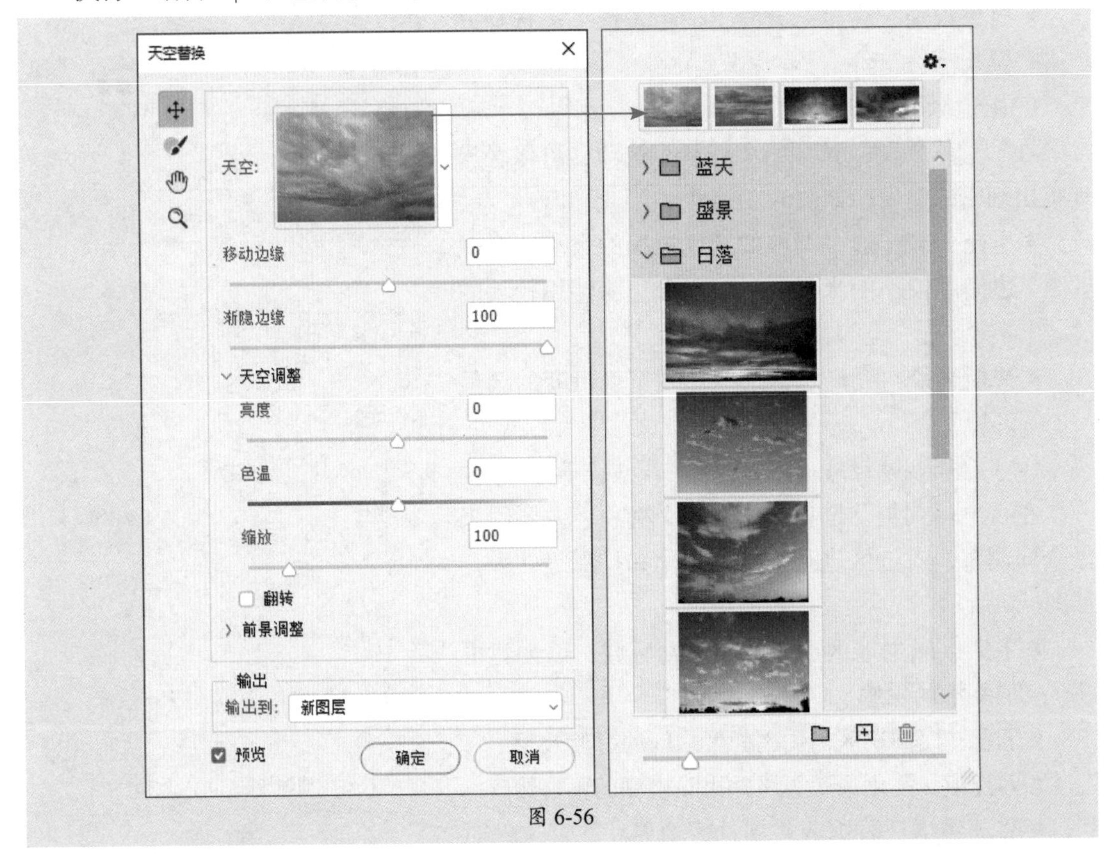

图 6-56

该对话框中主要选项的功能如下。

- **移动边缘：**确定天空和原始图像之间边界的开始位置。
- **渐隐边缘：**设置沿边缘从天空图像到原始照片的渐隐或羽化量。
- **亮度：**调整天空的亮度。
- **色温：**调整天空变暖或变冷的温度。
- **缩放：**调整天空图像的大小。
- **翻转：**水平翻转天空图像。
- **光照模式：**确定用于光照调整的混合模式。
- **前景光照：**用于设置前景的对比度，设置为零不会进行任何调整。
- **边缘光照：**该滑块可控制应用于天空图像中对象边缘的光照调整，设置为零不会进行任何调整。
- **颜色调整：**用于确定前景与天空颜色协调程度的不透明度滑块，设置为零不会进行任何调整。
- **输出：**可让您选择对图像所做的更改是放在新图层（已命名的天空替换组）还是复制图层（单个拼合的图层）上。

其中，光照模式、前景光照、边缘光照、颜色调整位于“前景调整”选项里，图6-57、图6-58所示为天空替换前后的效果。

图 6-57

图 6-58

操作提示

执行“选择”|“天空”命令，可快速选择天空部分并创建选区，如图6-59所示。执行“编辑”|“天空替换”命令，可在弹出的“天空替换”对话框中更换天空，如图6-60所示。

图 6-59

图 6-60

6.3 非破坏性抠图

通过蒙版和通道可以在不破坏原图层的情况下为不同类型的图像进行抠取操作。

6.3.1 案例解析：抠取人物图像

在学习非破坏性抠图之前，可以跟随以下操作步骤了解并熟悉使用通道、曲线、减淡工具、加深工具以及蒙版抠图的方法。

步骤 01 将素材文件拖曳至Photoshop中，如图6-61所示。

步骤 02 在“通道”面板中观察各个通道，其中对比最明显的是“蓝”通道，将其拖至“创建新通道”按钮上复制该通道，如图6-62所示。

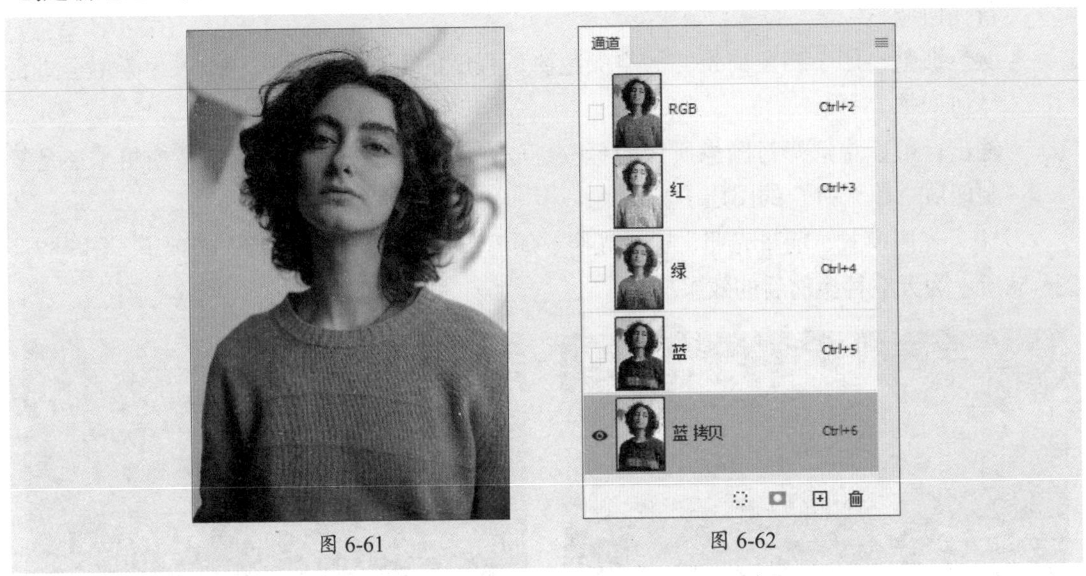

图 6-61　　图 6-62

步骤 03 蓝色通道显示效果如图6-63所示。

步骤 04 选择“减淡工具”，设置模式为“高光”，然后在背景区域涂抹，如图6-64所示。

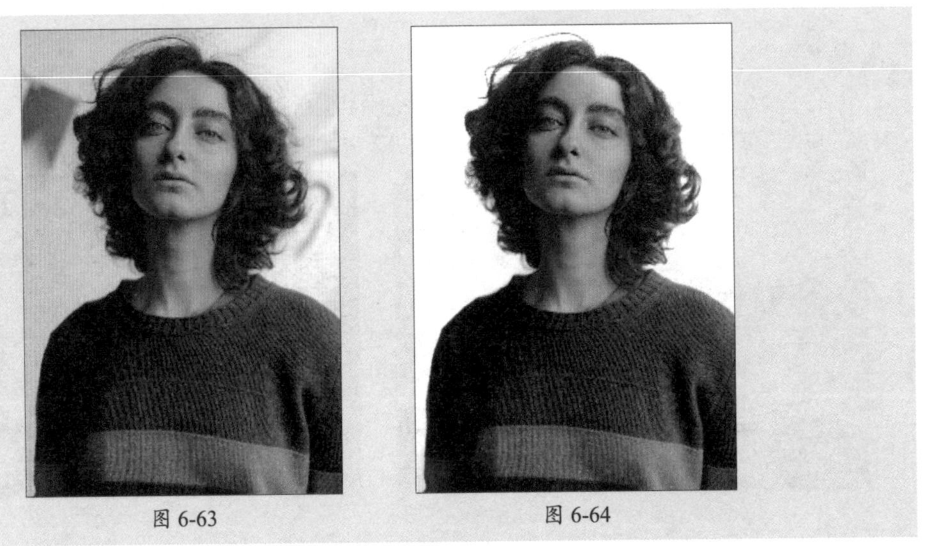

图 6-63　　图 6-64

步骤 05 按Ctrl+M组合键，在弹出的"曲线"对话框中单击按钮，吸取背景的颜色，以增强主体物与背景对比，如图6-65、图6-66所示。

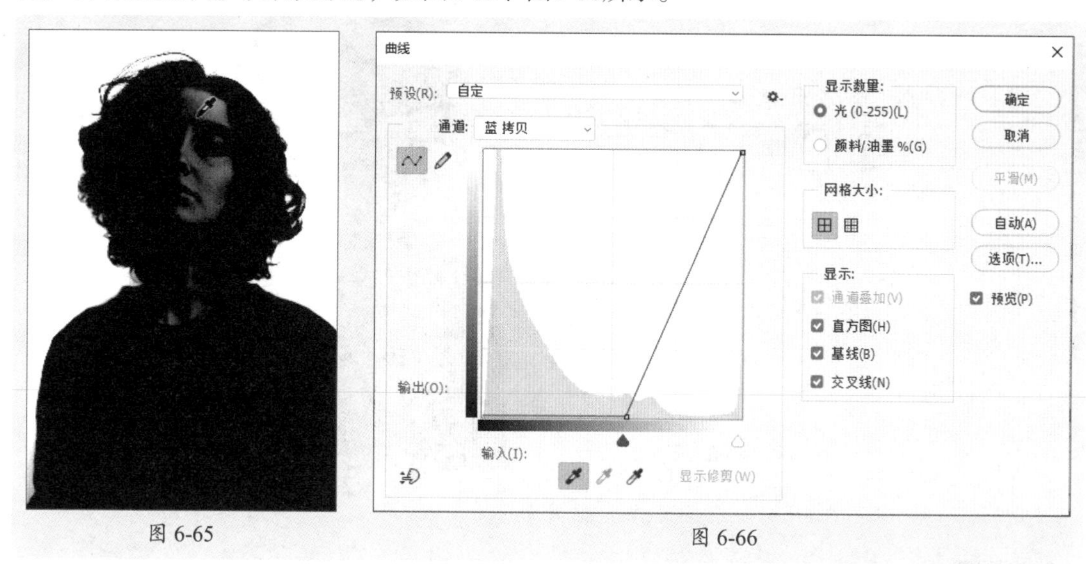

图 6-65 图 6-66

步骤 06 选择加深工具，设置模式为"阴影"，然后在主体区域涂抹，如图6-67所示。

步骤 07 按住Ctrl键的同时单击"蓝 拷贝"通道缩览图将其载入选区，如图6-68所示。

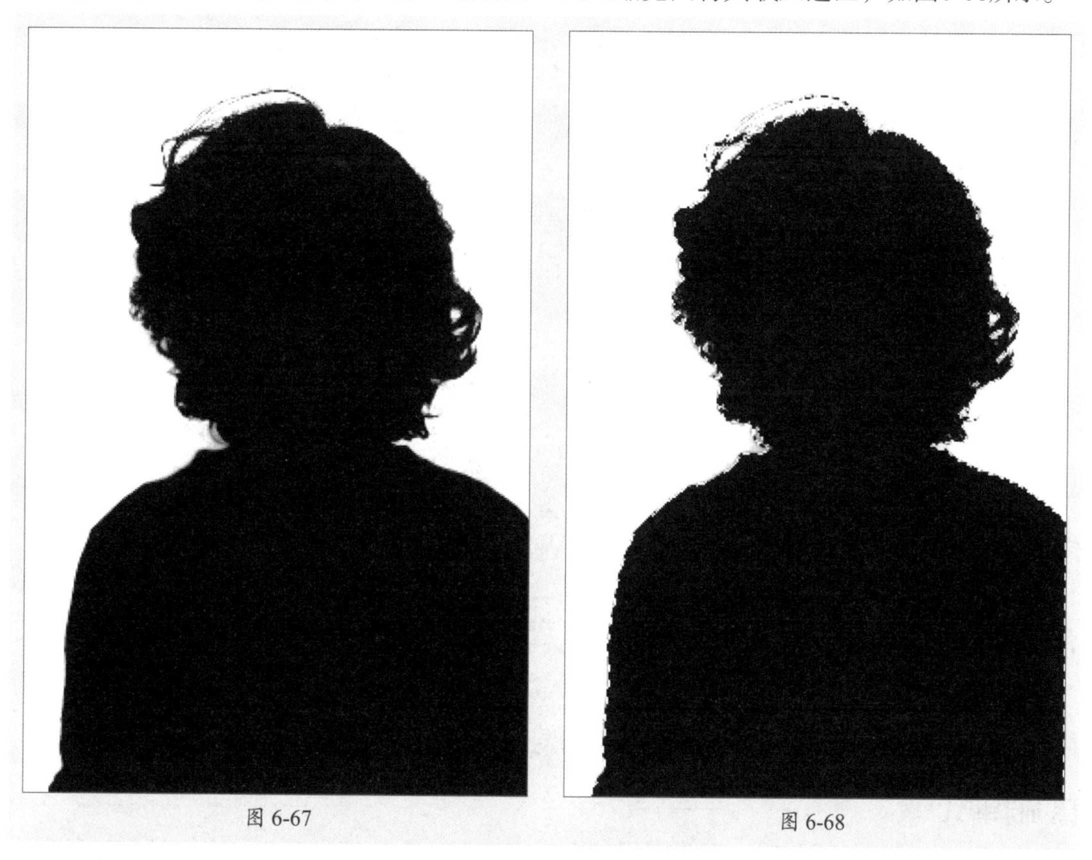

图 6-67 图 6-68

步骤 08 在"图层"面板中单击"添加图层蒙版"按钮，为图层添加蒙版，如图6-69、图6-70所示。

图 6-69　　图 6-70

步骤 09 拖入素材，调整显示大小和图层顺序，如图6-71所示。

步骤 10 最终效果如图6-72所示。

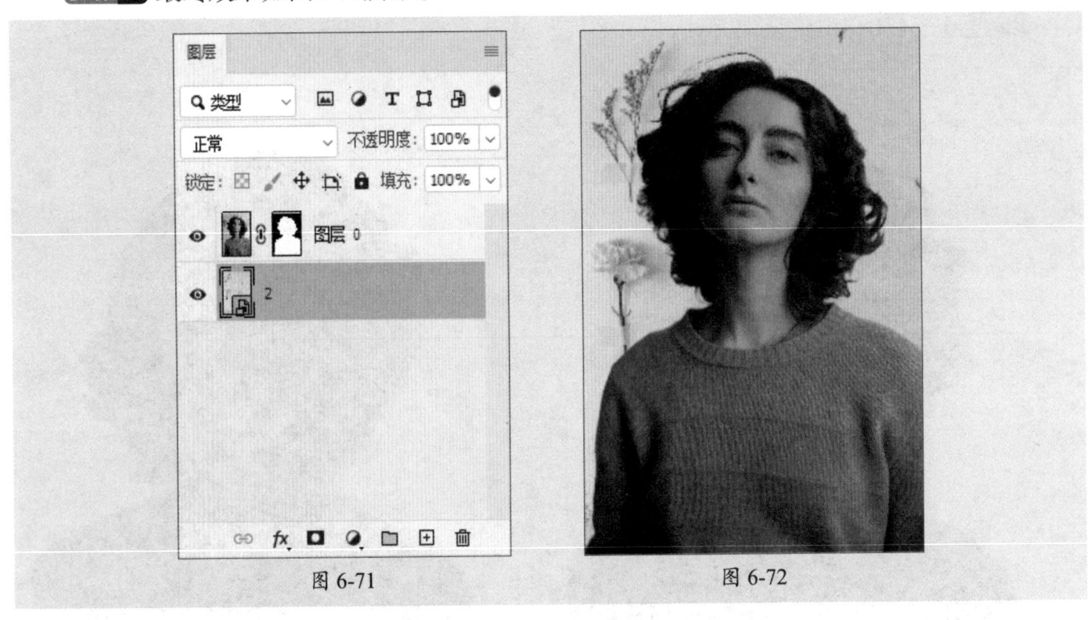

图 6-71　　图 6-72

6.3.2　图层混合模式——纯色背景溶图

在“图层”面板中，选择不同的混合模式将会得到不同的效果。对于纯色背景，可以使用混合模式中的加深模式和减淡模式中的模式进行溶图操作。

1. 加深模式

置入白色背景的素材时，可将图层的混合模式更改为变暗、正片叠底、颜色加深、深色等加深模式，以隐藏白色像素。置入背景和素材，如图6-73所示。更改图层混合模式为“正片叠底”，效果如图6-74所示。

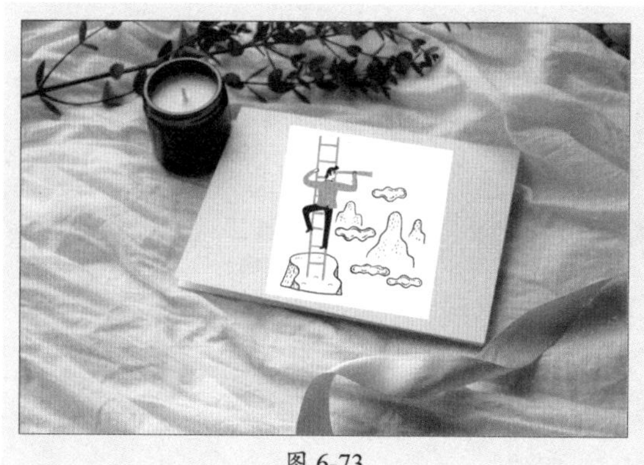

图 6-73

图 6-74

2. 减淡模式

置入黑色背景的素材时，可将图层的混合模式更改为变亮、滤色、颜色减淡、浅色等减淡模式，以隐藏黑色像素。置入背景和素材，如图6-75所示。更改图层混合模式为“变亮”，效果如图6-76所示。

图 6-75

图 6-76

关于图层混合模式的更多知识可见第7章，有详细讲解。

6.3.3 通道面板——复杂抠图必备

通道面板主要用于创建、存储、编辑和管理通道。执行“窗口”|“通道”命令，弹出“通道”面板，如图6-77所示。

图 6-77

该面板中主要选项的功能如下。

- **指示通道可见性图标**：图标为形状时，图像窗口显示该通道的图像，单击该图标后，图标变为形状，隐藏该通道的图像。
- **将通道作为选区载入**：单击该按钮，可将当前通道快速转化为选区。
- **将选区存储为通道**：单击该按钮，可将选区之外的图像转换为一个蒙版，将选区保存在新建的Alpha通道中。
- **创建新通道**：单击该按钮，可创建一个新的Alpha通道。
- **删除当前通道**：单击该按钮，可删除当前通道。

1. 通道的类型

在Photoshop中，图像默认由颜色信息通道组成。除了颜色信息通道外，还可以添加Alpha通道和专色通道。

（1）颜色信息通道。

颜色信息通道是在打开新图像时自动创建的。图像的颜色模式决定了所创建的颜色通道的数目。例如，RGB颜色模式的图像一个用于编辑图像的复合通道（RGB）和红、绿、蓝共四种通道。CMYK颜色模式的图像则有CMYK、青色、洋红、黄色、黑色五种通道，如图6-78所示。

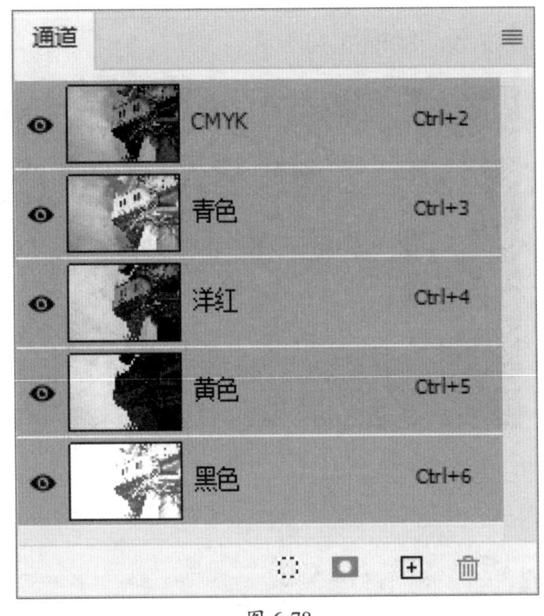

图 6-78

（2）Alpha通道。

Alpha通道将选区存储为灰度图像。可以添加Alpha通道来创建和存储蒙版，这些蒙版用于处理或保护图像的某些部分。

（3）专色通道。

专色通道是一种特殊的通道，用来存储专色。专色是特殊的预混油墨，用来替代或者补充印刷色油墨，以便更好地体现图像效果。在印刷时每种专色都要求专用的印版，所以要印刷带有专色的图像，则需要创建存储这些颜色的专色通道。例如，画册中常见的纯红色、蓝色以及证书中的烫金、烫银效果等。

2. 通道的创建

一般情况下，在Photoshop中新建的通道是保存选择区域信息的Alpha通道，可以更加方便地对图像进行编辑。创建通道分为创建空白通道和创建带选区的通道两种。

（1）创建空白通道。

空白通道是指创建的通道属于选区通道，但选区中没有图像的信息。新建通道的方法：在“通道”面板中单击底部的“创建新通道”按钮，可以新建一个空白通道，或单击“通道”面板右上角的按钮，在弹出的菜单中选择“新建通道”命令，弹出“新建通道”对话框，如图6-79所示。在该对话框中设置新通道的名称等参数，单击“确定”按钮，如图6-80所示。

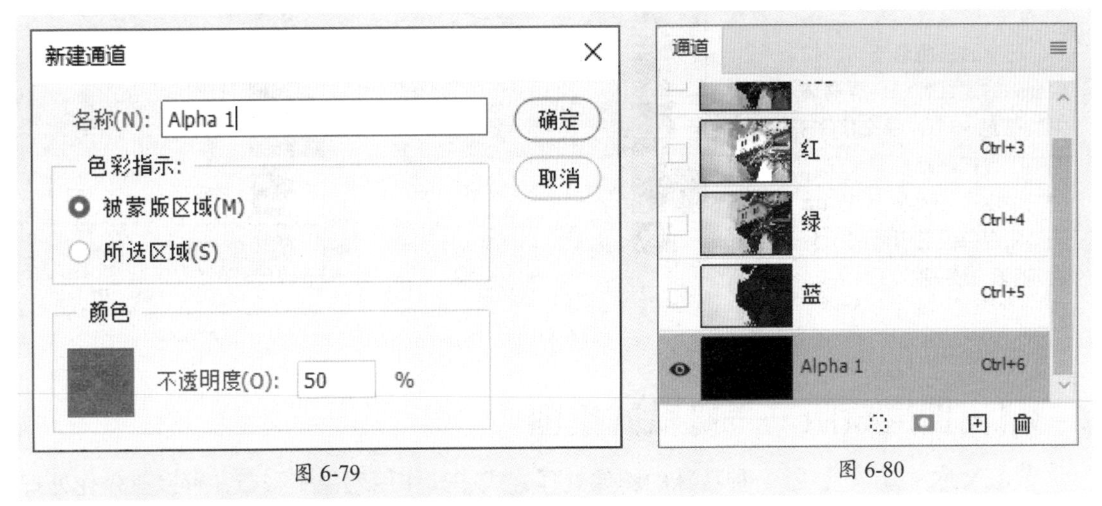

图 6-79　　图 6-80

（2）通过选区创建选区通道。

将选区创建为新通道后，能在后面的重复操作中快速载入选区。创建选区后，可直接单击“将选区存储为通道”按钮▣，快速创建带有选区的Alpha通道，如图6-81所示。或右击鼠标，在弹出的菜单中选择“存储选区”选项，在弹出的“存储选区”对话框中设置参数即可新建通道。

将选区保存为Alpha通道时，选择区域被保存为白色，非选择区域保存为黑色，单击Alpha 2进入该通道，如图6-82所示。如果选择区域具有羽化值，则此类选择区域被保存为由灰色柔和过渡的通道。

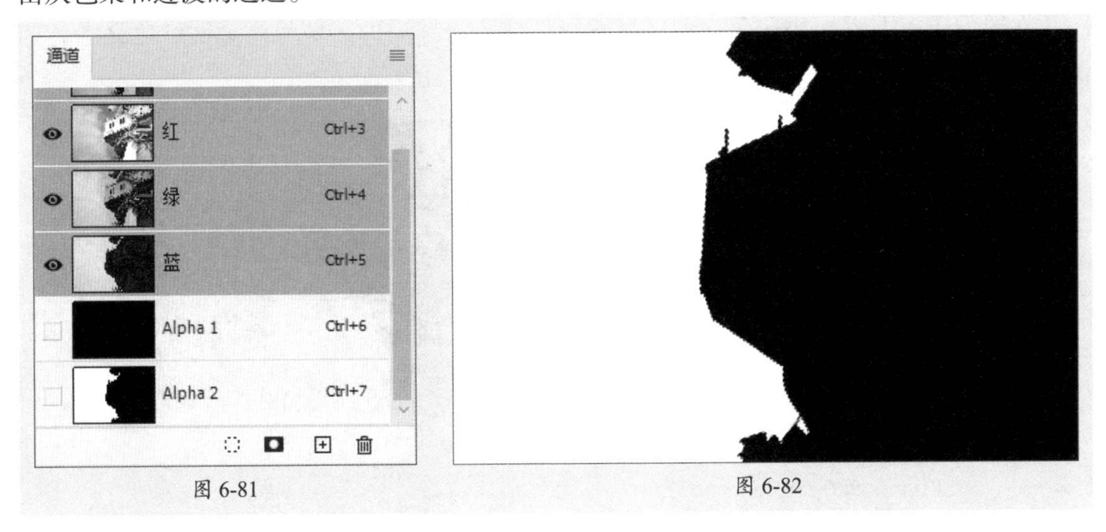

图 6-81　　图 6-82

3. 通道的删除与复制

在“通道”面板中只需将需要复制或删除的通道拖动至“创建新通道”按钮⊞或“删除当前通道”按钮🗑上，释放鼠标即可，如图6-83、图6-84所示。

操作提示

在删除颜色通道时，如果删除的是红、绿、蓝通道中的任意一个，那么RGB通道也会被删除；如果删除RGB通道，那么除了Alpha通道和专色通道以外的所有通道都将被删除。

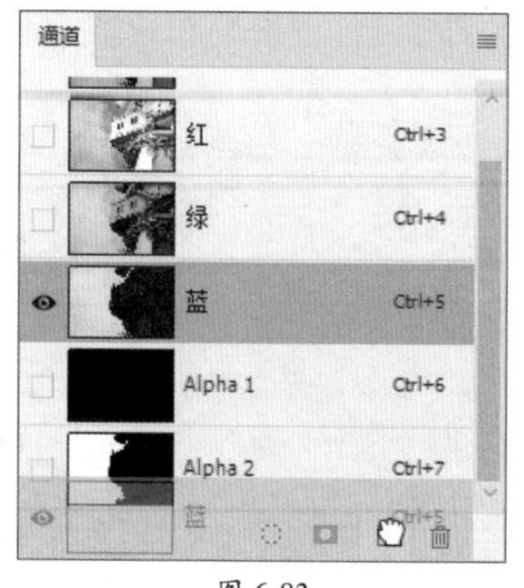

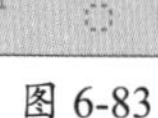

图 6-83

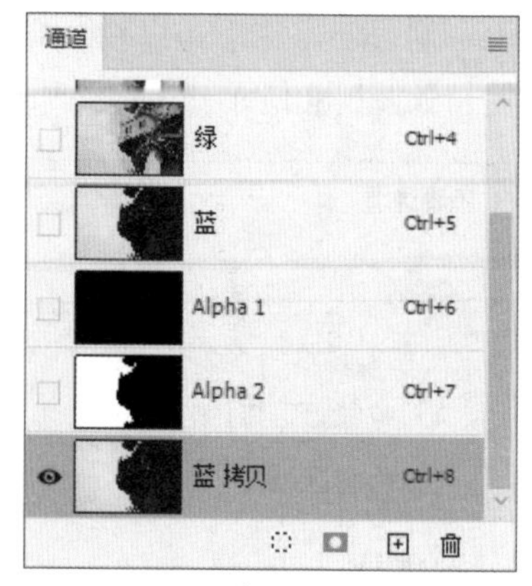

图 6-84

6.3.4 图层蒙版——隐藏式抠图

蒙版又称“遮罩”，是一种特殊的图像处理方式，其作用就像一张布，可以遮盖住处理区域的一部分，对处理区域内的整个图像进行模糊、上色等操作时，被蒙版遮盖起来的部分就不会受到影响。

1. 蒙版的类型

在Photoshop中，蒙版分为快速蒙版、剪贴蒙版、图层蒙版和矢量蒙版四类。其中图层蒙版更是重中之重。

（1）快速蒙版。

快速蒙版用来创建、编辑和修改选区的外观。打开图像后，单击工具箱中的“以快速蒙版模式编辑”按钮或按Q键，进入快速蒙版。单击“画笔工具”，适当调整画笔大小，在图像中需要添加快速蒙版的区域进行涂抹，涂抹后的区域呈半透明红色显示，如图6-85所示。再按Q键退出快速蒙版创建选区，如图6-86所示。

图 6-85

图 6-86

操作提示

快速蒙版主要是快速处理当前选区，不会生成相应的附加图层。在涂抹创建选区时，可选择橡皮擦工具擦除多选部分。

（2）剪贴蒙版。

剪贴蒙版可以使下方图层的图像轮廓来控制上方图层图像的显示区域。使用剪贴蒙版处理图像时，内容层需在基础层的上方，才能对图像进行正确剪贴。剪贴蒙版可以有多个内容图层，这些图层必须是相邻、连续的图层，这样可以通过一个图层来控制多个图层的显示区域。

在“图层”面板中按住Alt键的同时将光标移至两图层间的分隔线上，当其变为形状时，单击鼠标即可，如图6-87、图6-88所示。或在“图层”面板中选择要进行剪贴的两个图层中的内容层，按Ctrl+Alt+G组合键，再次按Ctrl+Alt+G组合键释放剪贴蒙版。

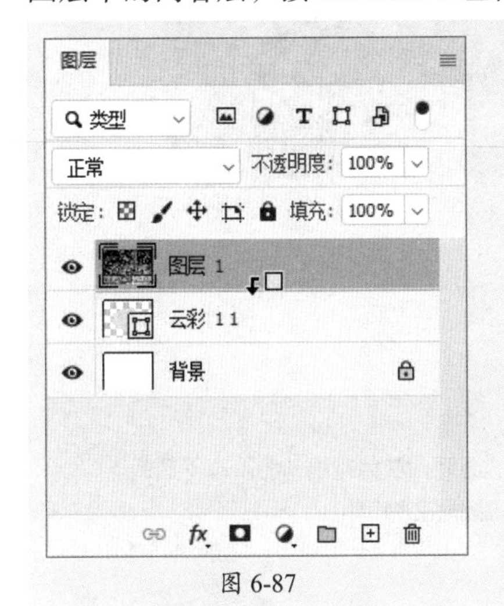

图 6-87

图 6-88

（3）图层蒙版。

图层蒙版是与分辨率相关的位图图像，可使用绘画或选择工具进行编辑。创建图层蒙版后可以无损编辑图像，即可在不损失图像的前提下，将部分图像隐藏，并可随时根据需要重新修改隐藏的部分。

选中图层后，按住Alt键单击面板中的“添加图层蒙版”按钮，隐藏整个图层蒙版，如图6-89所示。

单击面板中的“添加图层蒙版”按钮，可以为当前图层创建一个空白的图层蒙版，如图6-90所示。

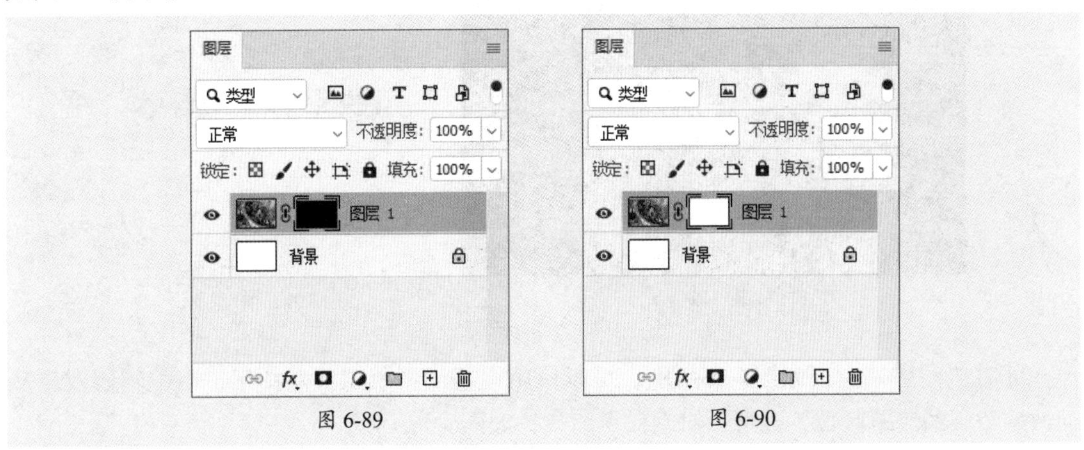

图 6-89　图 6-90

当创建蒙版后，可以使用画笔、加深、减淡、模糊、锐化、涂抹等工具进行编辑，因此在编辑蒙版时具有较大的灵活性，并可创建出特殊的图像合成效果，如图6-91、图6-92所示。

图 6-91

图 6-92

操作提示

编辑图层蒙版，可以在蒙版区域内添加或删减内容：

- 若要从蒙版中减去并显示图层，使用白色画笔工具涂抹蒙版。
- 若要使图层部分可见，需将蒙版绘成灰色。灰色越深，色阶越透明；灰色越浅，色阶越不透明。
- 若要向蒙版中添加并隐藏图层或组，需将蒙版绘成黑色，下方图层变为可见。

（4）矢量蒙版。

矢量蒙版与分辨率无关，可使用钢笔或形状工具创建。通过形状控制图像显示区域，但它只能作用于当前图层。其本质为使用路径制作蒙版，遮盖路径覆盖的图像区域，显示无路径覆盖的图像区域。

通过形状创建蒙版

选择矩形工具▭，在选项栏中设置模式为“路径”，在图像中单击并拖动鼠标绘制形状，按住Ctrl键的同时单击“添加图层蒙版”按钮◘，如图6-93、图6-94所示。

图 6-93　　图 6-94

此时“图层”面板如图6-95所示，可以使用钢笔或形状工具对图形进行编辑修改，从而改变蒙版的遮罩区域，也可以对它任意缩放，如图6-96所示。

图 6-95

图 6-96

通过钢笔工具创建蒙版

选择钢笔工具，绘制图像路径，执行“图层”|“矢量蒙版”|“当前路径”命令，此时在图像中可以看到，保留了路径覆盖区域图像，而背景区域则不可见，如图6-97、图6-98所示。

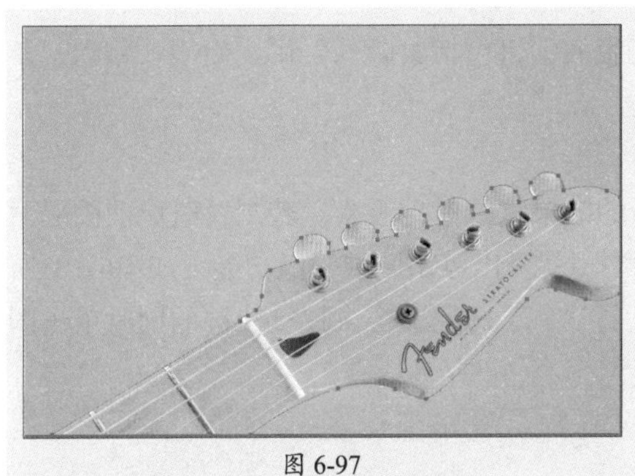
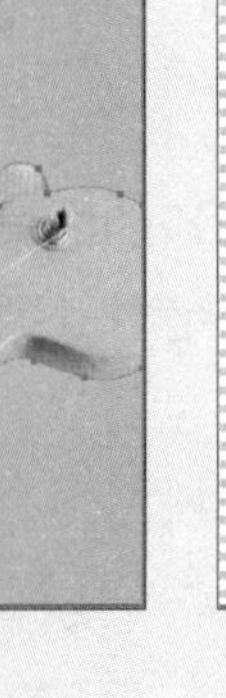

图 6-97

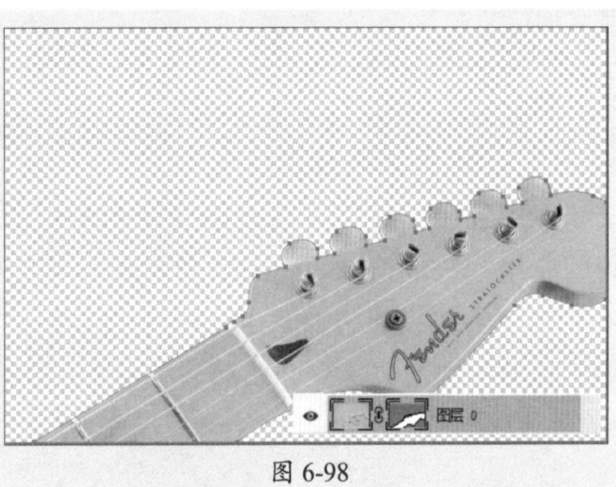

图 6-98

2. 蒙版的属性调整

“属性”面板提供用于调整蒙版的附加控件。可以更改蒙版的不透明度，以增加或减少透过蒙版显示出来的内容；或翻转蒙版，或者调整蒙版边界。创建蒙版后，在“属性”面板中可对蒙版的属性进行调整，图6-99所示为矢量蒙版属性。单击按钮可添加图层蒙版，如图6-100所示。

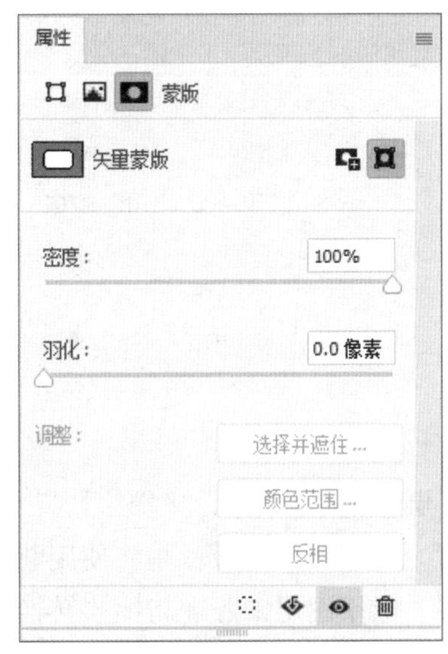

图 6-99

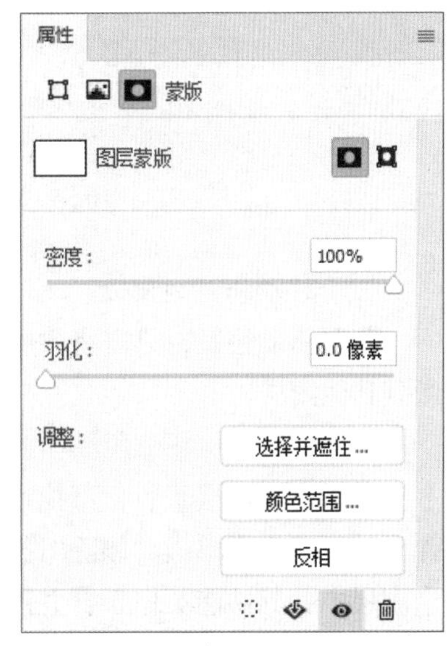

图 6-100

该面板中主要选项的功能如下。

- **密度：** 调整蒙版的不透明度，当密度为100%时，蒙版为不透明并遮挡图层下面的所有区域。密度越低，蒙版下的区域变得可见。
- **羽化：** 为蒙版边缘应用羽化效果，创建比较柔和的过渡。
- **选择并遮住：** 单击进入“选择并遮住”工作区修改蒙版边缘，可以在不同的背景下查看蒙版。
- **颜色范围：** 单击进入“颜色范围”对话框，选择现有选区或整个图像内指定的颜色或色彩范围。
- **反相：** 单击反选为选中的区域。
- **调整按钮组**：该按钮组可以对蒙版进行调整编辑，单击按钮从蒙版中载入选区，单击按钮应用蒙版，单击按钮停用/启用蒙版，单击按钮删除蒙版。

3. 蒙版的编辑

创建蒙版之后，可以对蒙版进行编辑。蒙版的编辑包括蒙版的停用、启用、移动、复制、删除、应用等。

（1）停用和启用蒙版。

停用和启用蒙版可以对图像使用蒙版前后的效果进行对比观察。若想暂时取消图层蒙版的应用，按Shift键的同时，单击图层蒙版缩略图就可以停用图层蒙版功能，如图6-101所示。停用的图层蒙版缩略图中会出现一个红色的“×”标记，再次按Shift键的同时单击图层蒙版缩略图即可恢复蒙版效果，如图6-102所示。

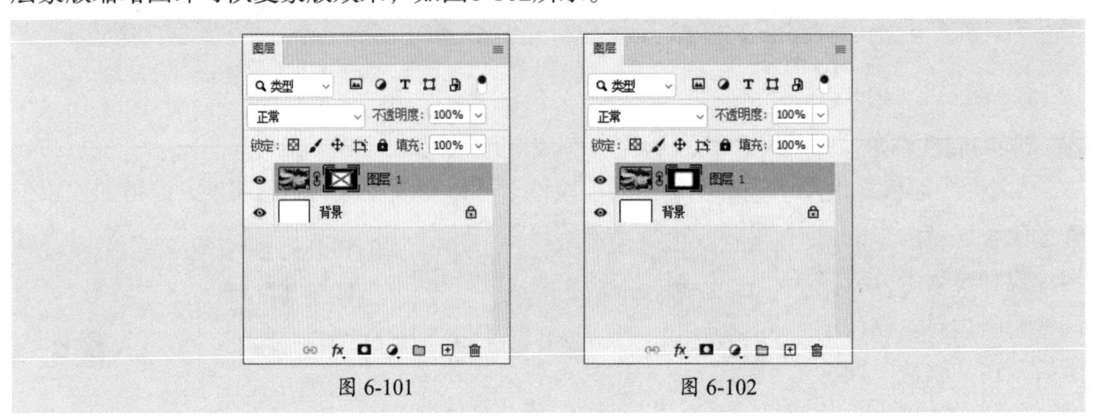

图 6-101　　图 6-102

（2）移动和复制蒙版。

若要移动蒙版，只需将蒙版拖动到其他图层即可。若要复制蒙版，按住Alt键并拖动蒙版到其他图层。

（3）删除和应用蒙版。

若需删除图层蒙版，可拖动图层缩览图蒙版到“删除图层”按钮上，释放鼠标，在弹出的对话框中单击“删除”按钮。应用图层蒙版就是将使用蒙版后的图像效果集成到一个图层中，其功能类似于合并图层。应用图层蒙版需将图层转换为普通图层，在图层蒙版缩览图上单击鼠标右键，在弹出的菜单中选择“应用图层蒙版”选项。

课堂实战 替换屏幕背景

本章课堂实战为替换屏幕背景，可综合练习本章的知识点，熟练掌握和巩固使用多边形套索工具、置入素材、剪贴蒙版以及自由变换以替换屏幕背景。下面进行操作思路的介绍。

步骤01 将素材文件拖曳至Photoshop中，如图6-103所示。

步骤02 选择多边形套索工具，沿屏幕边缘绘制选区，按Ctrl+J组合键复制选区，置入素材，如图6-104所示。

图 6-103

图 6-104

步骤03 按Ctrl+Shift+G组合键创建图层蒙版，按Ctrl+T组合键调整显示，如图6-105所示。

图 6-105

步骤04 按Enter键完成调整，如图6-106所示。

图 6-106

课后练习 创意图像合成

下面将综合使用工具、命令以及蒙版来合成创意图像，如图6-107所示。

图 6-107

1. 技术要点

- 置入素材，使用蒙版拼合图像；
- 文字变形后置入素材创建文字选区；
- 通过画笔、蒙版调整不透明度。

2. 分步演示

如图6-108所示。

图 6-108

拓展赏析

非遗之传统戏剧

中国戏剧是以戏曲和话剧为主的中国传统艺术。戏曲是中国传统戏剧，经过长期的发展演变，逐步形成了以京剧、越剧、黄梅戏、评剧、豫剧等中国五大戏曲剧种为核心的中华戏曲百花苑。话剧则是20世纪引进的西方戏剧形式。

在非遗名录上既入选世界级又入选国家级的传统音乐有以下五个。

- **昆曲：**是中国古老的戏曲声腔、剧种，昆曲糅合了唱念做打、舞蹈及武术等，以曲词典雅、行腔婉转、表演细腻著称，是被誉为“百戏之祖”的南戏系统之一的曲种，现又称为“昆剧”。《琵琶记》《牡丹亭》《长生殿》《鸣凤记》《玉簪记》等都是昆曲的代表性剧目。
- **粤剧：**又称“广府戏”“广东大戏”。发源于佛山，以粤方言演唱，是汉族传统戏曲之一。粤剧善于向其他剧种和时尚艺术学习，因而表现出高度的开放性，成为时尚潮流的剧种之一，有《胡不归》《荆轲刺秦王》《红娘》《白蛇传》《关汉卿》等代表粤剧剧目。
- **京剧：**又称“平剧”“京戏”，中国国粹之一，是中国影响最大的戏曲剧种。京剧的唱腔属板式变化体，以二簧、西皮为主要声腔。伴奏则分为文场和武场两大类。把舞台上的角色划分为生、旦、净、丑四种类型，即“行当”。各行当都有一套表演程序，唱念做打的技艺各具特色。《群英会》《空城计》《贵妃醉酒》《霸王别姬》《四郎探母》《红灯记》等都是家喻户晓的京剧剧目。
- **藏戏：**集神话、传说、民歌、舞蹈、说唱、杂技等多种民间文学艺术与宗教仪式乐舞为一体。每逢藏族大型节日以及特定的宗教节日，都要举行大型藏戏汇演。常演剧目有“八大传统藏戏”之称，演出一般分为“顿”（开场祭神歌舞）、“雄”（正戏传奇）和“扎西”（祝福迎祥）三个部分。其表演手段高度程序化，有唱、舞、韵、白、表、技“六技”。
- **皮影戏：**又称“影子戏”或“灯影戏”，是一种以兽皮或纸板做成的人物剪影表演故事的民间戏剧。表演时，艺人们在白色幕布后面，一边操纵影人，一边用当地流行的曲调讲述故事，同时配以打击乐器和弦乐，有浓厚的乡土气息。其流行范围极为广泛，并因各地所演的声腔不同而形成了多种多样的皮影戏。

除此之外，还有很多剧种入选中国非遗的传统戏剧名单，包括川剧、评剧、黄梅戏、木偶戏、花鼓戏、秦腔、沪剧、河北梆子、淮海戏等。

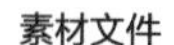

素材文件　视频文件

第7章

图像的特效应用

内容导读

为了更精确地绘制图形，提高绘图的速度和准确性，需要从捕捉、追踪等功能入手，同时利用缩放、移动功能等有效地控制图形显示，辅助设计者快速观察、对比及校准图形。本章将对一些常用的图形辅助工具进行介绍。

思维导图

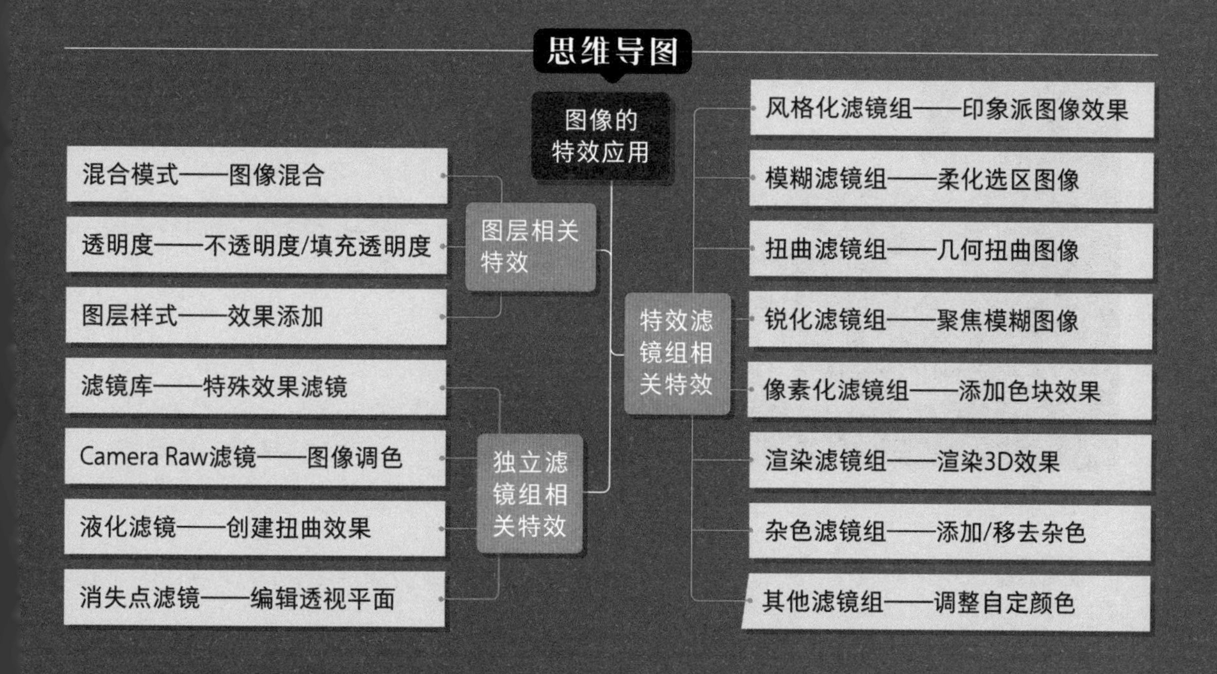

7.1 图层相关特效

图层是Photoshop软件的核心功能，在图层上工作就像在一张看不见的透明画布上画画，很多透明图层叠在一起，构成了一个多层图像，如图7-1所示。每个图像都独立存在于一个图层上，选中或改动其中某一个图层的图像，不会影响到其他图层的图像，如图7-2所示。

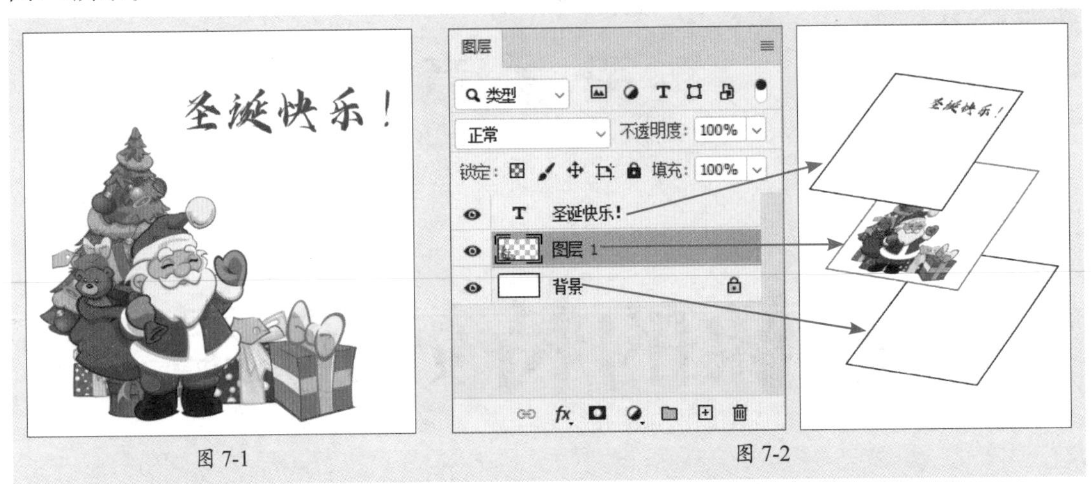

图 7-1　　图 7-2

7.1.1 案例解析：制作镂空叠加文字效果

在学习图层相关特效之前，可以跟随以下操作步骤了解并熟悉使用图层样式中的填充不透明度以及描边制作镂空叠加文字效果的方法。

步骤 01 将素材文件拖曳至Photoshop中，如图7-3所示。

步骤 02 按Ctrl+J组合键复制图层，使用快速选择工具选择背景部分，按Delete键删除选区，如图7-4所示。

图 7-3　　图 7-4

步骤 03 使用横排文字工具T输入文字，在“字符”面板中设置参数，如图7-5、图7-6所示。

图 7-5

图 7-6

步骤 04 按Ctrl+J组合键复制文字，调整文字顺序，如图7-7所示。

步骤 05 双击上方文字图层，在弹出的“图层样式”对话框中调整“填充不透明度”为0%，如图7-8所示。

图 7-7

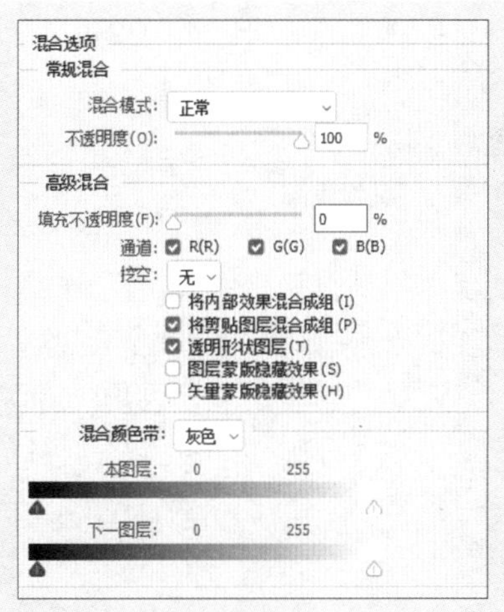

图 7-8

步骤 06 在该对话框左侧勾选“描边”并设置参数，如图7-9所示。

步骤 07 效果如图7-10所示。

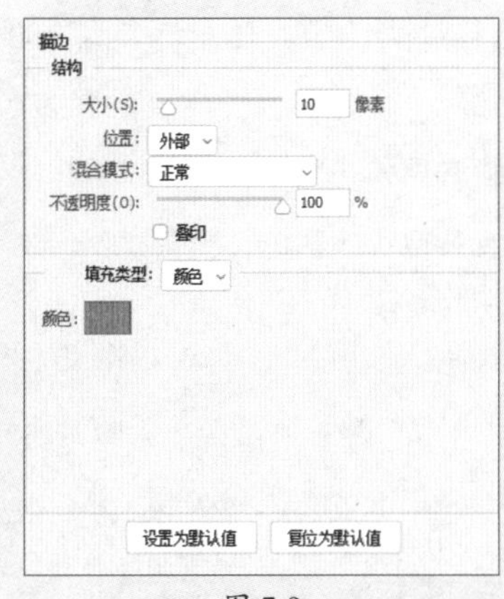

图 7-9

图 7-10

7.1.2 混合模式——图像混合

在“图层”面板中，选择不同的混合模式将会得到不同的效果。在显示混合内模式的效果时，首先要了解以下三种颜色。

- **基色：**图像中的原稿颜色。
- **混合色：**通过绘画或编辑工具应用的颜色。
- **结果色：**混合后得到的颜色。

图层混合模式可分为6组，共计27种，如表7-1所示。

表 7-1

模式分组	混合模式	功能描述
组合模式	正常	该模式为默认的混合模式
	溶解	编辑或绘制每个像素，使其成为结果色。调整图层的不透明度，显示为像素颗粒化效果
加深模式	变暗	查看每个通道中的颜色信息，并选择基色或混合色中较暗的颜色作为结果色
	正片叠底	查看每个通道中的颜色信息，并将基色与混合色进行正片叠底
	颜色加深	查看每个通道中的颜色信息，并通过增加二者之间的对比度使基色变暗以反映混合色
	线性加深	查看每个通道中的颜色信息，并通过减小亮度值使基色变暗以反映混合色
	深色	比较混合色和基色的所有通道值的总和并显示值较小的颜色，不会产生第三种颜色
减淡模式	变亮	查看每个通道中的颜色信息，并选择基色或混合色中较亮的颜色作为结果色
	滤色	查看每个通道的颜色信息，并将混合色的互补色与基色进行正片叠底
	颜色减淡	查看每个通道中的颜色信息，并通过减小二者之间的对比度使基色变亮以反映混合色
	线性减淡（添加）	查看每个通道中的颜色信息，并通过增加亮度使基色变亮以反映混合色
	浅色	比较混合色和基色的所有通道值的总和并显示值较大的颜色
对比模式	叠加	对颜色进行正片叠底或过滤，具体取决于基色。图案或颜色在现有像素上叠加，同时保留基色的明暗对比
	柔光	使颜色变暗或变亮，具体取决于混合色。若混合色（光源）比50%灰色亮，则图像变亮；若混合色（光源）比50%灰色暗，则图像加深
	强光	该模式的应用效果与柔光类似，但其加亮与变暗的程度比柔光模式强很多

（续表）

模式分组	混合模式	功能描述
对比模式	亮光	通过增加或减小对比度来加深或减淡颜色，具体取决于混合色。若混合色（光源）比50%灰色亮，则通过减小对比度使图像变亮，相反则变暗
	线性光	通过减小或增加亮度来加深或减淡颜色，具体取决于混合色。若混合色（光源）比50%灰色亮，则通过增加亮度使图像变亮，相反则变暗
	点光	根据混合色替换颜色。若混合色（光源）比50%灰色亮，则替换比混合色暗的像素，而不改变比混合色亮的像素，相反则保持不变
	实色混合	此模式会将所有像素更改为主要的加色（红、绿或蓝）、白色或黑色
比较模式	差值	查看每个通道中的颜色信息，并从基色中减去混合色，或从混合色中减去基色，具体取决于哪一种颜色的亮度值更大
	排除	创建一种与“差值”模式相似但对比度更低的效果。与白色混合将反转基色值，与黑色混合则不发生变化
	减去	查看每个通道中的颜色信息，并从基色中减去混合色
	划分	查看每个通道中的颜色信息，并从基色中划分混合色
色彩模式	色相	用基色的明亮度和饱和度以及混合色的色相创建结果色
	饱和度	用基色的明亮度和色相以及混合色的饱和度创建结果色
	颜色	用基色的明亮度以及混合色的色相和饱和度创建结果色
	明度	用基色的色相和饱和度以及混合色的明亮度创建结果色

打开素材图像，按Ctrl+J组合键复制图层，更改图层样式为“实色混合”，如图7-11所示，效果如图7-12所示。

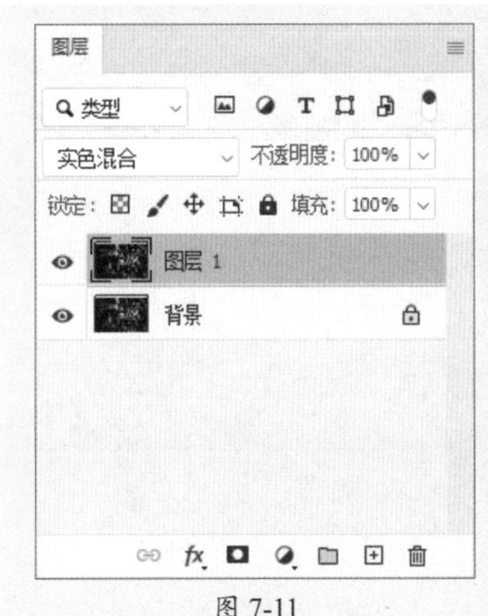

图 7-11

图 7-12

7.1.3 透明度——不透明度/填充不透明度

图层面板中的不透明度和填充两个选项都可用于设置图层的不透明度。

1. 图层不透明度

不透明度选项用于调整整个图层的透明属性，包括图层中的形状、像素以及图层样式。默认状态下，图层的不透明度为100%，即完全不透明。调整图层的不透明度后，可以透过该图层看到其下面图层上的图像，如图7-13、图7-14所示。

图 7-13

图 7-14

2. 填充不透明度

填充不透明度仅影响图层中的像素、形状或文本，而不影响图层效果（例如投影）的不透明度。调整上层图像的大小，并添加描边样式，如图7-15所示。将填充不透明度调整为0%，效果如图7-16所示。

图 7-15

图 7-16

背景图层或锁定图层的不透明度是无法更改的。

7.1.4 图层样式——效果添加

使用图层样式功能，可以简单快捷地为图像添加斜面和浮雕、描边、内阴影、内发光、外发光、光泽以及投影等效果。

添加图层样式主要有以下三种方法：

- 单击“图层”面板底部的“添加图层样式”按钮fx，从弹出的下拉菜单中选择任意一种样式，如图7-17所示。
- 执行“图层”|“图层样式”菜单中相应的命令。
- 双击需要添加图层样式的图层缩览图或图层。

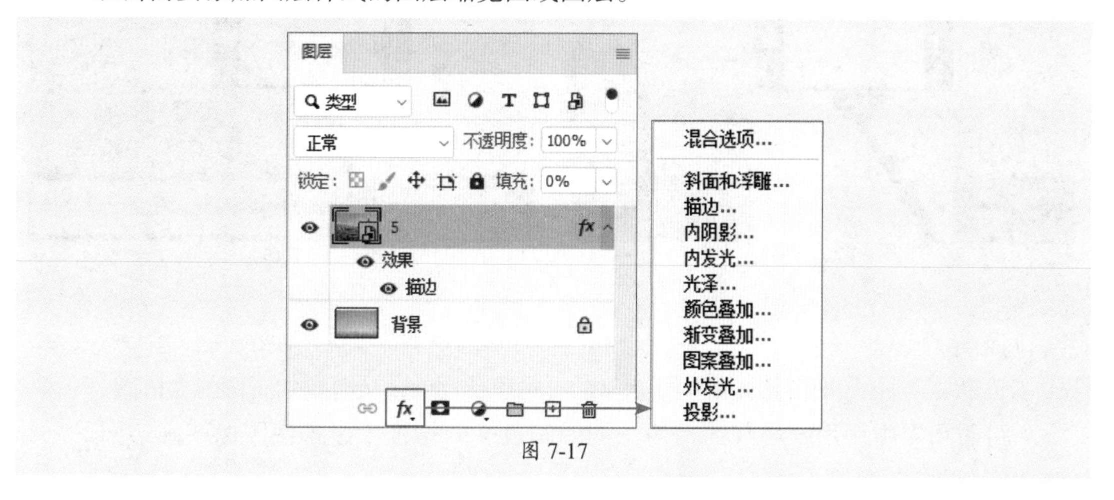

图 7-17

图层样式是应用于一个图层或图层组的一种或多种效果。在“图层样式”对话框中，各主要选项的功能如下。

1. 混合选项

混合选项中可以分为常规混合、高级混合以及混合颜色带，如图7-18所示。

- **常规混合：** 设置图像的混合模式与不透明度。
- **高级混合：** 设置图像的填充不透明度，指定通道的混合范围等。
- **混合颜色带：** 设置混合像素的亮度范围。按住Alt键并拖动滑块一个三角形，定义部分混合像素的范围。

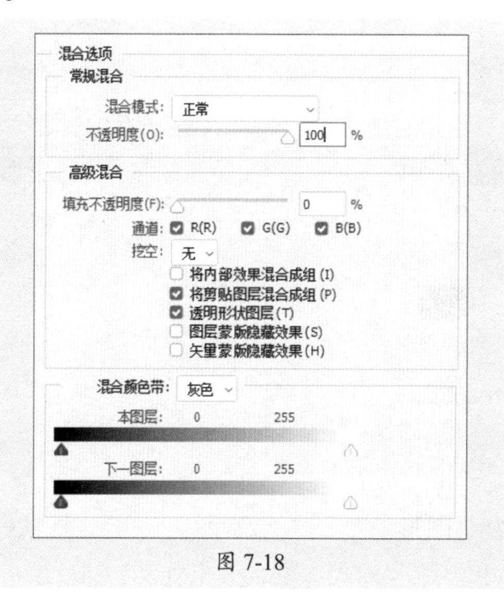

图 7-18

打开素材图像并置入素材，如图7-19所示。双击置入的图层，在弹出的“图形样式”对话框中调整其混合颜色带，效果如图7-20所示。

图 7-19　　　　图 7-20

2. 斜面和浮雕

斜面和浮雕样式可用于添加不同组合方式的浮雕效果，从而增加图像的立体感。

- **斜面和浮雕：** 用于增加图像边缘的明暗度，并增加投影来使图像产生不同的立体感，如图7-21所示。
- **等高线：** 为浮雕创建凹凸起伏的效果，如图7-22所示。
- **纹理：** 为浮雕创建不同的纹理效果，如图7-23所示。

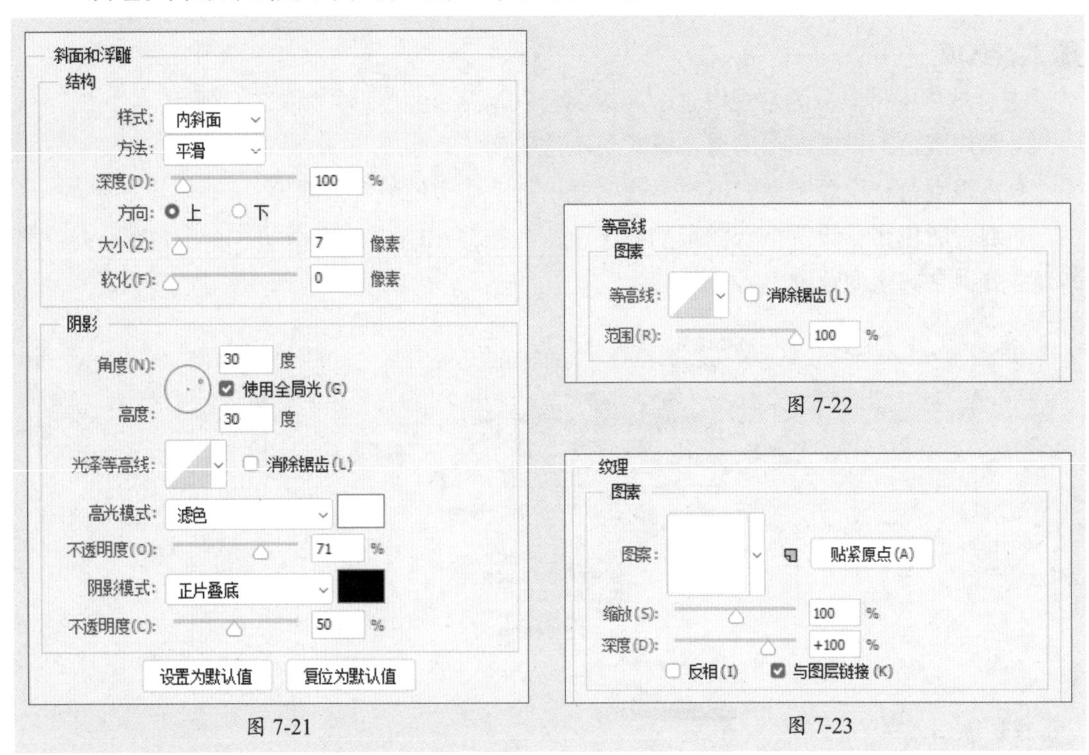

图 7-21　　　　图 7-22　　　　图 7-23

使用自定形状工具绘制图形，如图7-24所示。双击该形状图层，在弹出的“图形样式”对话框中设置“斜面和浮雕”样式参数，效果如图7-25所示。

图 7-24

图 7-25

3. 描边

利用描边样式可以使用颜色、渐变以及图案来描绘图像的轮廓边缘，如图7-26、图7-27、图7-28所示。

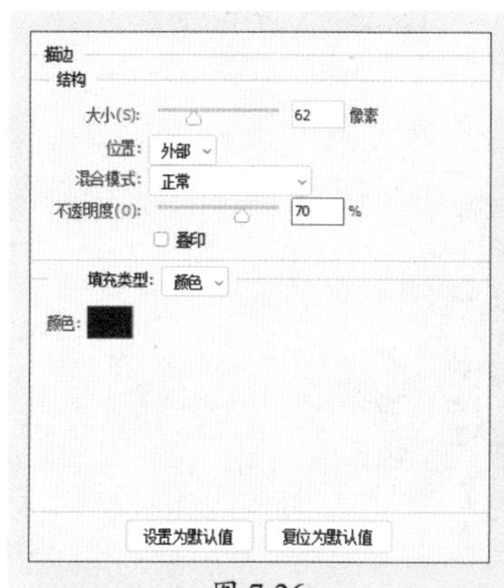

图 7-26

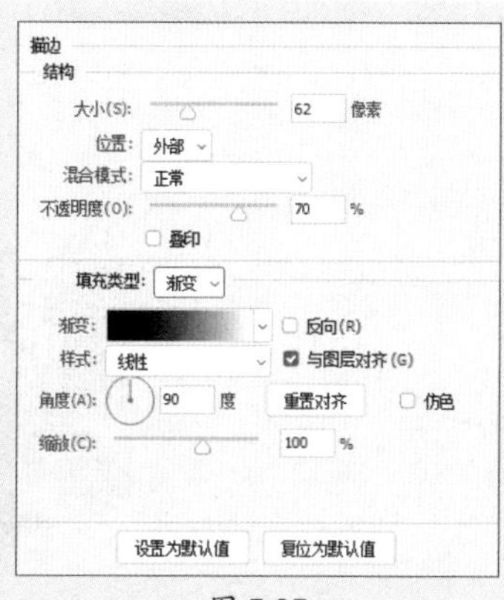

图 7-27

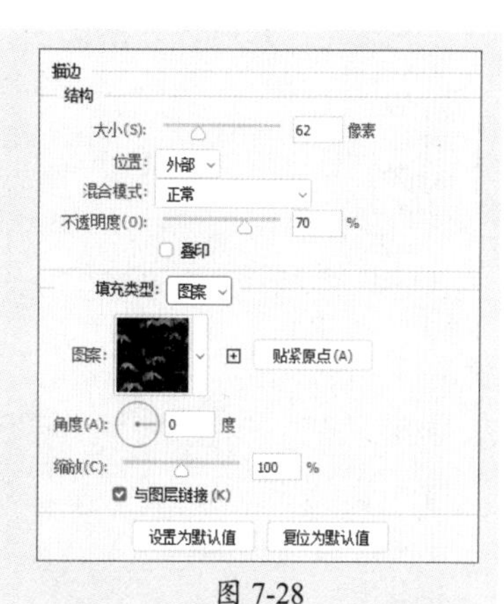

图 7-28

图7-29、图7-30所示分别为同大小、颜色、不透明度及不同位置的描边效果。

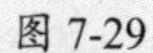

图 7-29

图 7-30

4. 内阴影

使用内阴影样式可以在紧靠图层内容的边缘向内添加阴影，使图层呈现凹陷的效果，如图7-31、图7-32所示。

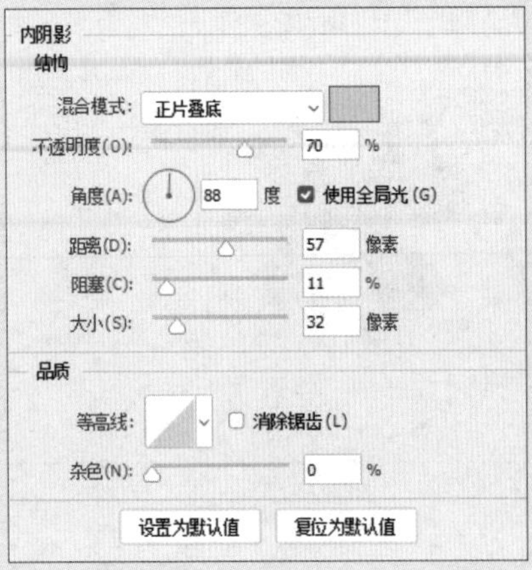

图 7-31 　　图 7-32

5. 内发光

内发光样式可以在沿图层内容的边缘向内创建发光效果，如图7-33、图7-34所示。

图 7-33　　图 7-34

6. 光泽

使用光泽样式可以为图像添加光滑的具有光泽的内部阴影，如图7-35、图7-36所示。

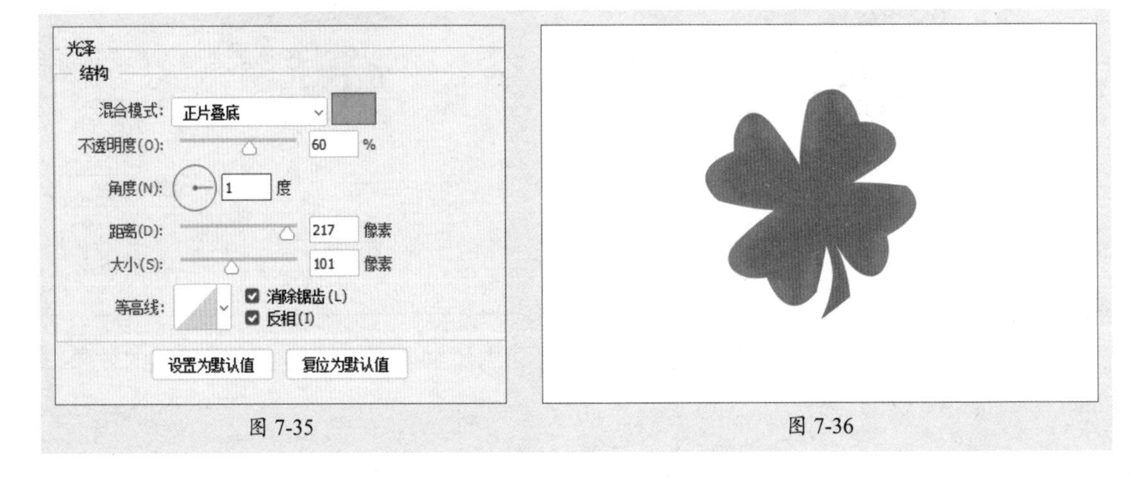

图 7-35　　图 7-36

7. 颜色叠加

使用颜色叠加样式可以在图像上叠加指定的颜色，通过修改混合模式可以调整图像与颜色的混合效果，如图7-37、图7-38所示。

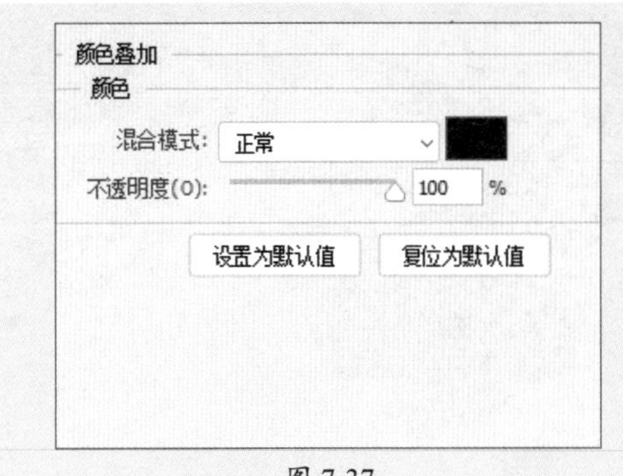

图 7-37

图 7-38

8. 渐变叠加

使用渐变叠加样式可以在图像上叠加指定的渐变色，不仅能制作出带有多种颜色的对象，更能通过巧妙的渐变颜色设置制作出突起、凹陷等三维效果以及带有反光质感的效果，如图7-39、图7-40所示。

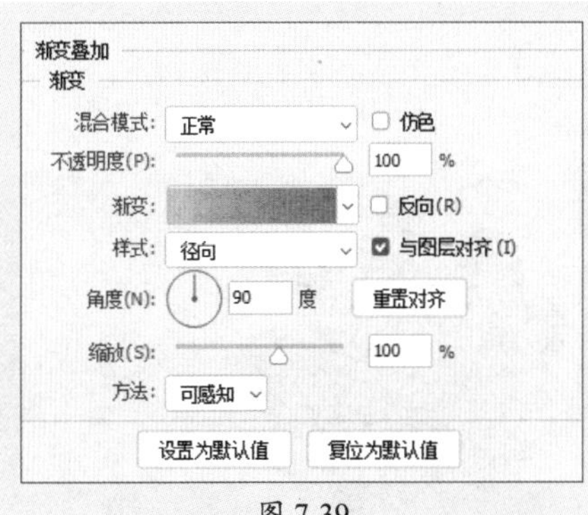

图 7-39

图 7-40

9. 图案叠加

使用图案叠加样式可以在图像上叠加图案。通过混合模式设置可以使叠加的图案与原图进行混合，如图7-41、图7-42所示。

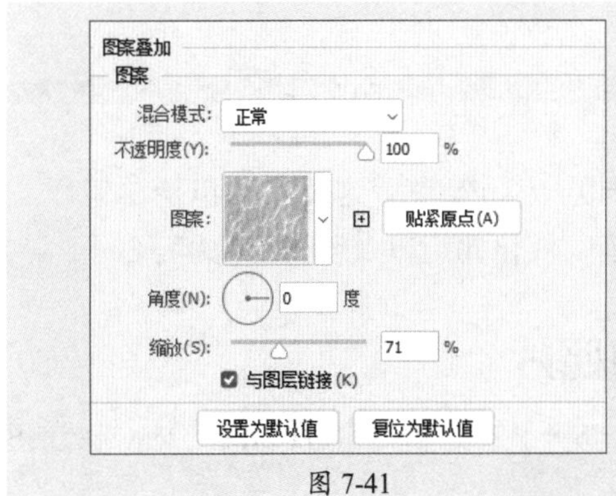

图 7-41

图 7-42

10. 外发光

使用外发光样式可以沿图层内容的边缘向外创建发光效果，如图7-43、图7-44所示。

图 7-43　　图 7-44

11. 投影

使用投影样式可以为图层模拟出向后的投影效果，以增强某部分的层次感和立体感，如图7-45、图7-46所示。

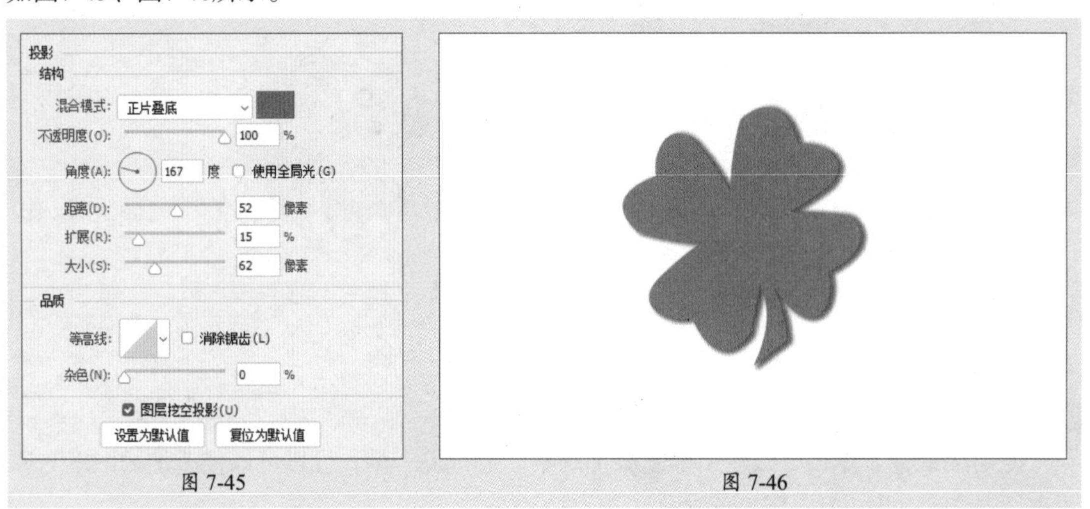

图 7-45　　图 7-46

7.2　独立滤镜组相关特效

独立滤镜不包含任何滤镜子菜单，直接执行即可应用效果。这类滤镜包括滤镜库、自适应广角滤镜、Camera Raw滤镜、镜头校正滤镜、液化滤镜以及消失点滤镜。

7.2.1　案例解析：调整昏暗的古镇照片

在学习图层相关特效之前，可以跟随以下操作步骤了解并熟悉通过Camera Raw滤镜调整图像色调的方法。

步骤 01 将素材文件拖曳至Photoshop中，如图7-47所示。

步骤 02 按C键切换至裁剪工具，在选项栏中设置裁剪比例为3：2，调整裁剪比例。按Ctrl+J组合键复制图层，如图7-48所示。

图 7-47

图 7-48

步骤 03 执行“滤镜”|“Camera Raw滤镜”命令，弹出“Camera Raw滤镜”对话框。单击“预设”按钮，选择“主题：城市建筑 UA01”预设，如图7-49所示。

图 7-49

操作提示

单击按钮可在“原图/效果图”视图之间切换，单击按钮切换到默认设置。

步骤 04 单击“编辑”按钮，在“颜色分级”选项卡中设置相关参数，如图7-50所示。

图 7-50

步骤 05 在“基本”选项卡中设置有关参数，如图7-51所示。

图 7-51

步骤 06 在"混合器"选项卡中选择"色相"并设置相关参数，如图7-52所示。

图 7-52

步骤 07 在"混合器"选项卡中选择"饱和度"并设置相关参数，如图7-53所示。

图 7-53

步骤 08 在“效果”选项卡中设置有关参数，如图7-54所示。

图 7-54

步骤 09 单击“确定”按钮应用效果，如图7-55所示。

图 7-55

步骤 10 单击“指示图层可见性”按钮◉，可隐藏图层，查看前后对比效果，如图7-56所示。

图 7-56

7.2.2 滤镜库——特殊效果滤镜

滤镜库中包含了常用的六组滤镜，可以非常方便、直观地为图像添加滤镜效果。执行“滤镜”|“滤镜库”命令，单击不同的缩略图，即可在左侧的预览框中看到应用不同滤镜后的效果，如图7-57所示。

图 7-57

该对话框中部分选项的功能如下。

1. 风格化

滤镜库中只有一个风格化滤镜，使用该滤镜能让图像产生比较明亮的轮廓线，形成一种类似霓虹灯的亮光效果，如图7-58所示。

2. 画笔描边

画笔描边滤镜组的滤镜使用不同的画笔和油墨描边创造出绘画效果的外观。有些滤镜添加了颗粒、绘画、杂色、边缘细节或纹理，如图7-59所示。

- **成角的线条：** 使用对角描边重新绘制图像，用相反方向的线条来绘制亮区和暗区。
- **墨水轮廓：** 以钢笔画的风格，用纤细的线条在原细节上重绘图像。
- **喷溅：** 模拟喷枪喷溅的效果。增加选项可简化总体效果。
- **喷色描边：** 使用图像的主导色，用成角的、喷溅的颜色线条重新绘画图像。
- **强化的边缘：** 强化图像边缘。设置高的边缘亮度控制值时，强化效果类似白色粉笔；设置低的边缘亮度控制值时，强化效果类似黑色油墨。
- **深色线条：** 用短的、绷紧的深色线条绘制暗区，用长的白色线条绘制亮区。
- **烟灰墨：** 使用非常黑的油墨来创建柔和的模糊边缘。
- **阴影线：** 保留原始图像的细节和特征，同时使用模拟的铅笔阴影线添加纹理，并使彩色区域的边缘变粗糙。

3. 扭曲

扭曲滤镜组中有三个滤镜，如图7-60所示。

- **玻璃：** 模拟透过玻璃观看图像的效果。
- **海洋波纹：** 将随机分隔的波纹添加到图像表面，使图像看上去像是在水中。
- **扩散亮光：** 将图像渲染成像是透过一个柔和的扩散滤镜，此滤镜添加透明的白杂色，并从选区的中心向外渐隐亮光。

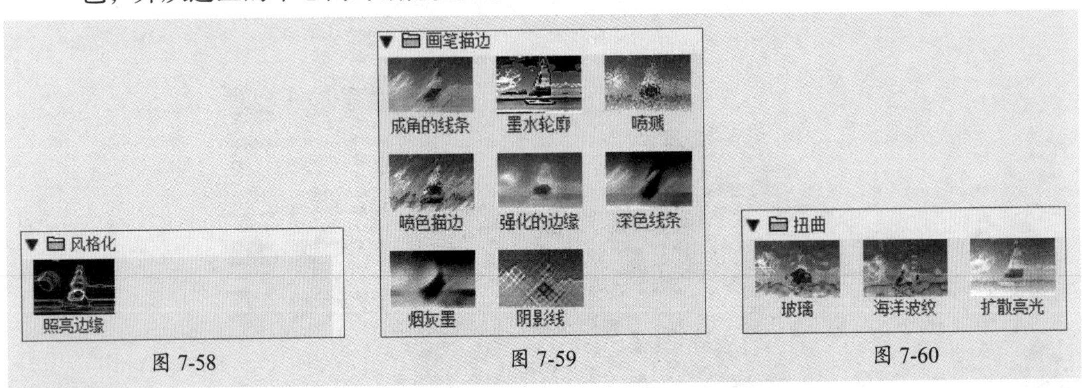

图 7-58　　图 7-59　　图 7-60

4. 素描

素描组的滤镜将纹理添加到图像上，通常用于获得3D效果，还适用于创建美术或手绘外观。部分滤镜在重绘图像时会基于前景色和背景色创建效果，如图7-61所示。

- **半调图案：** 在保持连续色调范围的同时，模拟半调网屏的效果。
- **便条纸：** 创建像手工制作纸张构建的图像。
- **粉笔和炭笔：** 重绘高光和中间调，并使用粗糙粉笔绘制纯中间调的灰色背景。炭笔用前景色绘制，粉笔用背景色绘制。
- **铬黄渐变：** 将图像处理成银质的铬黄表面效果。
- **绘图笔：** 使用细的、线状的油墨描边以捕捉原图像中的细节。前景色作为油墨，并使用背景色作为纸张，以替换原图像中的颜色。
- **基底凸现：** 变换图像，使之呈现浮雕的雕刻状和突出光照下变化各异的表面。图像的暗色区域呈前景色，而浅色区域使用背景色。
- **石膏效果：** 产生立体石膏压模成像的效果，使用前景色和背景色为图像上色。
- **水彩画纸：** 利用有污点的、像画在潮湿纤维纸上的涂抹，使颜色流动并混合。
- **撕边：** 重新组织图像为被撕碎的纸片的效果，使用前景色和背景色为图片上色。
- **炭笔：** 产生色调分离的涂抹效果，图像中主要的边缘用粗线绘画，中间色调用对角细线条素描。炭笔是前景色，背景色为纸张的颜色。
- **炭精笔：** 在图像上模拟浓黑和纯白的炭精笔纹理。
- **图章：** 简化图像，使之看起来像是用橡皮或木制图章盖上去的效果。
- **网状：** 模拟胶片乳胶的可控收缩和扭曲来创建图像，使之在阴影呈结块状，在高光呈轻微颗粒化。
- **影印：** 模拟影印图像的效果。

5. 纹理

使用纹理滤镜组中的滤镜可以为图像添加各种纹理效果，如拼缀效果、染色玻璃或砖墙等效果，如图7-62所示。

- **龟裂缝：** 可使图像产生龟裂纹理，从而制作出具有浮雕样式的立体图像效果。它也可在空白画面上直接产生具有皱纹效果的纹理。
- **颗粒：** 通过模拟不同种类的颗粒在图像中添加纹理。
- **马赛克拼贴：** 渲染图像，使它看起来像由小的碎片或拼贴组成，然后在拼贴与碎片之间灌浆。
- **拼缀图：** 将图像分解为用图像中该区域的主色填充的正方形。
- **染色玻璃：** 将图像重新绘制为用前景色勾勒的单色的相邻单元格。
- **纹理化：** 将选择或创建的纹理应用于图像。

6. 艺术效果

使用艺术效果滤镜组中的滤镜可模仿自然或传统介质效果，为美术或商业项目制作出绘画效果或艺术效果，如图7-63所示。

- **壁画：** 使用短而圆的、粗略涂抹的小块颜料，以一种粗糙的风格绘制图像。
- **彩色铅笔：** 模拟使用彩色铅笔在纯色背景上绘制图像的效果。
- **粗糙蜡笔：** 在带纹理的背景上应用粉笔描边。
- **底纹效果：** 在带纹理的背景上绘制图像，然后将最终效果绘制在该图像上，制作出类似布料图案的底纹背影效果。
- **干画笔：** 使用干画笔技术（介于油彩和水彩之间）绘制图像边缘。
- **海报边缘：** 增加图像对比度并沿边缘的细微层次加上黑色，能够产生具有招贴画边缘效果的图像。
- **海绵：** 使用颜色对比强烈、纹理较重的区域创建图像，以模拟海绵绘画的效果。
- **绘画涂抹：** 选取各种大小（1～50）和类型的画笔来创建绘画效果。
- **胶片颗粒：** 将平滑图案应用于阴影和中间色。
- **木刻：** 使图像看上去好像是由从彩纸上剪下的边缘粗糙的剪纸片组成的。高对比度图像看起来像黑色剪影，而彩色图像看起来像由几层彩纸构成。
- **霓虹灯光：** 将各种类型的灯光添加到图像中的对象上。
- **水彩：** 以水彩的风格绘制图像，使用蘸了水和颜料的中号画笔绘制以简化细节。
- **塑料包装：** 给图像涂上一层光亮的塑料，以强调表面细节。
- **调色刀：** 减少图像中的细节以生成描绘淡淡的画布效果，可以显示出下面的纹理。
- **涂抹棒：** 使用短的对角描边涂抹暗区以柔化图像。

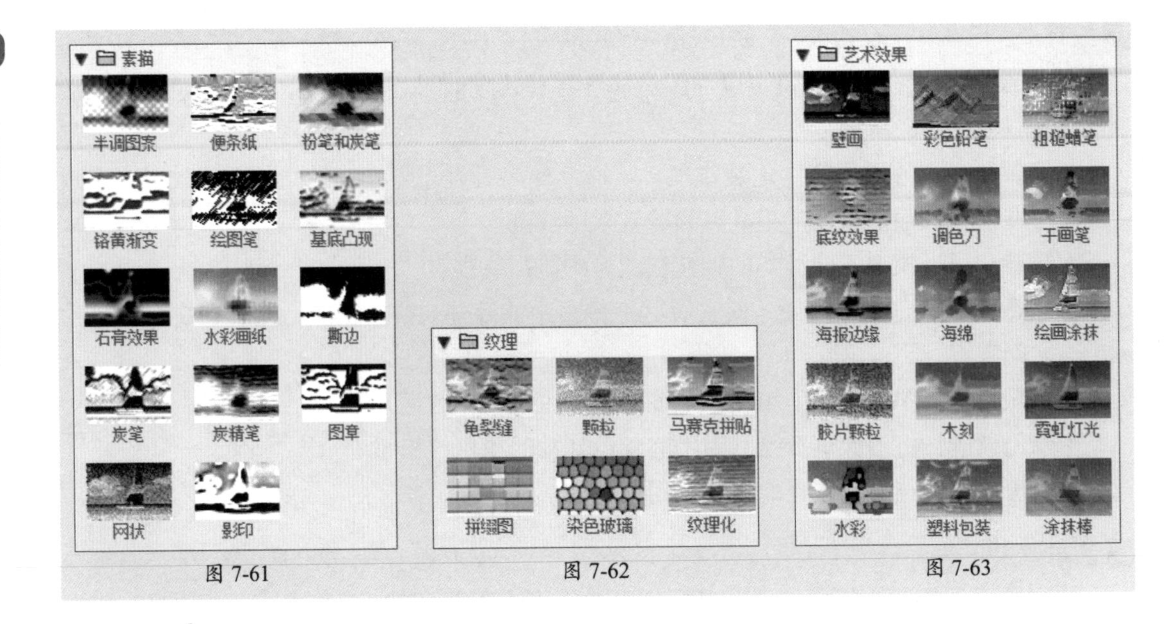

图 7-61　　图 7-62　　图 7-63

操作提示

智能滤镜可以在添加滤镜的同时，保留图像的原始状态不被破坏，所添加的滤镜可以像添加的图层样式一样存储在“图层”面板中，并且可以重新将其调出以修改参数。执行“滤镜”|“转换为智能滤镜”命令，可以将当前图层转换为智能对象图层，为图像添加智能滤镜效果，如图7-64所示。

在面板中右击按钮，在弹出的菜单中选择“编辑智能滤镜混合选项”，在弹出的对话框中可调整滤镜的模式以及不透明度，如图7-65所示。选择“编辑智能滤镜”选项，可重新设置滤镜参数，如图7-66所示。

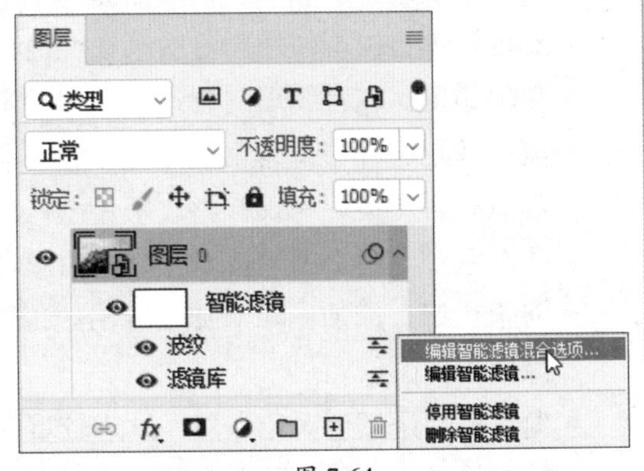

图 7-64

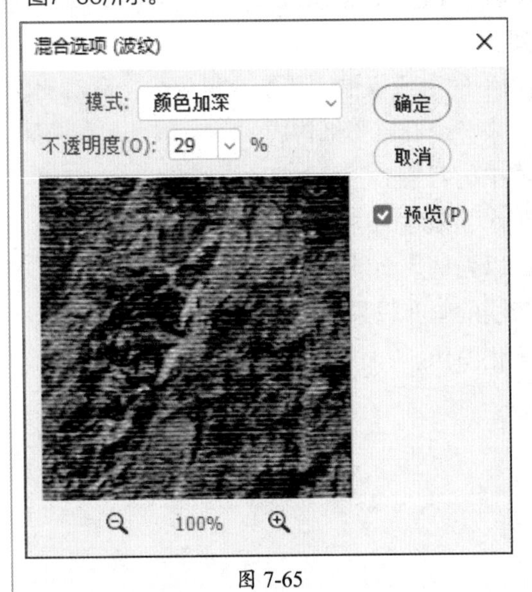

图 7-65

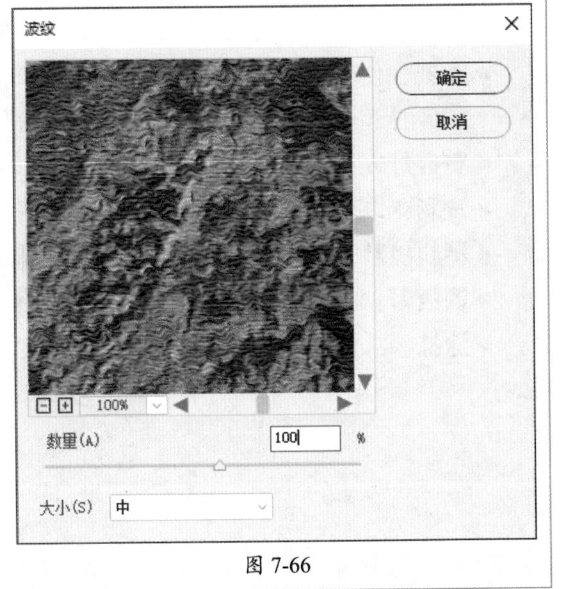

图 7-66

7.2.3 Camera Raw滤镜——图像调色

Camera Raw滤镜不但提供了导入和处理相机原始数据的功能，也可以用来处理JERG和TIFF格式文件。执行“滤镜”|“Camera Raw滤镜”命令，弹出“Camera Raw滤镜”对话框，如图7-67所示。

图 7-67

1. 编辑

在“编辑”选项卡中可设置基本、曲线、细节、混色器等选项参数，如图7-68所示。

图 7-68

该选项卡中部分选项的功能如下。

- **自动：**利用AI分析照片并选择合适的设置。
- **黑白：**将照片转为黑白效果。
- **配置文件：**选择配置文件。
- **基本：**使用滑块对白平衡、色温、色调、曝光度、高光、阴影等进行调整。
- **曲线：**使用曲线微调色调等级，还能在参数曲线、点曲线、红色通道、绿色通道和蓝色通道中进行选择。
- **细节：**使用滑块调整锐化、降噪并减少杂色。
- **混色器：**在HSL（色相、饱和度、明亮度）和“颜色”之间进行选择，以调整图像中的不同色相。

- **颜色分级：** 使用色轮精确调整阴影、中色调和高光中的色相，也可以调整这些色相的“混合”与“平衡”。
- **光学：** 能够删除色差、扭曲和晕影，也可以使用“去边”对图像中的紫色或绿色色相进行采样和校正。
- **几何：** 对不同类型的透视和色阶校正。选择“限制裁切”可在应用“几何”调整后快速移除白色边框。
- **效果：** 使用滑块添加颗粒或晕影。
- **校准：** 可从“处理版本”下拉菜单中选择处理的版本，并调整阴影、红主色、绿主色和蓝主色滑块。

图7-69、图7-70所示为应用“米刻”艺术效果滤镜前后的效果。

图 7-69

图 7-70

2. 修复

单击“修复”按钮，可以将污点、电线和其他干扰元素从照片中移除。在选项中可定义画笔大小和不透明度以创建选区，如图7-71所示。

该选项卡中部分选项的功能如下。

- **文字：** 选择“修复”选项，将取样区域的纹理、光线、阴影匹配到选定区域；选择“仿制”选项，将图像的取样区域应用到选定区域。
- **可视化污点：** 勾选该复选框，图像会反转，图像元素的轮廓将清晰可见。拖动滑块，反相图像的对比度阈值。

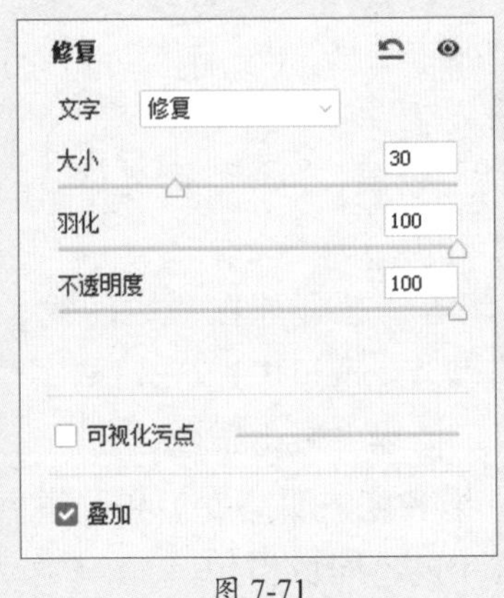

图 7-71

在需要移除的区域上进行喷涂，或单击删除某个点，如图7-72所示。可拖动调整修复的区域，如图7-73所示。

图 7-72

图 7-73

操作提示

红白色的选框区域（红色手柄）为选定区域，绿白色的选框区域（绿色手柄）为取样区域。

3. 蒙版

单击“蒙版”按钮，在选项卡中使用各种工具编辑图像的任何部分以定义要编辑的区域，可使用AI工具进行快速选择，如图7-74所示。

图 7-74

该选项卡中主要选项的功能如下。

- **选择主体：** 快速选择图像的突出部分，适用于人、动物和前景对象。
- **选择天空：** 对天空区域进行调整，单击“选择天空”按钮，系统自动识别天空区域，可调整该区域的参数，例如亮度、颜色等，如图7-75所示。
- **画笔：** 调整笔刷设置，涂抹调整蒙版区域。
- **线性渐变：** 在创建软过渡的渐变模式中应用调整，在设置渐变后，可调整大小和渐变角度。
- **径向渐变：** 在椭圆形状内部或外部应用局部调整，调整羽化值以定义形状的清晰度。
- **色彩范围：** 将调整应用于照片中按颜色选定的特定区域。
- **亮度范围：** 将调整应用于照片中按亮度选定的特定区域。
- **深度范围：** 将调整应用于照片中的某些区域，该区域根据它们与相机的距离选择的，仅可用于包含深度信息的图像。

图 7-75

4. 红眼

单击“红眼”按钮，在该选项卡中可调整“瞳孔大小”或“变暗”参数，轻松去除图像中的红眼或宠物眼。

5. 预设

单击“预设”按钮，在该选项卡中可选择系统预设或自定义预设应用，图7-76、图7-77所示分别为应用“风格：电影 CN04”“黑白—风景”的效果。

图 7-76

图 7-77

6. 其他控件

在后侧面板底部可使用缩放工具、抓手工具查看图像细节。

- **缩放工具**：放大或缩小预览图像。双击该按钮或在图像区域单击返回“适应视图”。
- **抓手工具**：放大后，使用该工具移动查看图像区域。在使用其他工具时，按住空格键即可切换至抓手工具。

2023版Photoshop将缩放工具、抓手工具放到了液化和消失点滤镜里面。

7.2.4 液化滤镜——创建扭曲效果

液化滤镜可推、拉、旋转、反射、折叠和膨胀图像的任意区域。创建的扭曲效果可以是细微的或剧烈的，这就使“液化”命令成为修饰图像和创建艺术效果的强大工具。执行“滤镜”|“液化”命令，弹出“液化”对话框，如图7-78所示。

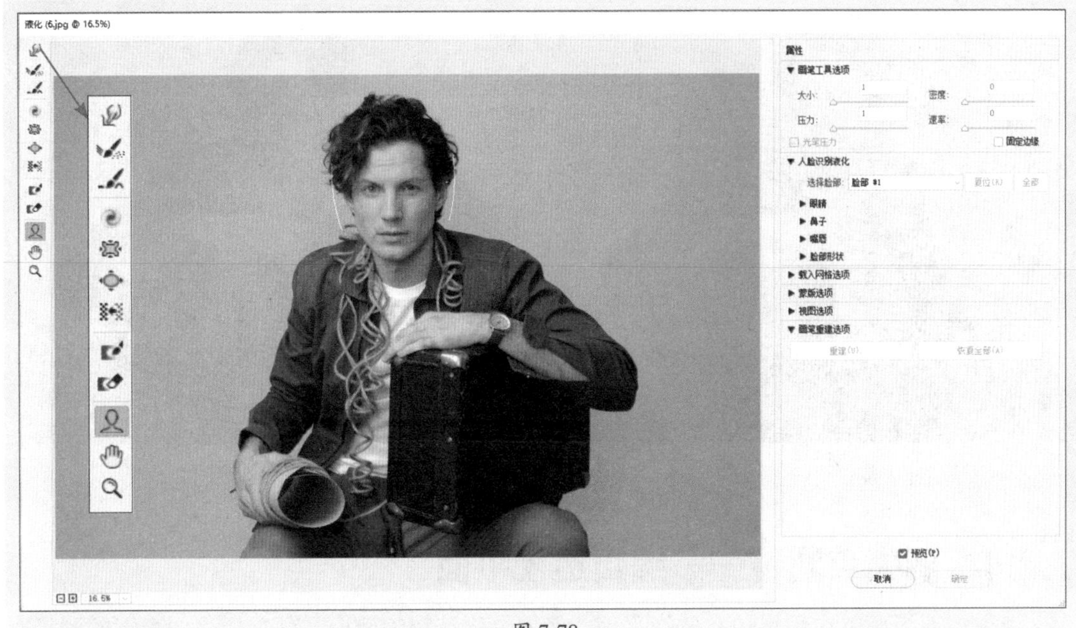

图 7-78

该对话框中部分选项的功能如下。

- **向前变形工具**：该工具可以移动图像中的像素，得到变形的效果。
- **重建工具**：使用该工具在变形的区域单击或拖动鼠标进行涂抹，可以使变形区域的图像恢复到原始状态。
- **平滑工具**：可以通过不断地绘制，将添加的变形效果逐步恢复。
- **顺时针旋转扭曲工具**：使用该工具在图像中单击或移动鼠标，图像会被顺时针旋转扭曲；当按住Alt键单击鼠标时，图像则会被逆时针旋转扭曲。
- **褶皱工具**：使用该工具在图像中单击或移动鼠标，可以使像素向画笔中间区域的中心移动，使图像产生收缩的效果。
- **膨胀工具**：使用该工具在图像中单击或移动鼠标，可以使像素向画笔中心区域以外的方向移动，使图像产生膨胀的效果。
- **左推工具**：使用该工具可以使图像产生挤压变形的效果。使用该工具垂直向上拖动鼠标时，像素向左移动；向下拖动鼠标时，像素向右移动。当按住Alt键垂直向上拖动鼠标时，像素向右移动；向下拖动鼠标时，像素向左移动。若使用该工具围绕对象顺时针拖动鼠标，可增加其大小；若顺时针拖动鼠标，则减小其大小。
- **冻结蒙版工具**：使用该工具可以在预览窗口中绘制出冻结区域。在调整时，冻结区域内的图像不会受到变形工具的影响。
- **解冻蒙版工具**：使用该工具涂抹冻结区域，能够解除该区域的冻结。

- **脸部工具**：具备高级人脸识别功能，可自动识别眼睛、鼻子、嘴唇和其他面部特征，轻松对其进行调整。当鼠标置于五官的上方时图像出现调整五官脸型的线框，拖曳线框可以改变五官的位置、大小，也可以使用右侧人脸识别在液化中设置参数。

图7-79、图7-80所示为应用“液化”滤镜前后的效果。

图 7-79

图 7-80

7.2.4 消失点滤镜——编辑透视平面

消失点滤镜可以在编辑包含透视平面（例如，建筑物的侧面或任何矩形对象）的图像时保留正确的透视。执行“滤镜”|“消失点”命令，弹出“消失点”对话框，如图7-81所示。

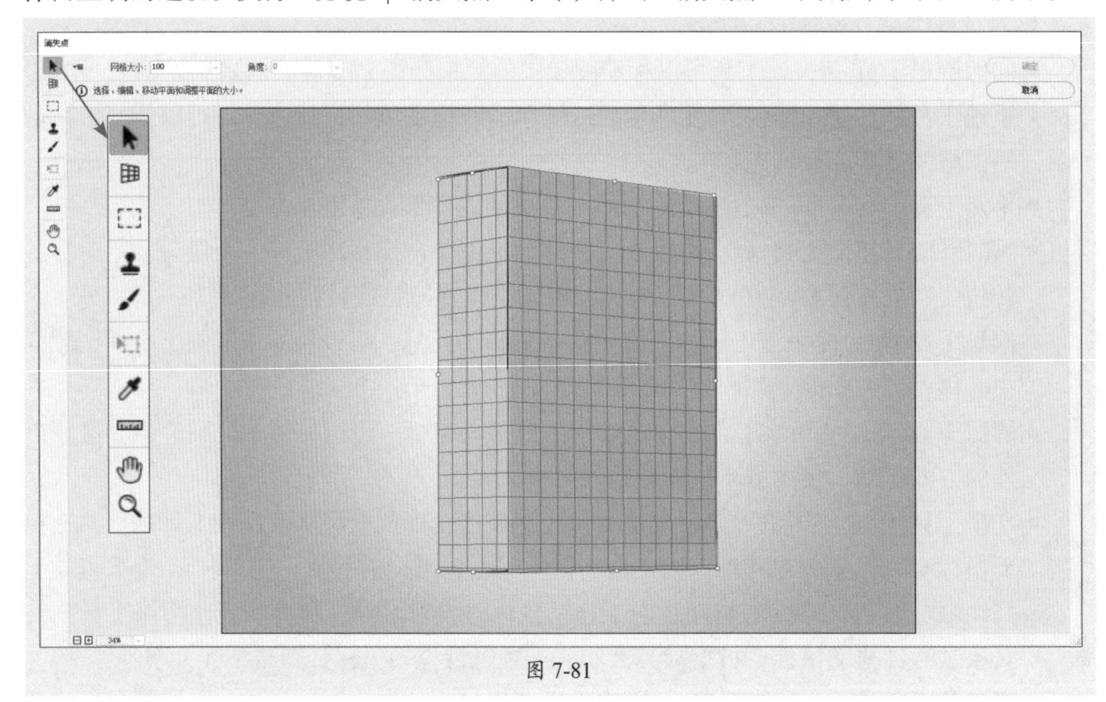

图 7-81

该对话框中部分选项的功能如下。

- **编辑平面工具**：该工具用于选择、编辑、移动平面和调整平面大小。

- **创建平面工具**▦：使用该工具，单击图像中透视平面或对象的四个角可创建平面，还可以从现有的平面伸展节点拖出垂直平面。
- **选框工具**⬚：使用该工具，在图像中单击并移动可选择该平面上的区域，按住Alt键拖动选区可将区域复制到新目标，按住Ctrl键拖动选区可用源图像填充该区域。
- **图章工具**：使用该工具，在图像中按住Alt键单击可为仿制设置源点，然后单击并拖动鼠标来绘画或仿制。按住Shift键单击，可将描边扩展到上一次单击处。
- **画笔工具**：使用该工具，在图像中单击并拖动鼠标可进行绘画。按住Shift键单击，可将描边扩展到上一次单击处。选择“修复明亮度”，可将绘画调整为适应阴影或纹理。
- **变换工具**：使用该工具，可以缩放、旋转和翻转当前选区。
- **吸管工具**：使用该工具在图像中吸取颜色，也可以单击“画笔颜色”色块，弹出“拾色器”。
- **测量工具**：使用该工具，可以在透视平面中测量项目中的距离和角度。

图7-82、图7-83所示为应用“消失点”滤镜前后的效果。

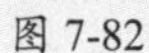
图 7-82

图 7-83

7.3 特效滤镜组相关特效

特效滤镜组主要包括3D风格化、模糊、扭曲、锐化、像素化、渲染、杂色和其他等滤镜组，每个滤镜组又包含多种滤镜效果，根据需要可自行选择想要的图像效果。

7.3.1 案例解析：制作极坐标效果

在学习特效滤镜组相关特效之前，可以跟随以下操作步骤了解并熟悉通过特效滤镜调整图像色调。

步骤 01 将素材文件拖曳至Photoshop中，如图7-84所示。

步骤 02 按C键切换至裁剪工具，在选项栏中设置裁剪比例为1：1，调整裁剪比例，如图7-85所示。

图 7-84

图 7-85

步骤 03 执行“滤镜”|“扭曲”|“切变”命令，弹出“切变”对话框，设置相关参数，如图7-86、图7-87所示。

图 7-86

图 7-87

步骤 04 执行“图像”|“图像旋转”|“垂直翻转画布”命令，如图7-88所示。

步骤 05 使用污点修复画笔工具修复中间的案例衔接部分，如图7-89所示。

图 7-88

图 7-89

步骤 06 执行“滤镜”|“扭曲”|“极坐标”命令，弹出“极坐标”对话框，设置相关参数，如图7-90、图7-91所示。

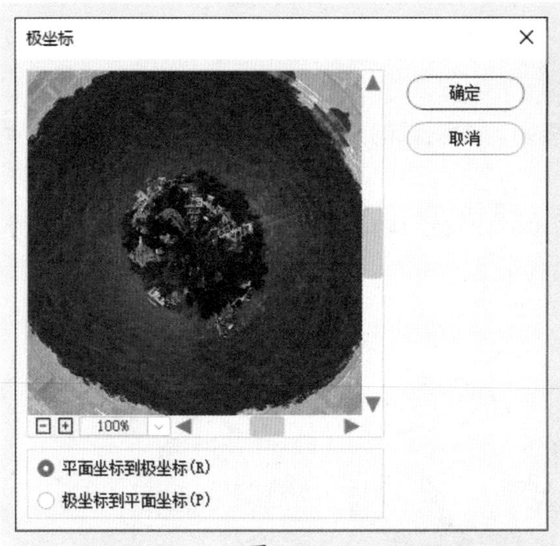

图 7-90

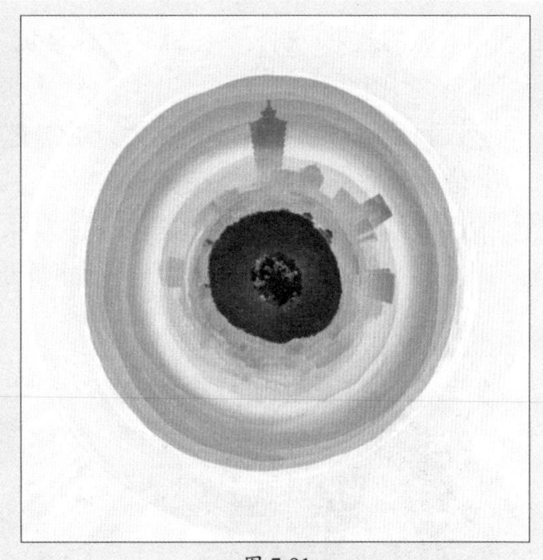
图 7-91

步骤 07 选择混合器画笔工具，在选项栏中设置有关参数，涂抹背景部分，如图7-92所示。

步骤 08 按Ctrl+L组合键，在弹出的“色阶”对话框中设置有关参数，以增强明暗对比，效果如图7-93所示。

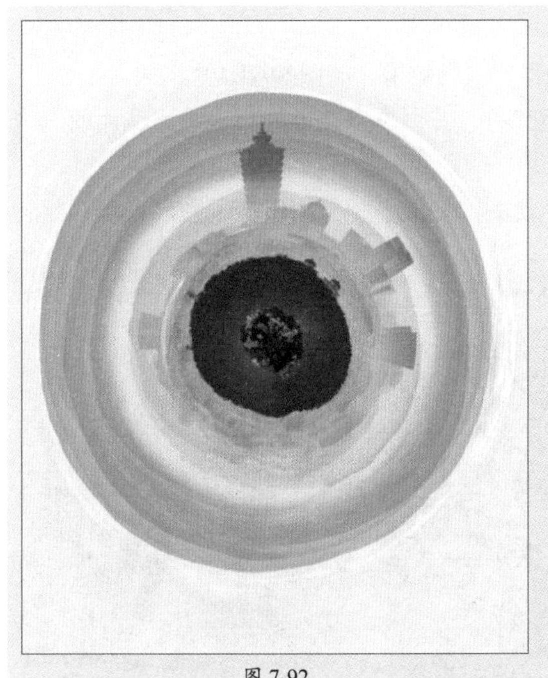
图 7-92

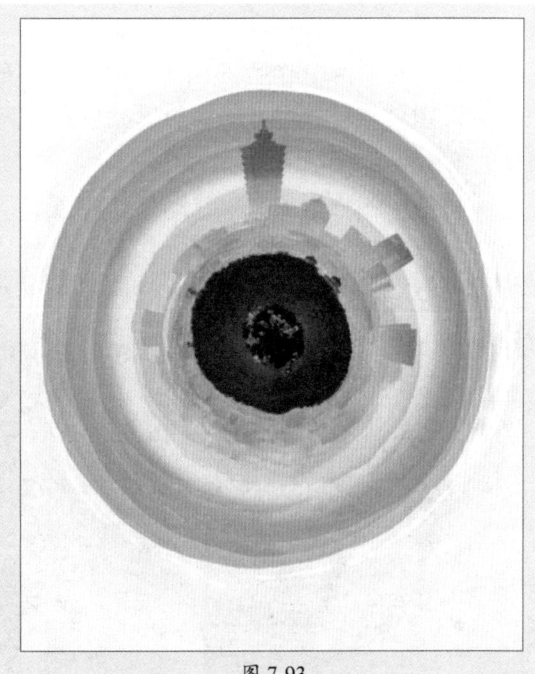
图 7-93

7.3.2 风格化滤镜组——印象派图像效果

风格化滤镜组的滤镜通过置换像素和通过查找并增加图像的对比度，在选区中生成绘画或印象派的效果。执行“滤镜”|“风格化”命令，弹出其子菜单，执行相应的菜单命令即可实现滤镜效果。

- **查找边缘：** 用相对于白色背景的黑色线条勾勒图像的边缘，图7-94、图7-95所示为应用该滤镜前后的效果。
- **等高线：** 查找主要亮度区域，并为每个颜色通道勾勒出主要亮度区域，以获得与等高线图中的线条类似的效果，如图7-96所示。

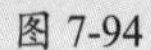

图 7-94

图 7-95

图 7-96

- **风：** 在图像中放置细小的水平线条来获得风吹的效果，如图7-97所示。
- **浮雕效果：** 通过将选区的填充色转换为灰色，并用原填充色描画边缘，从而使选区显得凸起或压低，如图7-98所示。
- **扩散：** 按指定的方式移动相邻的像素，使图像形成一种类似于透过磨砂玻璃观察物体的模糊效果。
- **拼贴：** 该滤镜可以将图像分解为一系列块状，使其偏离原来的位置，如图7-99所示。

图 7-97

图 7-98

图 7-99

- **曝光过度：** 混合负片和正片图像，类似于显影过程中将摄影照片短暂曝光，如图7-100所示。
- **凸出：** 将图像分解成一系列大小相同且重叠的立方体或椎体，以生成特殊的3D效果，如图7-101所示。
- **油画：** 为图像添加油画效果，如图7-102所示。

图 7-100

图 7-101

图 7-102

7.3.3 模糊滤镜组——柔化选区图像

模糊滤镜组的滤镜可以不同程度地柔化选区或整个图像。执行“滤镜”|“模糊”命令，弹出其子菜单，执行相应的菜单命令即可实现滤镜效果。

- **表面模糊：** 在保留边缘的情况下模糊图像。
- **动感模糊：** 沿指定方向以指定强度进行模糊，类似于以固定的曝光时间给一个移动的对象拍照，图7-103、图7-104所示为应用前后的效果。
- **方框模糊：** 基于相邻像素的平均颜色值来模糊图像，如图7-105所示。

图 7-103

图 7-104

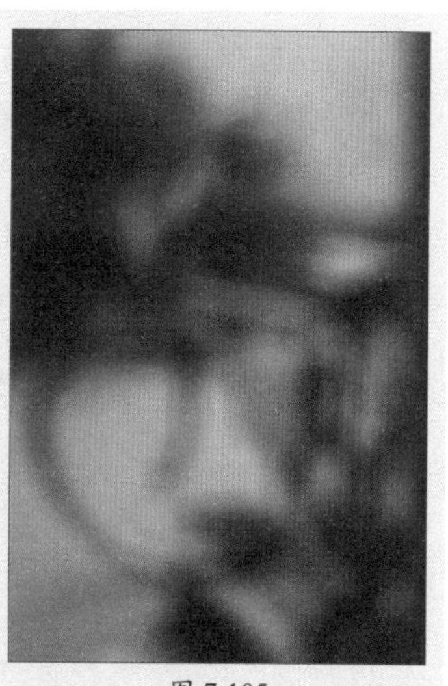
图 7-105

- **高斯模糊：** 使用可调整的量快速模糊选区。该滤镜添加低频细节，以产生朦胧效果，如图7-106所示。
- **模糊：** 该滤镜使图像变得模糊一些，它能去除图像中明显的边缘或非常轻度的柔和边缘，如同在照相机的镜头前加入柔光镜所产生的效果。
- **进一步模糊：** 在图像中有显著颜色变化的地方消除杂色。比“模糊”滤镜产生的效果强度增加3～4倍。
- **径向模糊：** 模拟缩放或旋转的相机所产生的模糊，产生一种柔化的模糊，如图7-107所示。
- **镜头模糊：** 向图像中添加模糊以产生更窄的景深效果，以便使图像中的一些对象在焦点内，而使另一些区域变模糊，如图7-108所示。

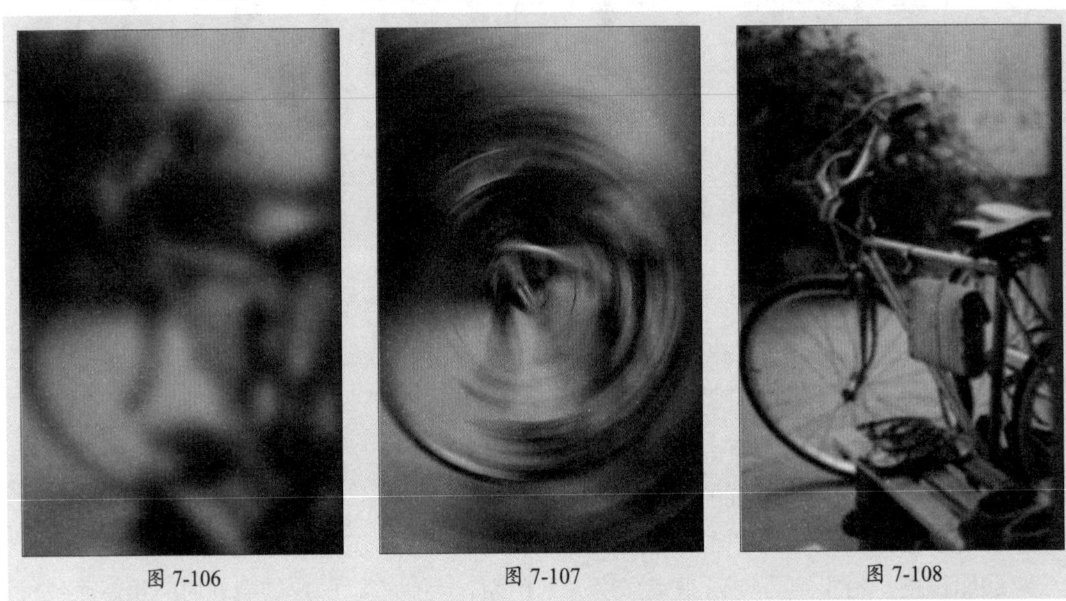
图 7-106　图 7-107　图 7-108

- **平均：** 找出图像或选区中的平均颜色，用该颜色填充图像或选区以创建平滑的外观，如图7-109所示。
- **特殊模糊：** 找出图像的边缘并对边界线以内的区域进行模糊处理。它的优点是在模糊图像的同时仍使图像具有清晰的边界，有助于去除图像色调中的颗粒、杂色，从而产生一种边界清晰中心模糊的效果，如图7-110所示。
- **形状模糊：** 使用指定的形状来创建模糊，如图7-111所示。

图 7-109

图 7-110

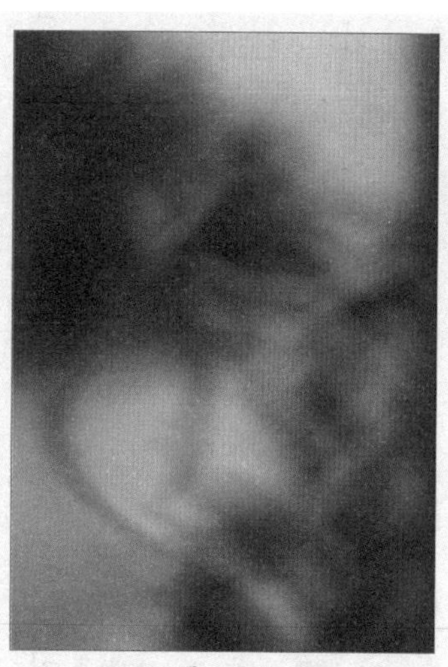
图 7-111

操作提示

模糊画廊滤镜组的滤镜可通过直观的图像控件快速创建截然不同的照片模糊效果。执行“滤镜”|“模糊画廊”命令，弹出其子菜单，执行相应的菜单命令即可实现滤镜效果。该滤镜组下的滤镜命令都可以在同一个对话框中进行调整选择，如图7-112所示。

图 7-112

该对话框中部分选项的功能如下。

- **场景模糊：** 通过定义具有不同模糊量的多个模糊点来创建渐变的模糊效果。将多个图钉添加到图像上，并指定每个图钉的模糊量，最终结果是合并图像上所有模糊图钉的效果。也可在图像外部添加图钉，对边角应用模糊效果。
- **光圈模糊：** 可使图片模拟浅景深效果，而不管使用的是什么相机或镜头。也可定义多个焦点，这是使用传统相机技术几乎不可能实现的效果。
- **移轴模糊：** 模拟倾斜偏移镜头拍摄的图像。此特殊的模糊效果会定义锐化区域，然后在边缘处逐渐变得模糊，可用于模拟微型对象的照片。
- **路径模糊：** 沿路径创建运动模糊，还可控制形状和模糊量。Photoshop可自动合成应用于图像的多路径模糊效果。
- **旋转模糊：** 该滤镜可模拟在一点或多点旋转和模糊图像。

7.3.4 扭曲滤镜组——几何扭曲图像

扭曲滤镜组的滤镜可以将图像进行几何扭曲，创建3D或其他整形效果。执行“滤镜”|“扭曲”命令，弹出其子菜单，执行相应的菜单命令即可实现滤镜效果。

- **波浪**：根据设定的波长和波幅产生波浪效果，图7-113、图7-114所示为应用前后的效果。
- **波纹**：在选区上创建波纹起伏的图案，像水池表面的波纹，如图7-115所示。要进一步进行控制，可在“波浪”对话框中调整波纹数量和大小。

图 7-113

图 7-114

图 7-115

- **极坐标**：根据选中的选项，将选区从平面坐标转换到极坐标，或将选区从极坐标转换到平面坐标，如图7-116所示。
- **挤压**：使全部图像或选区图像产生向外或向内挤压的变形效果，如图7-117所示。
- **切变**：通过拖动框中的线条来指定曲线，沿所设曲线扭曲图像，如图7-118所示。

图 7-116

图 7-117

图 7-118

- **球面化**：通过将选区折成球形、扭曲图像以及伸展图像以适合选中的曲线，使对象具有3D效果，如图7-119所示。

- **水波：** 根据选区中像素的半径将选区径向扭曲，如图7-120所示。
- **旋转扭曲：** 旋转选区，中心的旋转程度比边缘的旋转程度大。指定角度时可生成旋转扭曲图案，如图7-121所示。
- **置换：** 使用名为“置换图”的图像来确定如何扭曲选区。

图 7-119

图 7-120

图 7-121

7.3.5 锐化滤镜组——聚焦模糊图像

锐化滤镜组的滤镜主要是通过增加相邻像素的对比度来聚焦模糊的图像。执行“滤镜”|“锐化”命令，弹出其子菜单，执行相应的菜单命令即可实现滤镜效果。

- **USM锐化：** 调整边缘细节的对比度，并在边缘的每侧生成一条亮线和一条暗线，图7-122、图7-123所示为应用前后的效果。
- **防抖：** 可有效地降低由于抖动而产生的模糊。
- **进一步锐化：** 通过增强图像相邻像素的对比度来达到清晰图像的目的，锐化效果强烈。
- **锐化：** 增加图像像素之间的对比度，使图像清晰化，锐化效果微小。
- **锐化边缘：** 只锐化图像的边缘，同时保留总体的平滑度。
- **智能锐化：** 通过设置锐化算法或控制阴影和高光中的锐化量来锐化图像。

图 7-122

图 7-123

7.3.6 像素化滤镜组——添加色块效果

像素化滤镜组的滤镜可通过使单元格中颜色值相近的像素结成块来清晰地定义一个选区。执行“滤镜”|“像素化”命令，弹出其子菜单，执行相应的菜单命令即可实现滤镜效果。

- **彩块化：** 使纯色或相近颜色的像素结成相近颜色的像素块。使用此滤镜可以使扫描的图像看起来像手绘图像，或使现实主义图像类似抽象派绘画。
- **彩色半调：** 模拟在图像的每个通道上使用放大的半调网屏的效果，图7-124、图7-125所示为应用前后的效果。
- **点状化：** 将图像中的颜色分解为随机分布的网点，如同点状化绘画一样，并使用背景色作为网点之间的画布区域，如图7-126所示。

图 7-124

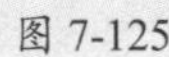

图 7-125

图 7-126

- **晶格化：** 使像素结块形成多边形纯色，如图7-127所示。
- **马赛克：** 使像素结为方形块。给定块中的像素颜色相同，块颜色代表选区中的颜色，如图7-128所示。
- **碎片：** 创建选区中像素的四个副本，将它们平均，并使其相互偏移。
- **铜板雕刻：** 将图像转换为黑白区域的随机图案或彩色图像中完全饱和颜色的随机图案，如图7-129所示。

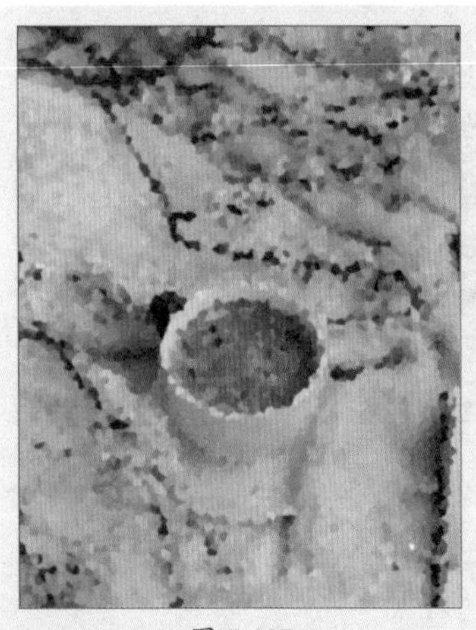

图 7-127

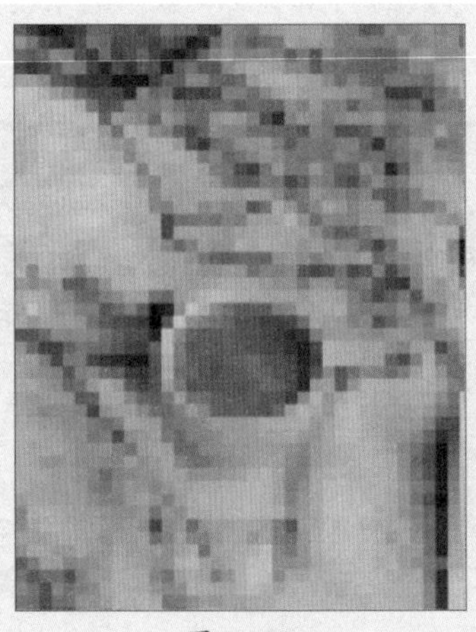

图 7-128

图 7-129

7.3.7 渲染滤镜组——渲染3D效果

渲染滤镜组的滤镜可以在图像中创建3D形状、云彩图案、折射图案和模拟的光反射。也可在3D空间中操纵对象、创建3D对象（立方体、球面和圆柱），并从灰度文件创建纹理填充以产生类似3D的光照效果。执行“滤镜”|“渲染”命令，弹出其子菜单，执行相应的菜单命令即可实现滤镜效果。

- **火焰**：该滤镜可给图像中选定的路径添加火焰效果。
- **图片框**：该滤镜可给图像添加各种样式的边框。
- **树**：该滤镜可给图像添加各种样式的树。
- **分层云彩**：该滤镜可使用前景色和背景色对图像中的原有像素进行差异运算，产生的图像与云彩背景混合，生成反白的效果。
- **光照效果**：该滤镜包括17种不同的光照风格、三种光照类型和4组光照属性，可在RGB图像上制作出各种光照效果，也可加入新的纹理及浮雕效果，使平面图像产生三维立体效果。
- **镜头光晕**：模拟亮光照射到相机镜头所产生的折射，图7-130、图7-131所示为应用前后的效果。
- **纤维**：使用前景色和背景色创建编织纤维的外观效果。
- **云彩**：使用介于前景色与背景色之间的随机值，生成柔和的云彩图案。通常用来制作天空、云彩、烟雾等效果。

图 7-130

图 7-131

7.3.8 杂色滤镜组——添加/移去杂色

杂色滤镜组的滤镜用来添加或移去杂色或带有随机分布色阶的像素，有助于将选区混合到周围的像素中，还可以创建与众不同的纹理或移去有问题的区域，如灰尘、划痕。执行“滤镜”|“杂色”命令，弹出其子菜单，执行相应的菜单命令即可实现滤镜效果。

- **减少杂色**：去除扫描照片和数码相机拍摄照片上产生的杂色。
- **蒙尘与划痕**：通过更改相异的像素来减少杂色。
- **去斑**：检测图像的边缘（发生显著颜色变化的区域）并模糊去除那些边缘外的所有选区，在移去杂色的同时保留细节。

- **添加杂色：** 将随机像素应用于图像，模拟在高速胶片上拍照的效果。
- **中间值：** 通过混合选区中像素的亮度来减少图像的杂色。

7.3.9　其他滤镜组——调整自定颜色

其他滤镜组的滤镜允许创建自定义滤镜，使用滤镜修改蒙版，或在图像中使选区发生位移和快速调整颜色。执行"滤镜" | "其他"命令，弹出其子菜单，执行相应的菜单命令即可实现滤镜效果。

- HSB/HSL：可以把图像中每个像素的RGB转化成HSB或HSL。
- **高反差保留：** 在有强烈颜色转变发生的地方按指定的半径保留边缘细节，并且不显示图像的其余部分。与"高斯模糊"滤镜效果相反。
- **位移：** 将选区移动指定的水平量或垂直量，选区的原位置将变成空白区域。
- **自定：** 创建、存储自定义滤镜。可更改图像中每个像素的亮度值，根据周围的像素值为每个像素重新指定一个值。
- **最大值：** 用周围像素的最高亮度值替换当前像素的亮度值，有应用展开（扩张）的效果：展开白色区域并阻塞黑色区域。
- **最小值：** 用周围像素的最低亮度值替换当前像素的亮度值，有应用阻塞（腐蚀）的效果：收缩白色区域并展开黑色区域。

课堂实战　制作一轮明月

本章课堂实战为制作一轮明月，以综合练习本章的知识点，熟练掌握和巩固使用图层样式中外发光、内阴影、渐变叠加、渲染滤镜以及扭曲滤镜组滤镜的应用效果。下面进行操作思路的介绍。

步骤 01 将素材文件拖曳至Photoshop中，使用椭圆选区工具绘制选区并填充白色，如图7-132所示。

步骤 02 双击该图层，在弹出的"图层样式"对话框中添加"外发光"和"内阴影"样式，效果如图7-133所示。

图 7-132

图 7-133

步骤 03 载入选区后，执行“滤镜”|“渲染”|“云彩”命令，为其添加云彩滤镜效果，如图7-134所示。

步骤 04 执行“滤镜”|“扭曲”|“球面化”命令，数量设置为100%，如图7-135所示。

图 7-134

图 7-135

步骤 05 添加“渐变叠加”图层样式，效果如图7-136所示。

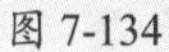

图 7-136

步骤 06 按Ctrl+B组合键，调整“色彩平衡”参数，如图7-137所示。

图 7-137

课后练习 制作塑料薄膜效果

下面将综合使用多个滤镜命令以及图层样式来制作塑料薄膜效果，如图7-138所示。

图 7-138

1. 技术要点

- 新建图层后执行“云彩”命令并“液化”调整；
- 在“滤镜库”中添加“绘画涂抹”和“铬黄渐变”效果；
- 选择高光部分复制，设置图层样式为“滤色”并调整明暗对比。

2. 分步演示

如图7-139所示。

图 7-139

拓展赏析

非遗之传统曲艺

曲艺是中华民族各种说、拉、弹、唱等艺术的统称，它是由民间口头文学和歌唱艺术经过长期发展演变形成的一种独特的艺术形式。

赫哲族伊玛堪是我国唯一入选世界级曲艺非遗名录的曲艺说书艺术。除此之外，还有很多曲艺都入选国家级非遗名录，下面列举具有代表性的10类。

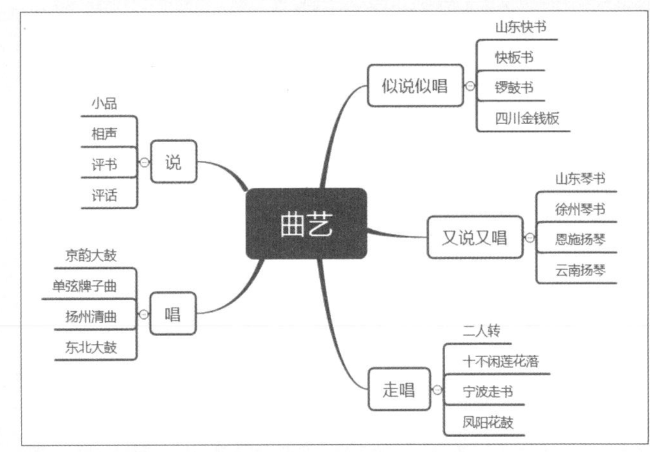

图 7-140

- **赫哲族伊玛堪：** 赫哲族伊玛堪是赫哲族的曲艺说书形式，表演形式为一个人说唱结合地进行徒口叙述，大体上以说为主，以唱为辅，没有乐器伴奏。
- **相声：** 主要功夫分说、学、逗、唱四门功课。根据表演形式的不同可以分为相声、对口相声、群口相声等，以滑稽、讽刺见长，充满戏剧性。
- **评书：** 评书，又称说书、讲书，是一种古老的中国传统口头讲说表演艺术形式。评书一般篇幅较长且故事性强，人物性格鲜明突出，细节描写较多。入选国家级非遗产名录的很多，其中北京评书和苏州评话最具代表性。
- **大鼓：** 演员自击鼓板演唱，伴奏乐器主要为三弦、四胡、扬琴等。大鼓曲艺曲种繁多，其中山东大鼓、东北大鼓、京韵大鼓、胶东大鼓等入选国家级非遗名录。
- **琴书：** 因演唱时用扬琴为主要伴奏乐器而得名。有说有唱，一般以唱为主，以说为辅。琴书种类很多，其中山东琴书、徐州琴书、翼城瑟书、曲沃琴书入选国家级非遗产名录。
- **快板：** 早年称作“数来宝”，有单口、对口、群口三种表演方式。快板分支众多，其中数来宝、莲化落、陕西快板、四川金钱板等入选国家级非遗名录。
- **弹词：** 集说、唱、弹于一体的一种传统曲艺形式。弹词分支众多，其中苏州弹词、四明弹词、绍兴平湖调、木鱼歌、扬州弹词等入选国家级非遗名录。
- **粤曲：** 由粤语演唱，源于戏曲声腔，重唱功。表演形式除继承传统的清唱外，还发展了说唱、弹唱、表演唱、小组唱、小合唱等。
- **时调小曲：** 源于民间歌曲，时调小曲品种繁多，其中天津时调、祁阳小调、扬州清曲、南曲、四川清音等入选国家级非遗产名录。
- **二人转：** 主要来源于东北大秧歌和河北的莲花落，表现形式为一男一女，服饰鲜艳，手拿扇子、手绢，边走边唱边舞，表现一段故事，唱腔高亢粗犷，唱词诙谐风趣。在东北民间流传着“宁舍一顿饭，不舍二人转”的说法。

素材文件

视频文件

第8章

图像的自动化处理

内容导读

本章将对图像的自动化处理进行讲解，包括认识动作面板、应用预设、创建和编辑动作；执行批处理、PDF演示文稿、联系表、Photomerge及图像处理器命令等快捷方便的自动处理图像。

思维导图

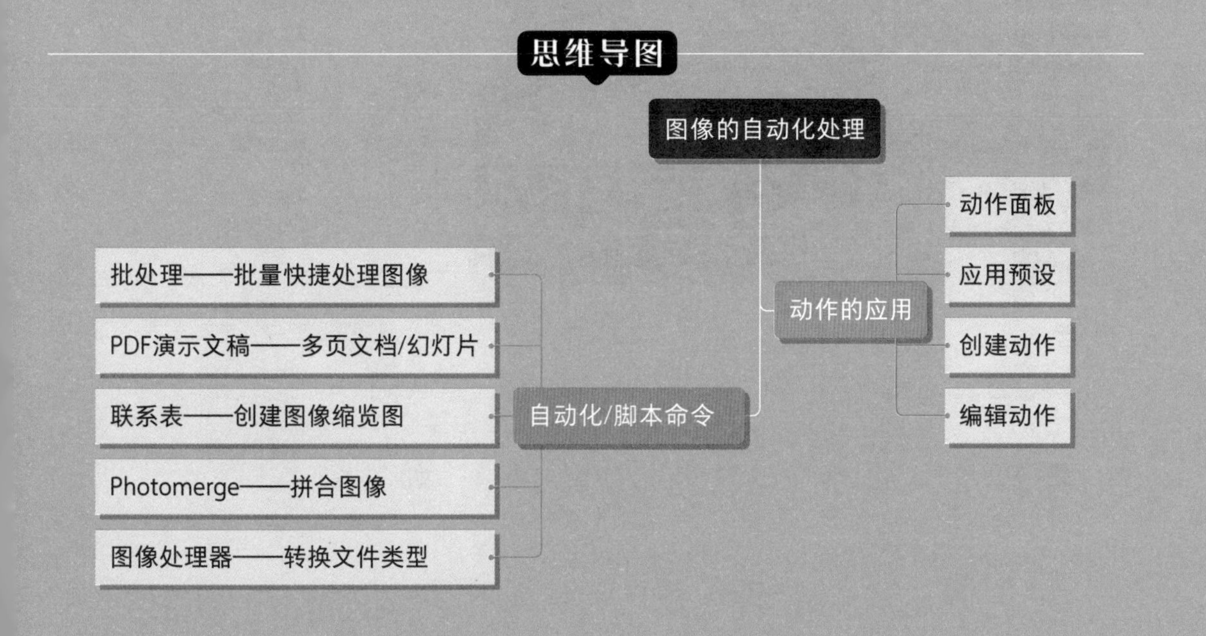

8.1 动作的应用

动作是Photoshop图像制作与处理自动化功能的一种独特方式，是一系列录制命令的集合。可以将经常进行的工作任务按执行顺序录制成动作命令，执行命令可以减轻烦琐的工作负担，提高工作效率。

操作提示

大多数命令和工具操作都可以记录在动作中，但它也有无能为力的时候，以下为不能被直接记录的命令和操作：

- 使用钢笔工具手绘的路径；
- 画笔工具、污点修复画笔工具和仿制图章工具等进行的操作；
- 在选项栏、面板和对话框中的部分参数；
- 窗口和视图中的大部分参数。

8.1.1 案例解析：应用预设动作

在学习动作的应用之前，可以跟随以下操作步骤了解并熟悉如何应用并更改预设动作的参数。

步骤 01 将素材文件拖曳至Photoshop中，如图8-1所示。

步骤 02 按F9键，弹出“动作”面板，在“图像效果”中选择“仿旧照片”，如图8-2所示。

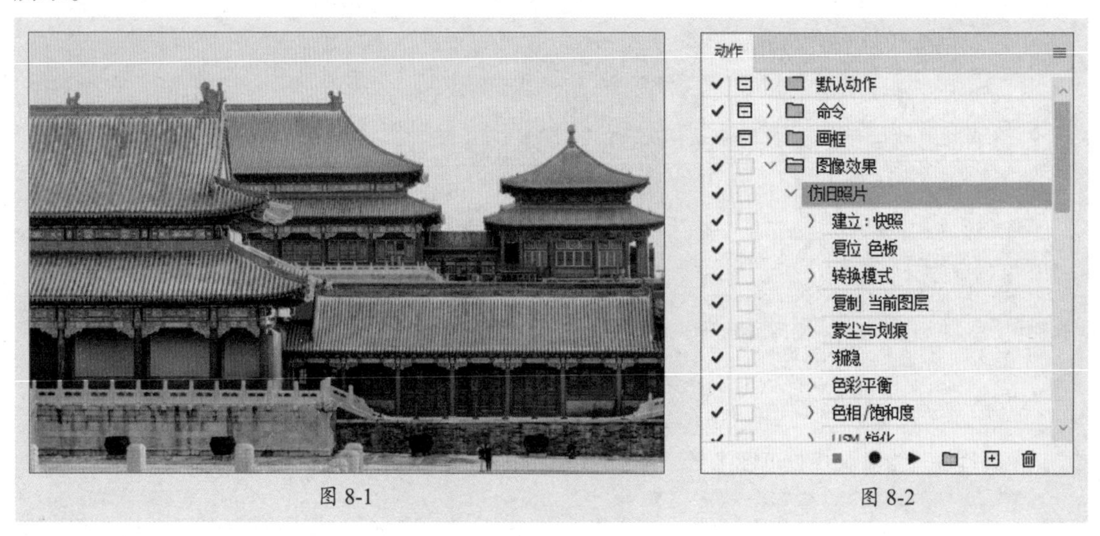

图 8-1　　图 8-2

步骤 03 在“色彩平衡”和“色相饱和度”前单击“切换对话开/关”按钮，如图8-3所示。

步骤 04 单击面板底部的“播放选定的动作”按钮▶，如图8-4所示。

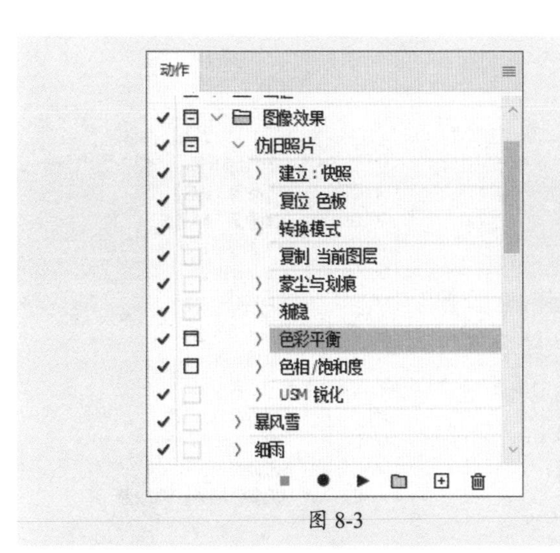

图 8-3

图 8-4

步骤 05 在弹出的“色彩平衡”对话框中更改有关参数，如图8-5所示。

步骤 06 在弹出的“色相/饱和度”对话框中更改有关参数，如图8-6所示。

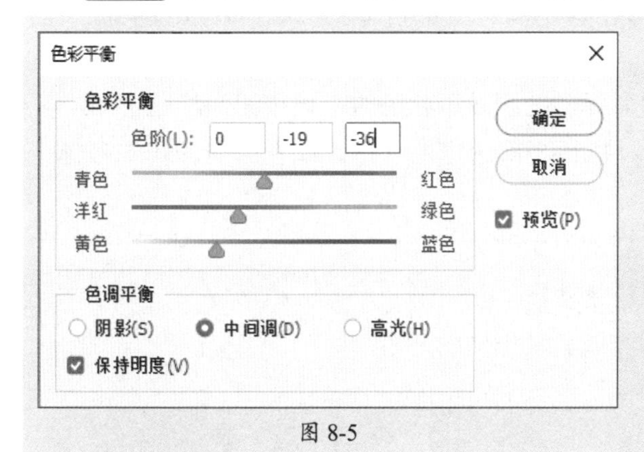

图 8-5

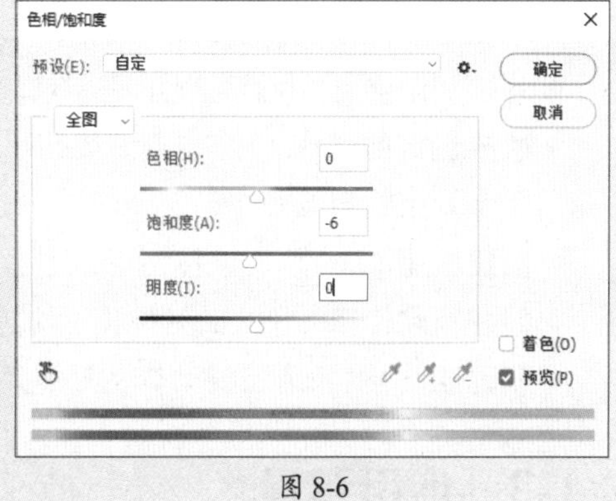

图 8-6

步骤 07 效果如图8-7所示。

步骤 08 使用套索工具绘制选区，如图8-8所示。

图 8-7

图 8-8

8.1.2 动作面板

动作操作基本集中在“动作”面板里，执行“窗口”|“动作”命令或按F9功能键，即可打开“动作”面板，如图8-9所示。

图 8-9

该面板中主要选项的功能如下。

- **切换对话开/关**▣：用于选择在动作执行时是否弹出各种对话框或菜单。若动作中的命令显示该按钮，表示在执行该命令时会弹出对话框以供设置参数；若隐藏该按钮，则表示忽略对话框，动作按先前设定的参数执行。
- **切换项目开/关**☑：用于选择需要执行的动作。关闭该按钮，可以屏蔽此命令，使其在动作播放时不被执行。
- **停止播放/记录**■：只有当前录制动作按钮处于活动状态时，该按钮才可以使用。单击它可以停止当前的录制操作。
- **开始记录**●：用于为选定动作录制命令。处于录制状态时，该按钮为红色。
- **播放选定的动作**▶：单击该按钮可以执行当前选定的动作，或者当前动作中自选定命令开始的后续命令。
- **创建新组**□：单击该按钮可以创建新动作文件夹。
- **创建新动作**⊞：单击该按钮可以创建新动作。
- **删除**🗑：删除选定的动作文件、动作或者动作中的命令。

8.1.3 应用预设

除了默认动作组外，Photoshop还自带了多个动作组，每个动作组中包含许多同类型的动作。单击“动作”面板右上角的面板菜单按钮，在弹出的菜单中选择相应的动作即可将其载入“动作”面板中。这些可添加的动作组包括命令、画框、图像效果、LAB-黑白技术、制作、流星、文字效果、纹理和视频动作，如图8-10、图8-11所示。

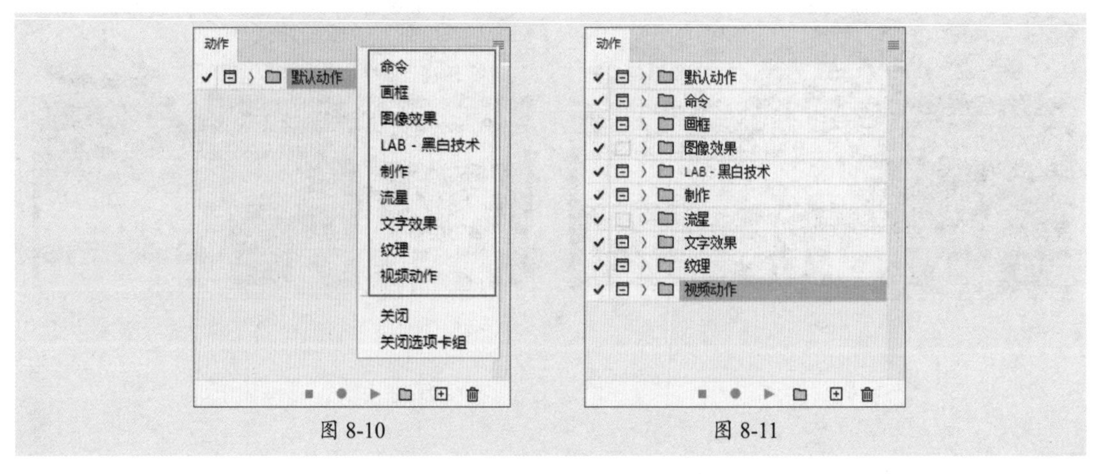

图 8-10　　图 8-11

8.1.4 创建动作

在“动作”面板中，单击面板底部的“创建新组”按钮，在弹出的“新建组”对话框中输入动作组名称，单击“确定”按钮，如图8-12所示。继续在“动作”面板中单击“创建新动作”按钮，弹出“新建动作”对话框，设置名称、组、功能键以及颜色，如图8-13所示。

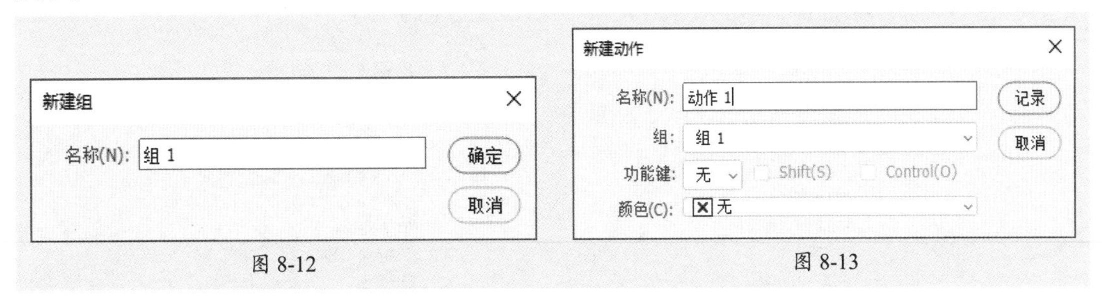

图 8-12　　图 8-13

此时动作面板底部的“开始记录”按钮呈红色。软件便开始记录用户对图像所操作过的每一个动作，待录制完成后单击“停止”按钮即可。

8.1.5 编辑动作

对于录制好的动作，可以根据工作需要对其进行编辑。

1. 指定动作的回放速度

在“动作”面板中可以调整动作的回放速度或将其暂停，以便对动作进行调试。单击“动作”面板右上角的按钮，在弹出的菜单中选择“回放选项”选项，在弹出的“回放选项”对话框中有三个单选按钮，用于控制播放动作的速度，如图8-14所示。

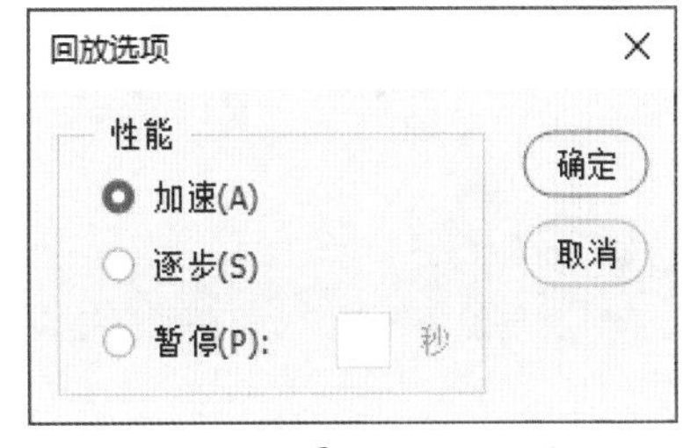

图 8-14

该面板中主要选项的功能如下。

- **加速：** Photoshop默认设置，执行动作时速度较快。
- **逐步：** 启用该选项，在面板中将以蓝色显示当前运行的操作步骤，一步一步地完成动作命令。
- **暂停：** 启用该选项，在执行动作时，每一步都暂停，暂停的时间由右侧文本框中的数值决定，调整范围为1～60秒。

2. 管理动作

在“动作”面板中可重新排列、复制、删除、重命名、载入动作等。

（1）重新排列。

在“动作”面板中，将动作拖动到位于另一个动作之前或之后的新位置。当突出显示行出现在所需的位置时，松开鼠标按钮即可重新排列动作的顺序。

（2）复制/删除动作。

复制动作、命令可执行以下操作：

- 选择命令或动作，拖动至面板底部的“创建新动作”按钮⊞处。
- 选择命令或动作，在面板的“菜单”中选择“复制”选项。
- 按住Alt键并将动作或命令拖动到“动作”面板中的新位置。当突出显示行出现在所需位置时，松开鼠标按钮，如图8-15、图8-16所示。

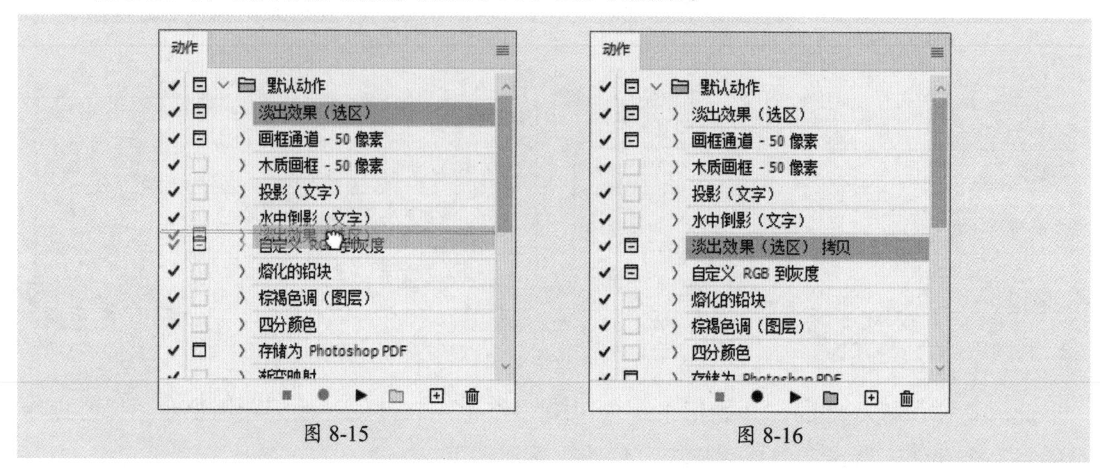

图 8-15　　图 8-16

删除动作、命令可执行以下操作：

- 选择命令或动作，拖动至面板底部的“删除”按钮🗑处。
- 选择命令或动作，在面板的“菜单”中选择“删除”选项。
- 选择命令或动作，直接单击“删除”按钮🗑，在弹出的提示框中单击“确定”按钮完成删除。
- 选择命令或动作，按住Alt键并单击“删除”按钮🗑直接删除。

若删除全部动作，可在面板的“菜单”中选择“清除全部动作”选项。

（3）重命名动作。

重命名可执行以下操作：

- 双击该动作或动作组的名称，重新输入名称即可。
- 在面板的“菜单”中选择“动作选项”命令，在弹出的“动作选项”对话框中重新命名，如图8-17所示。

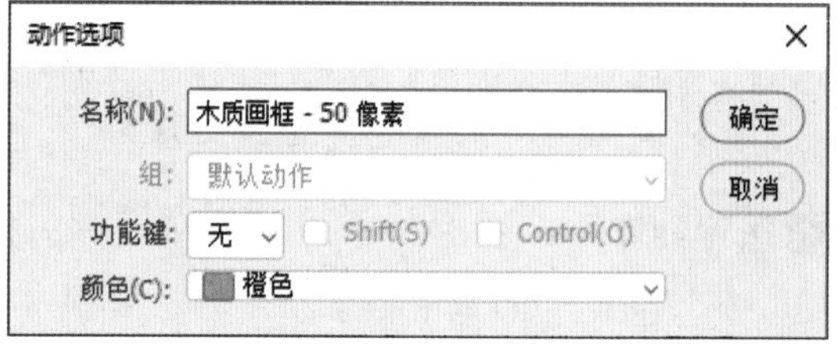

图 8-17

（4）载入动作。

默认情况下，“动作”面板显示预定义的动作和已创建的所有动作，也可以将其他动作载入“动作”面板。在面板的“菜单”中选择“载入动作”命令，在弹出的“载入”对话框中选择ATN格式文件，单击“载入”按钮即可载入。

8.2 自动化/脚本命令

除了快捷地执行动作，还可以结合Photoshop中的一些自动化命令，如操作批处理、图像处理器等，其中一些工具适合于在动作中使用，熟练掌握这些自动化命令，可以提高工作效率。

8.2.1 案例解析：制作千图成像效果

在学习修复图像瑕疵之前，可以跟随以下操作步骤了解并熟悉使用污点修复工具以及修补工具修复图像。

步骤 01 准备60张风景素材，如图8-18所示。

步骤 02 将素材文件拖曳至Photoshop中，分别裁剪为1：1尺寸的图像，如图8-19所示。

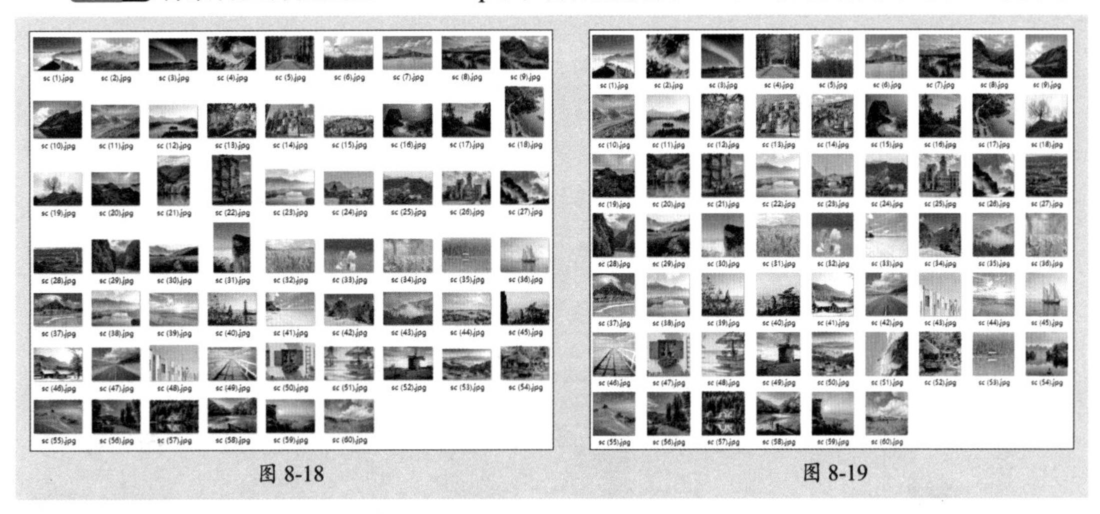

图 8-18　　图 8-19

步骤 03 执行“文件”|“自动”|“联系表Ⅱ”命令，在弹出的“联系表Ⅱ”对话框中设置有关参数，如图8-20所示。

步骤 04 自动生成图像，如图8-21所示。

图 8-20　　图 8-21

步骤 05 使用移动工具调整图像位置，如图8-22所示。

步骤 06 按C键切换至裁剪工具，在选项栏中设置相关参数，调整裁剪框，裁掉白色背景部分，如图8-23所示。

图 8-22

图 8-23

步骤 07 按Ctrl+Alt+Shift+E组合键盖印图层，选择带有蒙版的图层创建组后隐藏，如图8-24所示。

步骤 08 按Ctrl++Shift+U组合键去色，如图8-25所示。

图 8-24

图 8-25

步骤 09 执行“编辑”|“定义图案”命令，在弹出的“图案名称”对话框中设置有关参数，如图8-26所示。

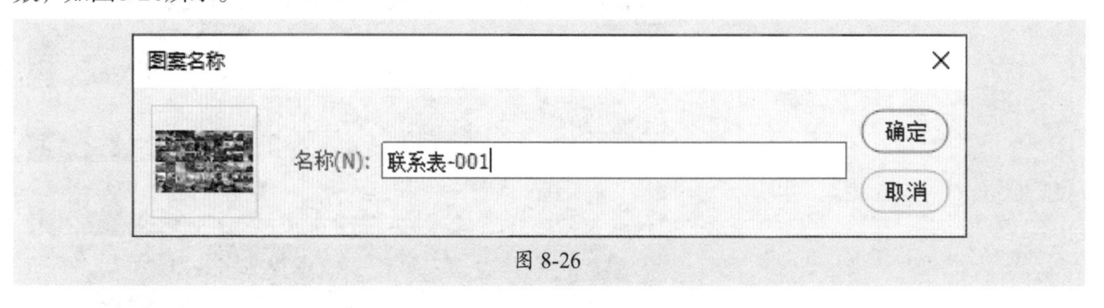

图 8-26

步骤 10 打开素材图像，按Ctrl+J组合键复制图层，如图8-27所示。

步骤 11 执行“滤镜”|“模糊”|“高斯模糊”命令，在弹出的“高斯模糊”对话框中

设置有关参数，效果如图8-28所示。

图 8-27

图 8-28

步骤 12 执行“滤镜”|“像素化”|“马赛克”命令，在弹出的“马赛克”对话框中设置有关参数，效果如图8-29所示。

步骤 13 更改图层不透明度为60%，如图8-30所示。

图 8-29

图 8-30

步骤 14 在“图层”面板中创建“图案”填充调整图层，在弹出的“图案填充”对话框中调整有关参数，如图8-31所示。

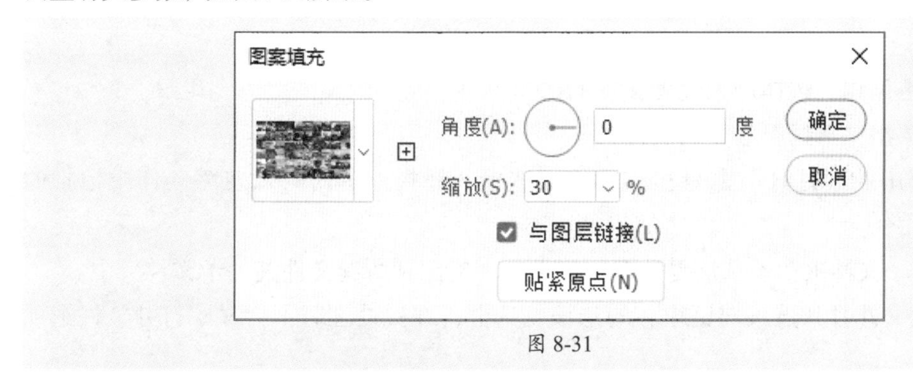

图 8-31

步骤 15 填充效果如图8-32所示。

步骤 16 在“图层”面板中更改图层的混合模式为“柔光”，效果如图8-33所示。

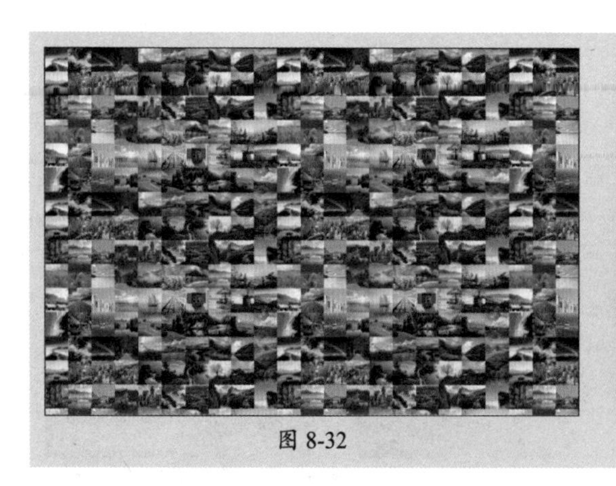

图 8-32

图 8-33

8.2.2 批处理——批量快速处理图像

批处理图像即成批量地对图像进行整合处理。批处理命令可以自动执行“动作”面板中已定义的动作，即将多步操作组合在一起作为一个批处理命令，快速应用于多张图像，同时对多张图像进行处理。执行“文件”|“自动”|“批处理”命令，弹出“批处理”对话框，如图8-34所示。

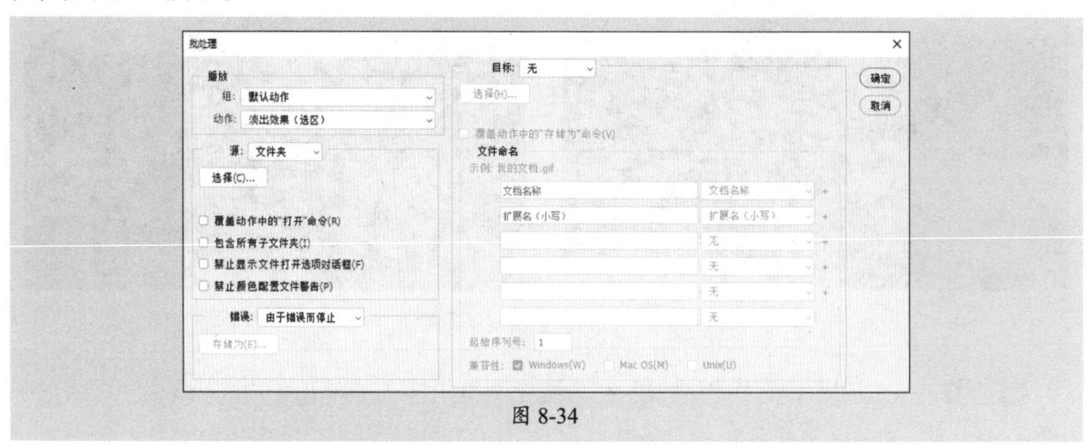

图 8-34

该对话框中主要选项的功能如下。

- **“播放”选项组：**选择用来处理文件的动作。
- **“源”选项组：**选择要处理的文件。
- **覆盖动作中的“打开”命令：**勾选该复选框，在批处理时可以忽略动作中记录的“打开”命令。
- **包含所有子文件夹：**勾选该复选框，将批处理应用到所选文件夹的子文件夹中。
- **禁止显示文件打开选项对话框：**勾选该复选框，在批处理时不会显示打开文件选项对话框。
- **禁止颜色配置文件警告：**勾选该复选框，在批处理时会关闭显示颜色方案信息。
- **“目标”选项组：**设置完成批处理以后文件所保存的位置。“无”：不保存文件，文件仍处于打开状态。“存储并关闭”：将保存的文件保存在原始文件夹并覆盖原始文件。“文件夹”：选择并单击下面的“选择”按钮，可以指定文件夹来保存。

8.2.3 PDF演示文稿——多页文档/幻灯片

在Photoshop中可以使用各种图像来创建多页文档或幻灯片演示文稿。执行“文件”|“自动”|“创建PDF演示文稿”命令，弹出“PDF演示文稿”对话框，如8-35图所示。

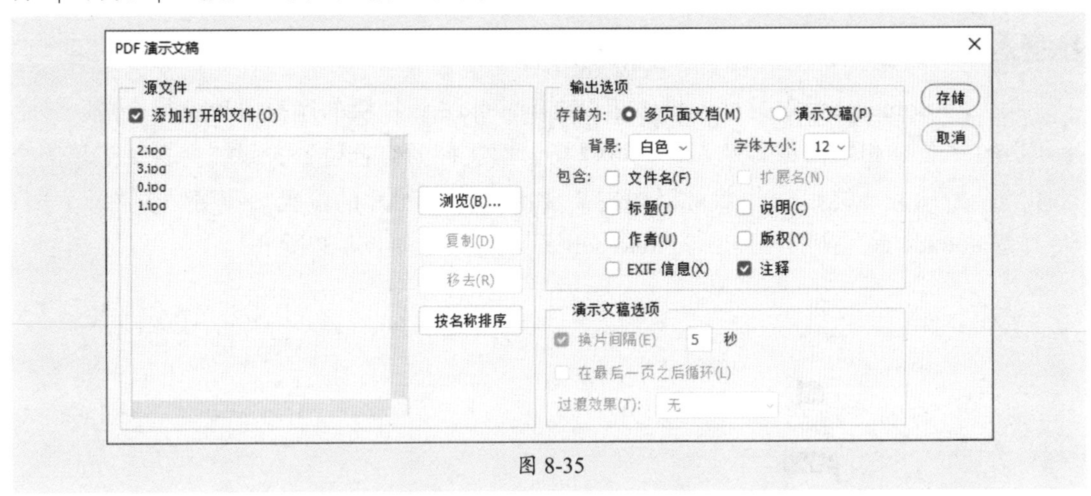

图 8-35

该对话框中主要选项的功能如下。

- **源文件：** 勾选“添加打开的文件”来添加已在Photoshop中打开的文件。单击“浏览”按钮，在弹出的对话框中指定要处理图像所在的文件夹位置。单击“按名称排序”即可按照文件名称排序，选中任意一个文件，可激活“复制”和“移去”选项按钮。
- **输出选项：** 设置输出格式和包含的要素。
- **演示文稿选项：** 勾选“换片间隔”选项，可设置文稿间隔的秒数。

8.2.4 联系表——创建图像缩览图

在Photoshop中可以将多个文件图像自动拼合在一张图里，生成缩览图。执行“文件”|“自动”||“联系表Ⅱ”命令，弹出“联系表Ⅱ”对话框，如图8-36所示。

该对话框中主要选项的功能如下。

- **“源图像”选项区：** 单击“选取”按钮，在弹出的对话框中指定要生成图像缩览图所在文件夹的位置。勾选“包含子文件夹”复选框，选择所在文件夹里所有子文件夹的图像。
- **“文档”选项区：** 设置拼合图片的一些参数，包括尺寸、分辨率以及模式等。勾选“拼合所有图层”复选框则合并所有图层，取消勾选则在图像里生成独立图层。

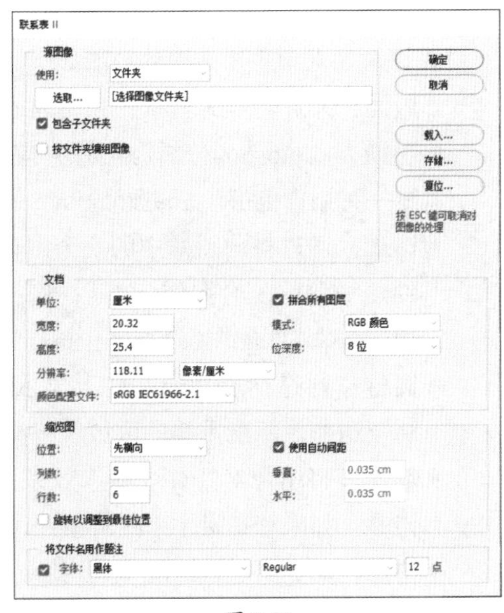

图 8-36

- **“缩览图”选项区：**设置缩览图生成的规则，如先横向还是先纵向、行列数目、是否旋转等。
- **“将文件名用作批注”选项区：**设置是否使用文件名作为图片标注，设置字体与大小。

8.2.5 Photomerge——拼合图像

执行Photomerge命令，可以将照相机在同一水平线拍摄的序列照片进行合成。该命令可以自动重叠相同的色彩像素，也可以指定源文件的组合位置，系统会自动汇集为全景图。全景图完成之后，仍然可以根据需要更改个别照片的位置。执行“文件”|“自动”|“Photomerge”命令，弹出“Photomerge”对话框，如图8-37所示。

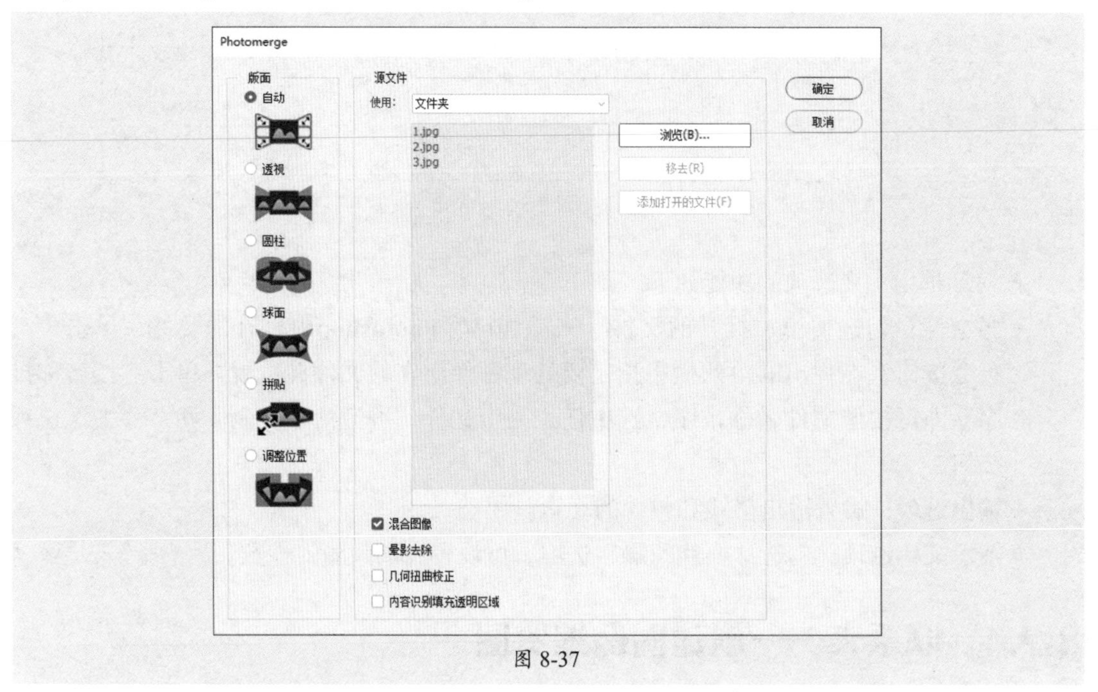

图 8-37

在该对话框中主要选项的功能如下。

- **版面：**设置转换为全景图片时的模式。
- **自动：**Photoshop分析源图像并应用“透视”“圆柱”和“球面”版面，具体取决于哪一种版面能够生成更好的Photomerge。
- **透视：**通过将源图像中的一个图像（默认情况下为中间的图像）指定为参考图像来创建一致的复合图像，然后将变换其他图像（必要时，进行位置调整、伸展或斜切），以便匹配图层的重叠内容。
- **圆柱：**通过在展开的圆柱上显示各个图像来减少在“透视”版面中会出现的“领结”扭曲。匹配重叠的区域，将参考图像居中放置，适用于创建宽全景图。
- **球面：**将图像对齐并变换，效果类似于映射球体内部，模拟观看360度全景的视觉体验。如果您拍摄了一组环绕360度的图像，使用此选项可创建360度全景图。
- **拼贴：**对齐图层并匹配重叠内容，同时变换（旋转或缩放）任何源图层。
- **调整位置：**对齐图层并匹配重叠内容，但不会变换（伸展或斜切）任何源图层。

- **使用：** 包括文件和文件夹。选择文件时，可以直接将选择的文件合并图像；选择文件夹时，可以将选择的文件夹中的文件合并成全景图像。
- **混合图像：** 找出图像间的最佳边界并根据这些边界创建接缝，匹配图像的颜色。关闭“混合图像”时，将执行简单的矩形混合。如果要手动修饰混合蒙版，此操作将更为可取。
- **晕影去除：** 对于由于镜头瑕疵或镜头遮光处理不当而导致边缘较暗的图像，去除晕影并执行曝光度补偿。
- **几何扭曲校正：** 补偿桶形、枕形或鱼眼失真。
- **内容识别填充透明区域：** 使用附近的相似图像内容来无缝填充透明区域。
- **浏览：** 单击该按钮，可选择合成全景图的文件或文件夹。
- **移去：** 单击该按钮，可删除列表中选中的文件。
- **添加打开的文件：** 单击该按钮，可以将软件中打开的文件直接添加到列表中。

8.2.6 图像处理器——转换文件类型

图像处理器能快速地对文件夹中图像的文件格式进行转换，节省工作时间。执行“文件”|“脚本”|“图像处理器”命令，弹出“图像处理器”对话框，如图8-38所示。

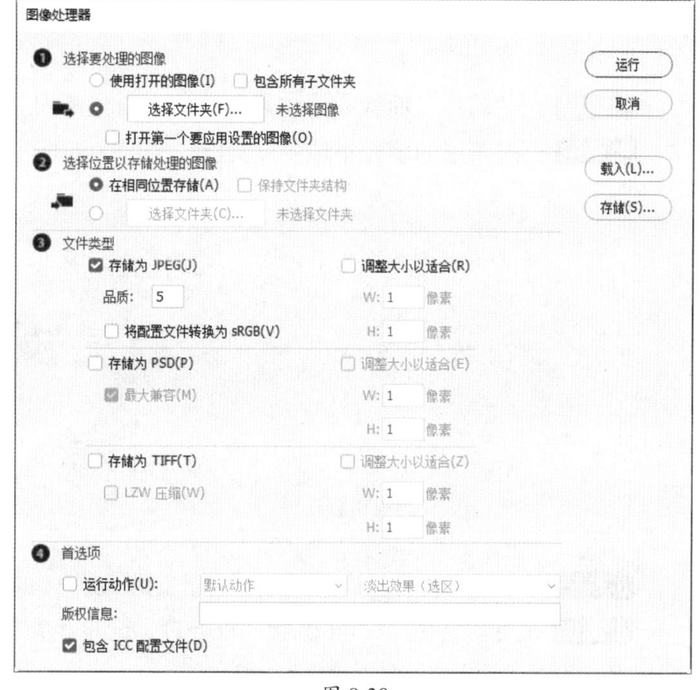

图 8-38

在该对话框中主要选项的功能如下。

- **“选择要处理的图像”选项组：** 单击“选择文件夹”按钮，在弹出的对话框中指定要处理图像所在的文件夹位置。
- **“选择位置以存储处理的图像”选项组：** 单击“选择文件夹”按钮，在弹出的对话框中指定存放处理后图像的文件夹位置。
- **“文件类型”选项组：** 取消勾选“存储为JPEG”复选框，再勾选相应格式的复选框，完成后单击“运行”按钮，此时软件自动对图像进行处理。

操作提示

在“图像处理器”对话框的“文件类型”选项组，可同时勾选多个文件类型的复选框，此时运用图像处理器将同时得到把文件夹中的文件转换为多种文件格式的图像。

课堂实战 批量为图像添加水印

本章课堂实战为批量为图像添加水印，以综合练习本章的知识点，熟练掌握和巩固使用文字工具、图层样式创建动作，执行自动化命令为图像批量添加水印等操作。下面进行操作思路的介绍。

步骤 01 创建一个600像素×500像透明文档，输入水印文字并定义图案，如图8-39所示。

步骤 02 打开素材文件，如图8-40所示。

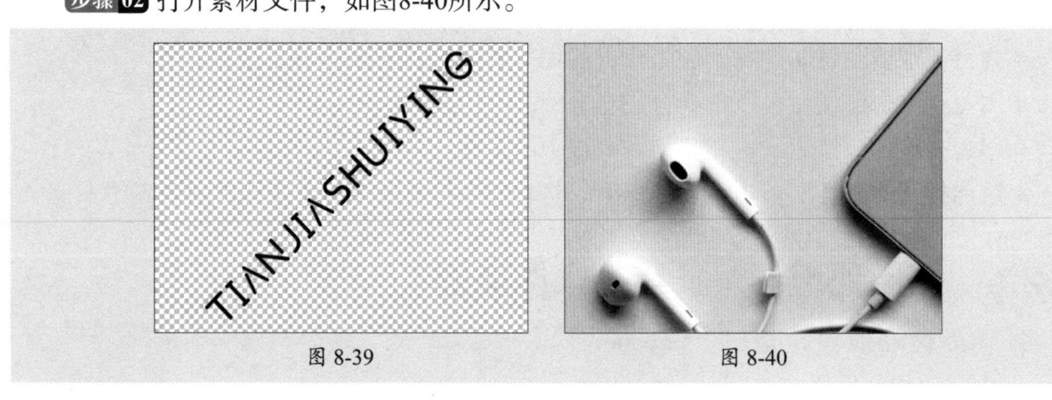

图 8-39　　图 8-40

步骤 03 在“动作”面板中添加水印动作，新建图层并叠加文字图案，如图8-41所示。

步骤 04 调整图层的填充不透明度为0%，如图8-42所示。

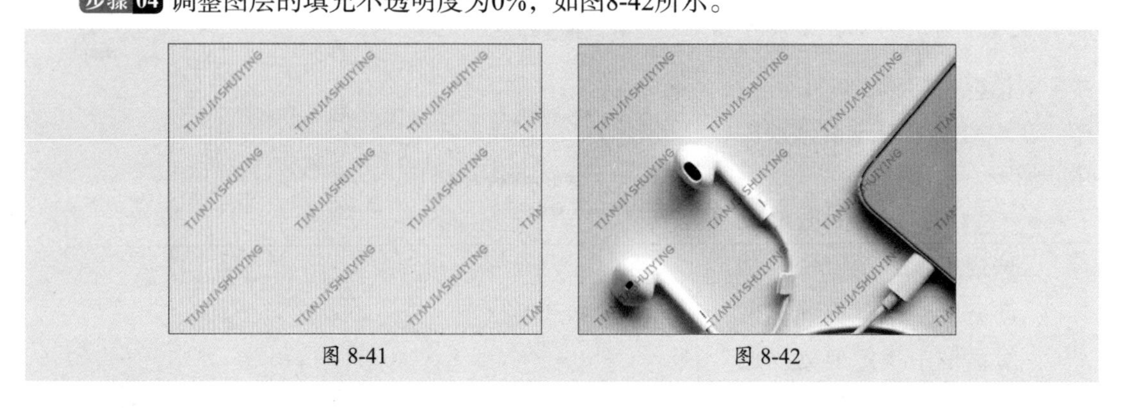

图 8-41　　图 8-42

步骤 05 按Ctrl+E组合键合并图层后停止记录动作，如图8-43所示。

步骤 06 执行“文件”|“自动”|“批处理”命令，在弹出的“批处理”对话框中设置相关参数，系统自动生成，效果如图8-44所示。

图 8-43　　图 8-44

课后练习 拼合全景图

下面将练习执行Photomerge命令将三张图像拼合为一张全景图像，如图8-45所示。

图 8-45

1. 技术要点

- 执行“文件”|“自动”|“Photomerge”命令，添加图形并设置有关参数实现自动拼合；
- 盖印图层；
- 按Ctrl+T组合键自由变换调整显示。

2. 分步演示

如图8-46所示。

图 8-46

拓展赏析

非遗之传统体育、游艺与杂技

传统体育、游艺与杂技作为中华民族宝贵的“活态人文遗产”，涵括了民族体育与竞技、游艺及杂技表演、竞技表演等多种形式，包括蹴鞠、赛龙舟、十八般武艺、马戏、幻术、太极拳、咏春拳、口技、围棋等。

太极拳是我国唯一入选世界级传统体育、游艺与杂技非遗名录的项目。除此之外，还有很多项目入选国家级非遗名录的，下面列举具有代表性的10种。

- **太极拳：**以中国传统儒、道哲学中的太极、阴阳辩证理念为核心思想，集颐养性情、强身健体等多种功能为一体，结合易学的阴阳五行之变化，中医经络学等形成的一种内外兼修、刚柔相济的中国传统拳术。常见的太极拳流派有陈式、杨式、武式等派别，各派既有传承关系，相互借鉴，呈百花齐放之态。
- **象棋：**中国传统棋类益智游戏，与国际象棋及围棋并列世界三大棋类。
- **围棋：**一种策略性两人棋类游戏，中国古时称“弈”，西方名称“GO”。属琴棋书画四艺之一，蕴含着中华文化的丰富内涵，它是中国文化与文明的体现。
- **赛龙舟：**中国端午节的重要习俗活动之一，赛龙舟的起源有多种说法，包括祭曹娥、祭屈原、祭水神等，其起源可追溯至战国时代。
- **少林功夫：**具有完整的技术和理论体系，它以武术技艺和套路为表现形式，而以佛教信仰和禅宗智慧为文化内涵。少林功夫达到了“禅武合一”的精神境界，是中国武术文化最杰出的代表，也是少林文化最具代表性的呈现方式。
- **十八般武艺：**也称“十八般兵器”“十八般武器”，常见于中国古代的戏曲、小说中，指使用各种武术器械的功夫和技能。现代人对其理解则是泛指多种武器，或多种技能。
- **杂技：**亦作“杂伎”，指柔术（软功）、车技、口技、顶碗、走钢丝、变戏法、舞狮子等技艺。吴桥享有“杂技之乡”的美誉，素有“十方杂技九籍吴桥”“没有吴桥人不成杂技班”之说。除此之外，还有聊城杂技、建湖杂技、武汉杂技等。
- **华佗五禽戏：**依据中医学阴阳五行、脏象、经络、气血运行规律，观察禽兽活动姿态，用虎、鹿、猿、熊、鸟等动物形象、动作创编的一套养生健身功法。
- **咏春拳：**以实际的拳术战斗理论为主，以身体结构、关节活动及流体力学开始研究改进，其内容主要包括“小念头”“寻桥”“标指”等。相较其他中国传统武术，更专注于尽快制服对手，以此将当事人的损害降至最低。
- **幻术：**一种精神攻击的方法，通过自身强大的精神意念，和一些看来是不经意但却隐秘的动作、声音、图片、药物或物件使对方陷入精神恍惚的状态而在意识中产生各种各样的幻觉。例如，隔物透视、意念取物、不畏寒暑、米变金鱼、灯上现龙、烧纸现字、啐扇还原、耳边听字等。

素材文件

视频文件

第9章

网页端图像处理工具：稿定设计

内容导读

本章将对网页版的图像处理软件——稿定设计进行讲解，包括稿定模板的编辑应用；叠加模板、调整属性参数、文字设置、边框调整、添加水印等对图片进行编辑；在设计工具中进行高阶应用，例如新建画布、智能抠图、快速拼图、在线PS、图文创作等操作。

思维导图

网页端图像处理工具：稿定设计

- 认识稿定设计
  - 稿定模板
  - 模板编辑
- 图片编辑
  - 模板更改——叠加模板效果
  - 调整——图片的属性调整
  - 文字设置——添加与编辑文字
  - 边框调整——添加多样式边框
  - 添加水印——添加专属标记
- 高阶应用
  - 新建画布——创建空白画板
  - 智能抠图——在线删除图片背景
  - 快速拼图——多张图片快速拼图
  - 在线PS——专业在线PS版本
  - 图文创作——高效设计图文内容

9.1 认识稿定设计

稿定设计网页版可以通过鼠标进行拖、拉等操作在线编辑设计作品，轻松实现创意。在网页上搜索“稿定设计”，选择官网链接进入工作台。首页默认为“为你推荐”模板，包含营销日历，基于行业有丰富的内容推荐，如图9-1所示。

图 9-1

9.1.1 案例解析：制作电商主图

在学习稿定的智能设计之前，可以跟随以下操作步骤了解并熟悉如何在稿定模板中选择并编辑模板。

步骤 01 在“稿定模板”页面中，依次选择“电商淘宝”|“商品主图”选项，选择目标模板，单击创作，如图9-2所示。

图 9-2

步骤 02 在画布中删除多余素材图像，如图9-3所示。

步骤 03 在页面右侧背景图选项中单击“上传图片”，效果如图9-4所示。

步骤 04 删除画布左侧Logo和边框，如图9-5所示。

图 9-3

图 9-4

图 9-5

步骤 05 上传素材Logo置于左上角，如图9-6所示。

步骤 06 双击修改文字，在右侧设置字符有关参数，如图9-7所示。

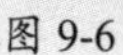
图 9-6

图 9-7

步骤 07 使用相同的方法更改文字内容与大小，如图9-8所示。

步骤 08 选择右下角矩形，吸取蛋糕的颜色进行填充，如图9-9所示。

图 9-8

图 9-9

9.1.2 稿定模板

在稿定模板页面可以通过搜索栏、模板分类标签快速搜索定位，模板搜索高效率。选择任意图片缩览图，单击开始内容创作。单击“稿定模板”按钮，进入模板页面，在该页面中可以选择图片模板、视频模板、H5网页模板以及PPT模板类型，如图9-10所示。

图 9-10

以图片模板为例：在图片模板类型中可以根据场景、物料、行业以及用途选择模板。其中，行业和用途是固定的。单击“更多”按钮更多，可查看全部选项，如图9-11所示。

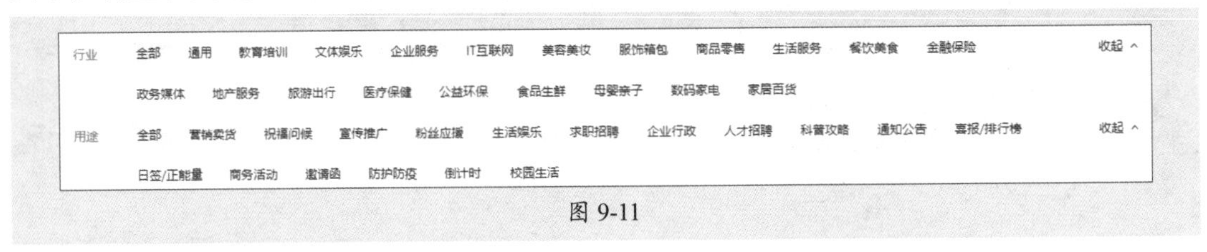

图 9-11

可以选择新媒体、海报设计、电商淘宝、社交生活、印刷物料以及GIF动图。选择不同的场景会有不同的物料选择。

1. 新媒体

在新媒体场景中，可以选择手机海报、视频封面、海报配图、静态表情包、动态表情包、条漫、分割线等，如图9-12所示。

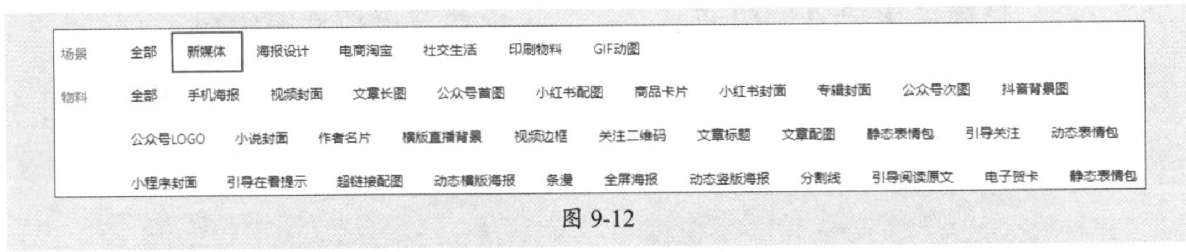

图 9-12

2. 海报设计

在海报设计场景中，可以选择手机海报、长图海报、横版海报/banner、菜单/价目表、宣传单、全屏海报、电子贺卡等，如图9-13所示。

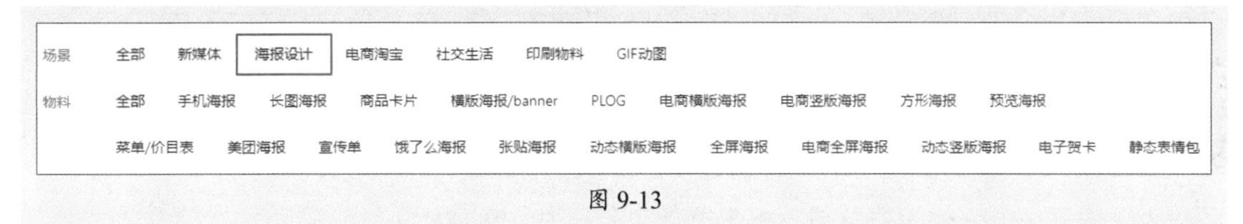

图 9-13

3. 电商淘宝

在电商淘宝场景中，可以选择商品卡片、商品主图、详情页、主图图标、店招、直播间贴片/挂件、胶囊banner、弹窗广告等，如图9-14所示。

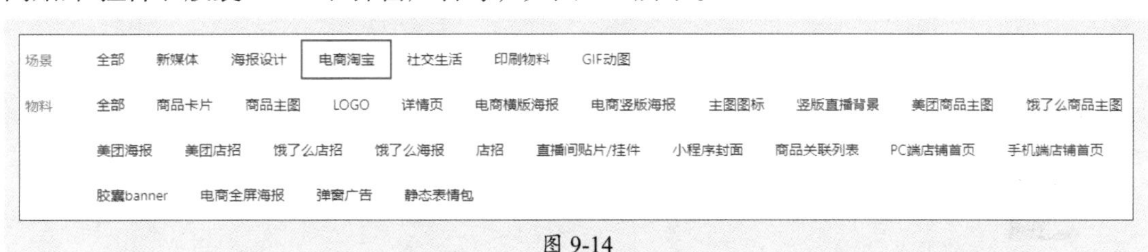

图 9-14

4. 社交生活

在社交生活场景中，可以选择PLOG、电脑壁纸、聊天背景图、手账、朋友圈封面、手机壁纸、宫格图、红包封面等，如图9-15所示。

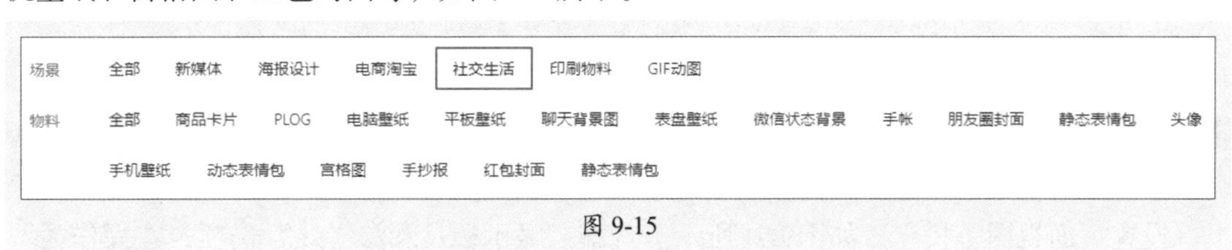

图 9-15

5. 印刷物料

在印刷物料场景中，可以选择画册、证件照、简历、印刷折页、便利贴、明信片、售后卡、名片、优惠券、X展架、KT板等，如图9-16所示。

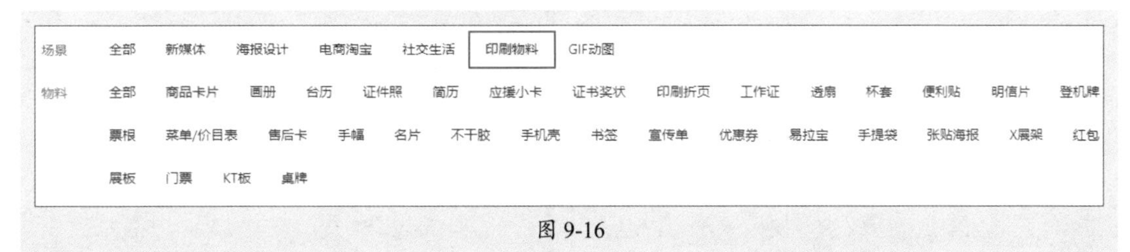

图 9-16

6. GIF 动图

在GIF动图场景中，可以选择手机海报、横版海报/banner、动态表情包、引导在看提示、超链接配图、引导阅读原文等，如图9-17所示。

图 9-17

9.1.3 模板编辑

选择任意一个模板的缩览图，单击开始创作，如图9-18所示。

图 9-18

1. 文件管理

在该页面左上角，单击“文件”按钮☰，在弹出的菜单中可保存文件、管理历史版本、设置页面视图等操作，如图9-19所示。选择“显示标尺和参考线”选项，在操作区域显示标尺，从左端和上端拖动即可创建参考线，如图9-20所示。

图 9-19　　　　图 9-20

2. 挑选素材

在该页面左侧按钮中可挑选系统提供的精美素材，提升设计效率。

- **添加**：可添加图片/视频、文字、形状以及组件，如图9-21所示。
- **模板**：选择任意一个模板，在弹出的提示框中选择“替换当前页面”或“添加为新页面”。
- **素材**：可在热门、类型、用途、节日、风格等菜单选项中选择素材，图9-22所示为类型—便签贴纸—便利贴素材。
- **文字**：可选择基础文字、贴图标记、台词字幕、标题文字等类型文字，如图9-23所示。
- **图片**：可选择春天、职场人士、教育、美食、自然、医疗等类型的图片。
- **我的**：可选择本地上传和手机上传的模板和素材。

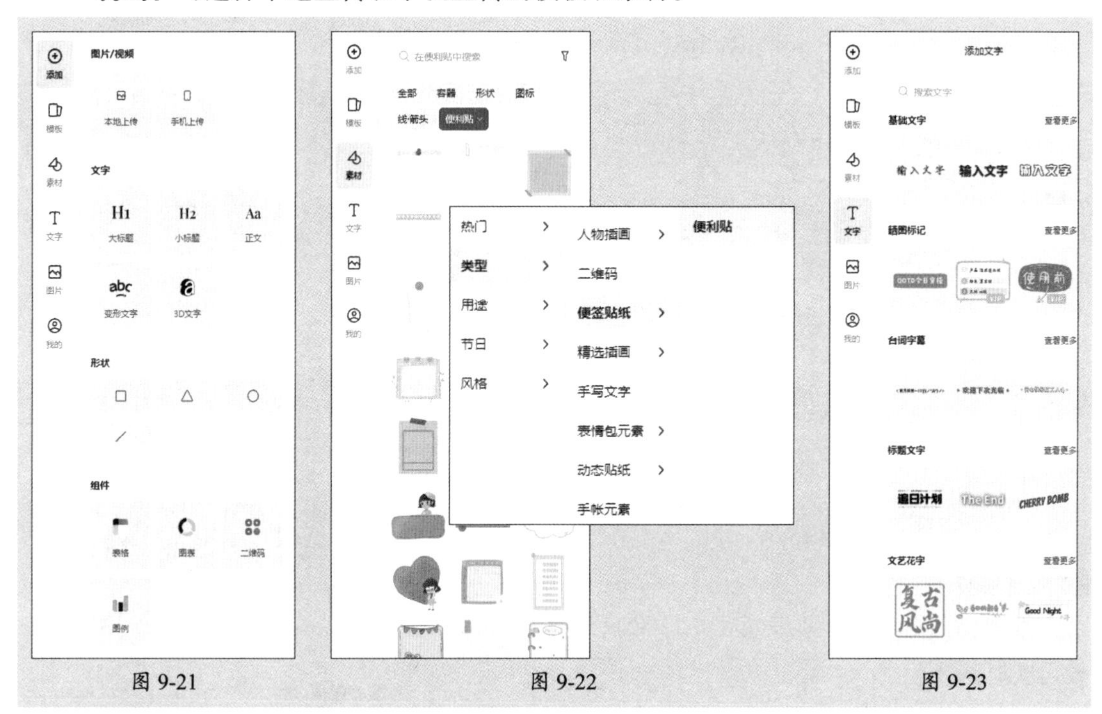

图 9-21　　图 9-22　　图 9-23

3. 页面管理

在该页面左下区域单击“页面”按钮，单击页面右上角的按钮，在弹出的菜单中可选择添加页面、复制并粘贴页面等选项，如图9-24所示。单击按钮添加新页面，如图9-25所示。单击其他缩览图可切换至其他页面。

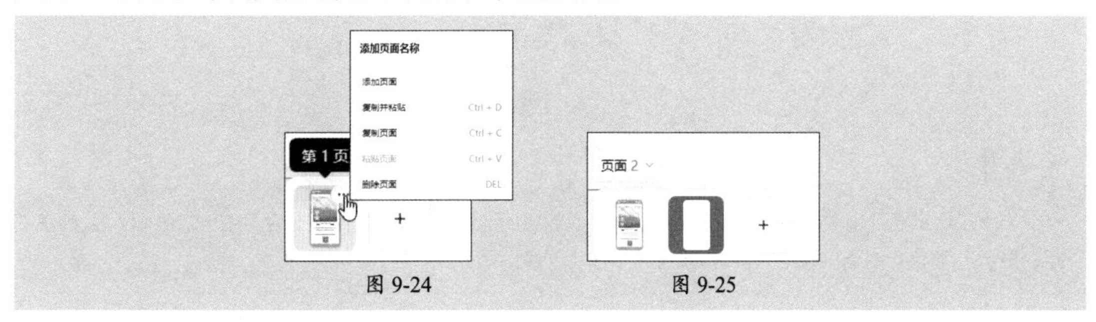

图 9-24　　图 9-25

4. 编辑属性

在页面右侧默认显示调整属性。在设计选项中，会根据所选模板中的元素，有针对性地显示调整选项，图9-26所示为基础调整选项。

选择模板中的任意一个元素会激活“动画”选项，可以设置入场动画、强调动画以及出场动画，图9-27所示为入场动画选项。

选择图片元素后，在设计选项中可调整图层位置、替换图片、裁剪图片，添加滤镜、美化图片，调整特效、蒙版以及不透明度，如图9-28所示；选择文字素材后，可调整文字组显示、文字的字符样式、特效、变形以及不透明度，如图9-29所示。

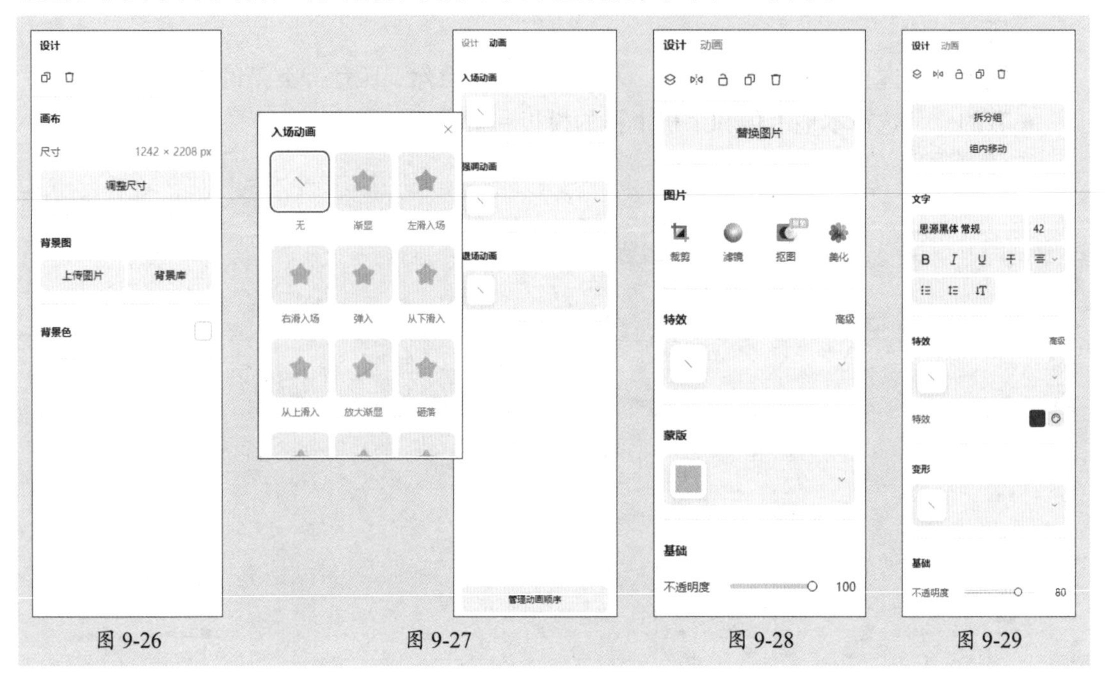

图 9-26　　图 9-27　　图 9-28　　图 9-29

5. 分享协作

设置完成后，可以在页面的右上角区域分享或邀请他人协作，多人协作一份作品，修改可实时同步。

- **分享：**单击该按钮，在弹出的提示框中复制链接即可分享。
- **下载：**单击该按钮，可导出作品，支持多种文件格式，包括JPG、PNG、PDF、PPT等。
- **更多：**单击下载旁的⋮按钮，在弹出的菜单中可分享、下载、保存至公众号、演示等选项，如图9-30所示。

图 9-30

操作提示

当版权提示显示◎时，表示当前作品无版权风险，会员用户可免费商用，非会员用户仅限个人/公益使用。显示◎时，表明当前采用的素材有版权，结算后方可商用。

9.2 图片编辑

在稿定模板中除了多页面的模板素材，还有一些图片素材，在图片编辑页面中可以添加模板、调整参数、标记、文字、水印等。在页面右上角拖动滑块可选择“批量编辑”，单击“添加图片”按钮可添加图片，如图9-31所示。

图 9-31

操作提示

在稿定设计首页的“设计工具”选项页面，找到“图片编辑”按钮，如图9-32所示。单击“开始编辑”按钮，拖放、粘贴或上传图片后，进入图片编辑页面。

图片编辑
简单快速编辑图片
开始编辑

图 9-32

9.2.1 案例解析：编辑风景照片

在学习图片的编辑应用之前，可以跟随以下操作步骤了解并熟悉如何上传、编辑、下载图片。

步骤 01 在稿定设计首页的“设计工具”选项页面，找到“图片编辑”按钮，单击进入并删除素材图片，如图9-33所示。

图 9-33

步骤 02 在画布左侧单击“边框”按钮，进入属性调整页面。选择“实景”选项，如图9-34所示。

图 9-34

步骤 03 在画布左侧单击“调整”按钮，选择“色彩调节”选项，调节有关参数，如图9-35所示。

图 9-35

步骤 04 在画布左侧单击“文字”按钮，进入属性调整页面。单击“添加文字”，输入文字后设置字符参数，如图9-36所示。

图 9-36

9.2.2　模板更改——叠加模板效果

在模板选项中，可互动选择不同的模板样式进行叠加。选择“春日”查看全部，单即可叠加应用，如图9-37所示。选择画布上的元素，在左侧显示调整选项，例如拆分组、替换照片、裁剪、蒙版、特效、颜色、不透明度、锁定图层、图层顺序等，如图9-38所示。若选择文字元素，则显示文字调整参数选项。

图 9-37

图 9-38

9.2.3　调整——图片的属性调整

在画布左侧单击“调整”按钮，进入属性调整页面。可对图像进行裁剪、旋转、尺寸调整、色彩调整、颜色叠加、消除笔以及滤镜操作。

1. 裁剪旋转

选择“裁剪选项”选项，可在菜单中设置裁剪及旋转参数，例如裁剪比例、水平/垂直翻转、旋转-90°以及旋转90°。其中，旋转按钮是叠加使用的，每单击一次旋转-90°或90°，如图9-39所示。若要手动调整，可拖动画布四周的裁剪框，框内为保留的部分。在画布右侧向上滑动数值为正，逆时针放大旋转，向下滑动数值为负，可顺时针放大旋转。

2. 尺寸调整

选择“尺寸调整”选项，可在菜单中选择预设尺寸或自定义尺寸，如图9-40所示。

3. 色彩调节

选择“色彩调节”选项，可在菜单中调整清晰度、饱和度、亮度、对比图、色温、色调，如图9-41所示。

图 9-39　　图 9-40　　图 9-41

4. 颜色叠加

选择“颜色叠加”选项，可在菜单中设置叠加颜色和叠加强度，如图9-42所示。

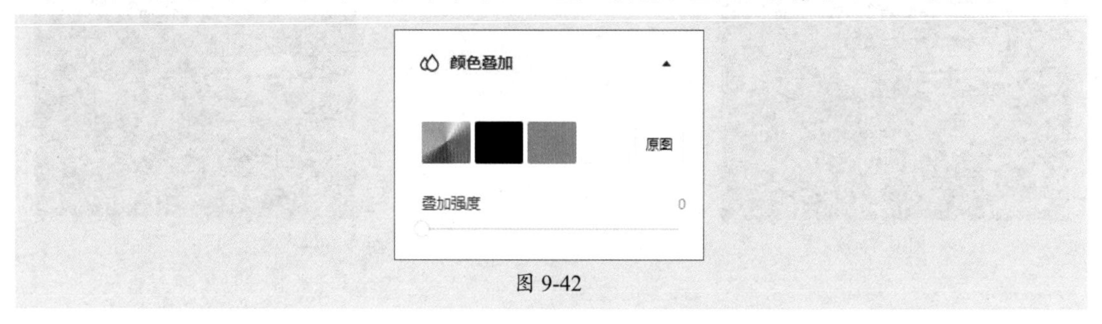

图 9-42

5. 消除笔

选择“消除笔”选项，可在菜单中设置笔刷大小。使用画笔在画布区域涂抹，可轻松消除不需要的内容，如图9-43、图9-44所示。

6. 滤镜

选择“滤镜”选项，可在菜单中选择预设滤镜，单击即可应用，如图9-45所示。

图 9-43　　图 9-44　　图 9-45

9.2.4　文字设置——添加与编辑文字

在画布左侧单击“文字”按钮[T]，进入属性调整页面，如图9-46所示。

若要添加自定文字，可单击“添加文字”，在菜单中设置字符样式、对齐方式、文字间距、文字变形、颜色等参数，如图9-47所示。双击可以编辑文字，如图9-48所示。

若选择系统预设文字，可在选项组中查看全部。以“基础文字”选项为例，在菜单中选择预设的字符样式，如图9-49所示。单击应用，双击可编辑文字。

图 9-46　　图 9-47　　图 9-48　　图 9-49

9.2.5　边框调整——添加多样式边框

在画布左侧单击“边框”按钮[回]，进入属性调整页面，可为图像添加各式边框，包括纯色、复古、中国风、节日等。

以“欧美边框”为例，选择目标样式单击应用，应用后可调整边框的宽度和不透明度，如图9-50所示。

图 9-50

9.2.6 添加水印——添加专属标记

在画布左侧单击“水印”按钮，进入属性调整页面，可为图像添加各式水印，包括简约、可爱、品质、全屏等。

以“全屏”为例，选择目标样式单击应用，应用后可调整水印的内容和相关设置，如图9-51所示。单击“编辑水印”按钮，可设置水印的缩放比例，如图9-52所示。

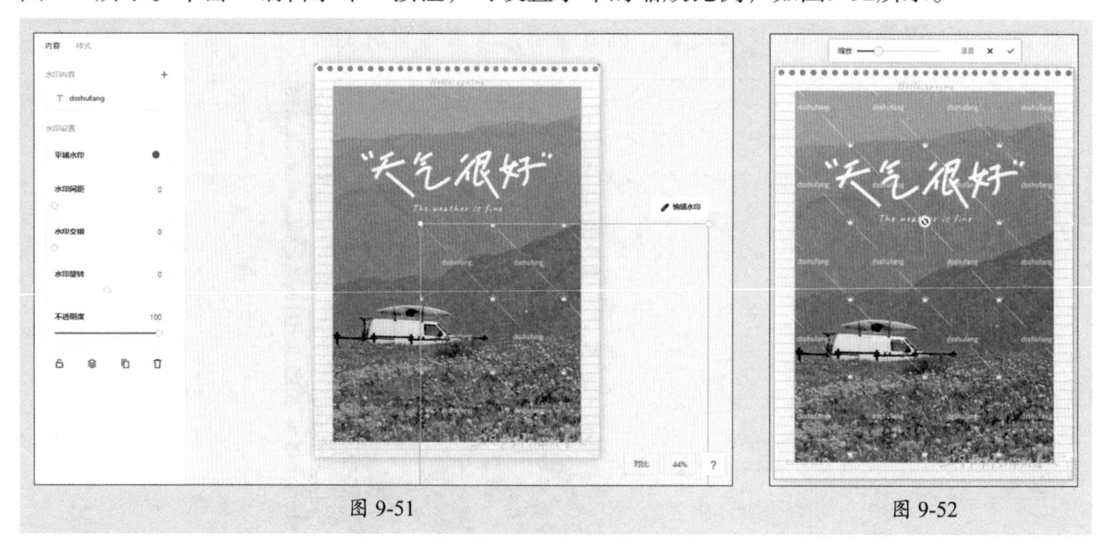

图 9-51　　图 9-52

操作提示

在该属性面板中单击“标记”按钮，可在菜单中选择“圈点”和“马赛克”样式，在画布上拖动绘制即可重点标记。

9.3 高阶应用

稿定设计除了基础的预设模板编辑、单图编辑外，还可以进行高阶操作，例如新建画布、图片编辑、智能抠图、快速拼图等。

9.3.1 案例解析：创意拼图

在学习设计工具的应用之前，可以跟随以下操作步骤了解并熟悉如何利用设计工具快速拼图。

步骤 01 在稿定设计首页的“设计工具”选项页面，找到“快速拼图”项，单击进入拼图页面。在该页面中，从左侧选择拼图布局模板，如图9-53所示。

图 9-53

步骤 02 在左侧单击“传图”按钮，在弹出的对话框中选择多个图片上传，如图9-54所示。

步骤 03 依次单击图片填充布局，如图9-55所示。

图 9-54　　图 9-55

步骤 04 选择任意一张图片，在下侧的提示框中可调整其缩放比例，上下左右拖动可调整图片的显示位置，如图9-56所示。

步骤 05 使用相同的方法调整图片显示范围。单击“布局”按钮，设置圆角为14%，如图9-57所示。

图 9-56　　图 9-57

9.3.2 新建画布——创建空白画板

在稿定设计首页的“设计工具”选项页面，单击“自定义画布”按钮⊞，在弹出的提示框中可创建不同尺寸的画布，如图9-58所示。

图 9-58

9.3.3 智能抠图——在线删除图片背景

在稿定设计首页的“设计工具”选项页面，找到“智能抠图”，单击“选择照片”，进入图片编辑页面。在该页面中可以上传图片、删除图片背景，还可以批量抠商品图、批量抠人像以及为证件照更换底色，如图9-59所示。

图 9-59

选择“上传图片”后，在抠图页面中可选择自动抠图和通用抠图。

- **自动构图：**可选择智能模式、修补或擦除等方式抠图调整，如图9-60所示。
- **通用抠图：**可选择擦除画笔、修编工具等方式手动抠图，如图9-61所示。

抠图完成后，可在右上角区域添加背景、裁剪以及加阴影，如图9-62所示。

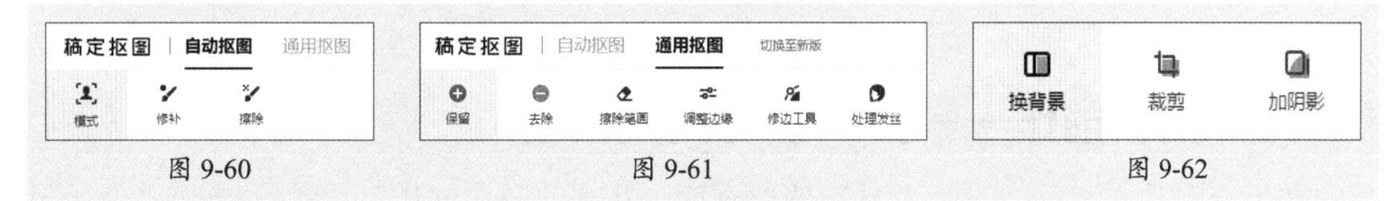

图 9-60 图 9-61 图 9-62

9.3.4 快速拼图——多张图片快速拼图

在稿定设计首页的“设计工具”选项页面，找到“快速拼图”项。单击“开始拼图”按钮，进入拼图页面。在该页面中，左侧可设置拼图布局、上传图片、添加文字、填充背景图案，如图9-63、图9-64、图9-65所示。

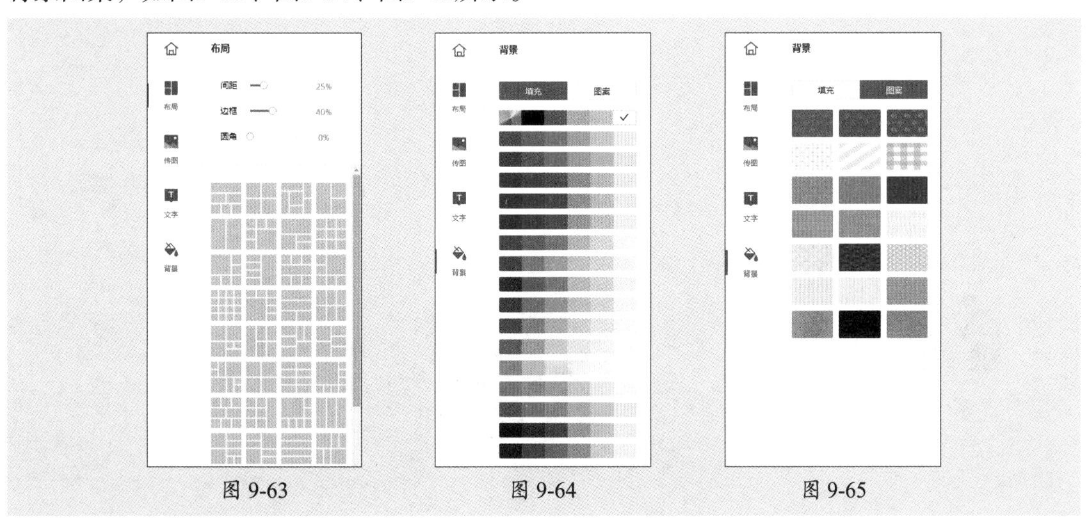

图 9-63 图 9-64 图 9-65

9.3.5 在线PS——专业在线PS版本

在稿定设计首页的“设计工具”选项页面，找到“在线PS”项 Ps，单击“开始设计”按钮，进入PS页面。在该页面中可以创建项目，也可以从电脑中打开PSD、AI、XD、PDF格式文件。图9-66所示为打开的PSD格式文件，其操作方法和Photoshop相同。

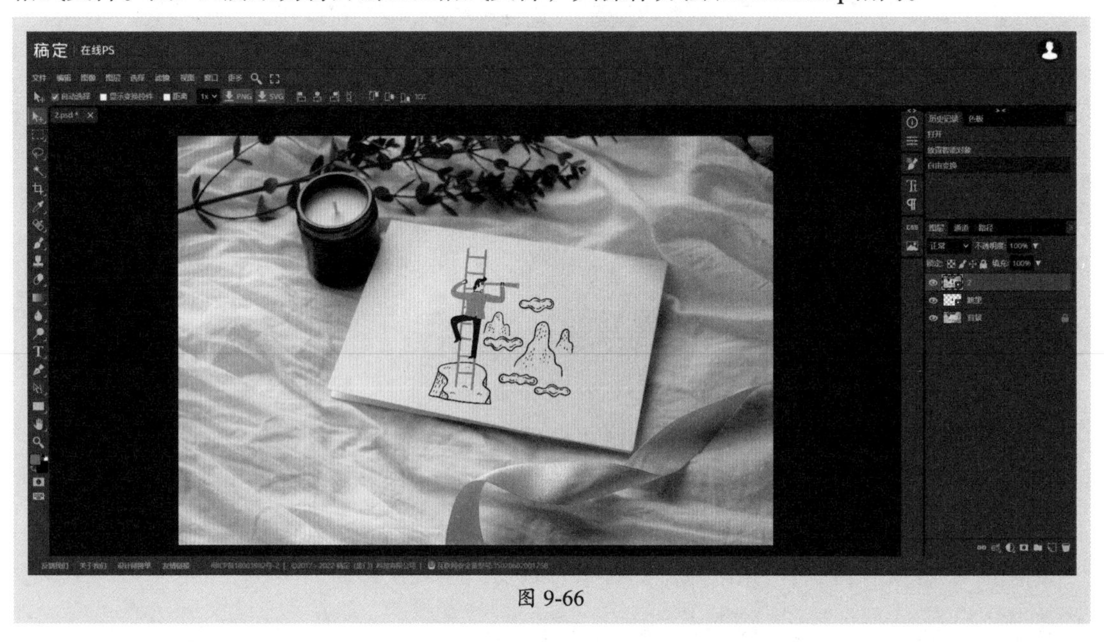

图 9-66

9.3.6 图文创作——高效设计图文内容

在稿定设计首页的“设计工具”选项页面，找到“图文创作”项 “，单击“开始设计”按钮，进入图文创建页面。在该页面中，可以选择模板主题并对其进行排版编辑。单击“同步”按钮，可将设计好的图文内容同步至微信公众号，如图9-67所示。

图 9-67

课堂实战 在线裁剪图片并添加暗角

本章课堂实战为在线裁剪图片并添加暗角，以综合练习本章的知识点，熟练掌握和巩固画板的创建、模板的应用以及图片、文字的替换更改。下面进行操作思路的介绍。

步骤 01 在“设计工具”页面中选择“在线PS”，打开PSD文件，如图9-68所示。

步骤 02 选择裁剪工具，裁剪1：1比例图片，如图9-69所示。

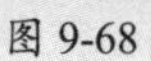

图 9-68

图 9-69

步骤 03 创建“渐变叠加”样式,在“图层样式”对话框中设置有关参数，如图9-70所示。

步骤 04 效果如图9-71所示。

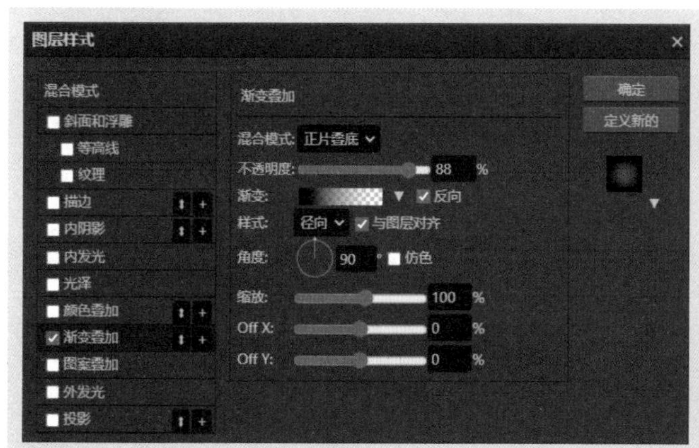

图 9-70

图 9-71

课后练习 制作个人计划手机壁纸

下面将练习利用模板制作个人计划手机壁纸，如图9-72所示。

图 9-72

1. 技术要点

- 背景图的更改方法；
- 图片的修改与设置；
- 文字的修改与设置。

2. 分步演示

如图9-73所示。

图 9-73

拓展赏析

非遗之传统美术

传统美术以美化环境、丰富民间风俗活动为目的，在日常生活中应用、流行的美术。为了更好地保护和让传统美术得以传承，很多传统民间美术都被列入国家级非遗名录，包括中国剪纸、中国刺绣、中国书法、年画、木雕、灯彩、热贡艺术、泥塑、竹编等。

我国入选的世界级传统美术非遗名录有三个：剪纸、热贡艺术和汉字书法。

（1）剪纸。

剪纸是一种用剪刀或刻刀在纸上剪刻花纹，用于装点生活或配合其他民俗活动的民间艺术，如图9-74所示。其传承的视觉形象和造型格式，蕴涵了丰富的文化历史信息，表达了广大民众的社会认知、道德观念等。蔚县剪纸、山西剪纸、陕西剪纸、山东剪纸、扬州剪纸、佛山剪纸、福建剪纸、丰宁满族剪纸、乐清细纹剪纸、云南剪纸入选国家级非遗产名录。

（2）热贡艺术。

主要指唐卡、壁画、堆绣、雕塑等佛教造像艺术，是藏传佛教的重要艺术流派，如图9-75所示。热贡艺术尤以唐卡最为知名，唐卡是藏族文化中一种独具特色的绘画艺术形式，分为勉唐画派、钦泽画派、噶玛嘎孜画派三大流派，也入选国家级非物质文化遗产名录。

图 9-74

图 9-75

（3）汉字书法。

汉字书法为汉族独创的表现艺术，被誉为“无言的诗，无行的舞；无图的画，无声的乐”等，如图9-76所示。中国书法伴随着汉字的产生与演变而发展，从甲骨文、石鼓文、金文（钟鼎文）演变而为大篆、小篆、隶书，至定型于东汉、魏、晋的草书、楷书、行书等，书法一直散发着艺术的魅力。

图 9-76

第10章 移动端图像处理工具：醒图

内容导读

本章将对移动端的图像处理工具——醒图进行讲解，包括模板的编辑应用，拼图、批量修图操作；在人像选项中对人物五官面部的塑造、妆容美颜、形体美化、消除、抠图等；滤镜、调节、特效、贴画、文字等选项的操作方法。

思维导图

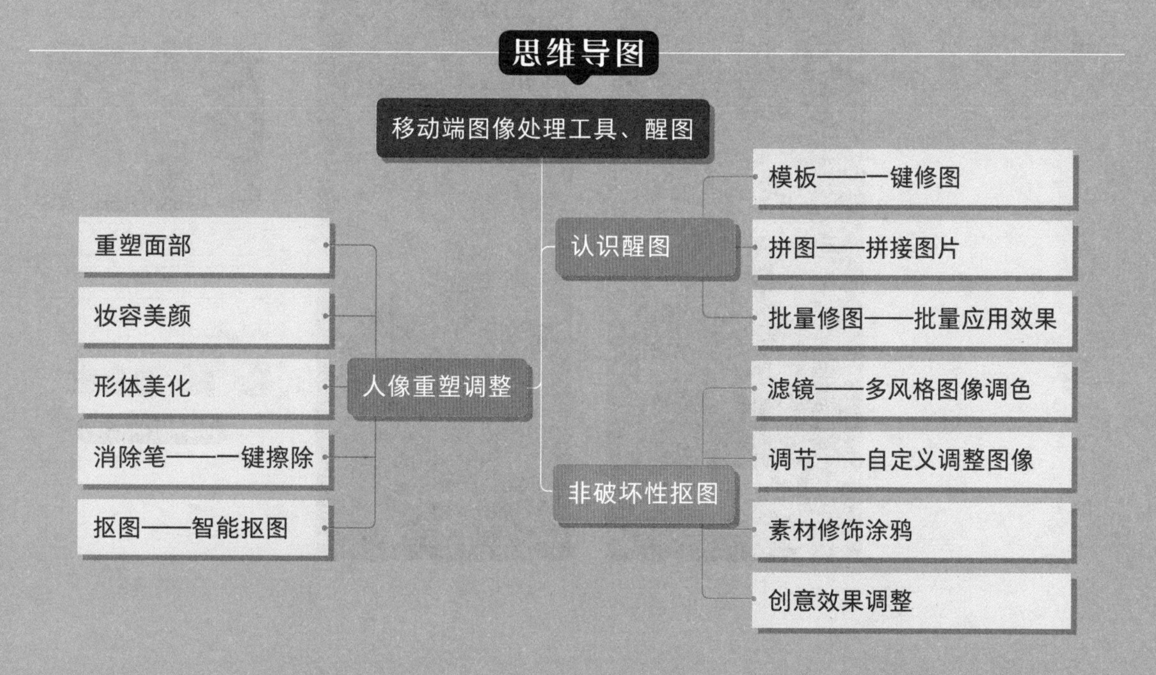

10.1 认识醒图

醒图是一款功能强大的修图软件，意想不到的精美效果，都可以在该软件中轻松得到满足。在手机应用市场软件中搜索“醒图”下载并安装，打开醒图App，进入首页，如图10-1所示。

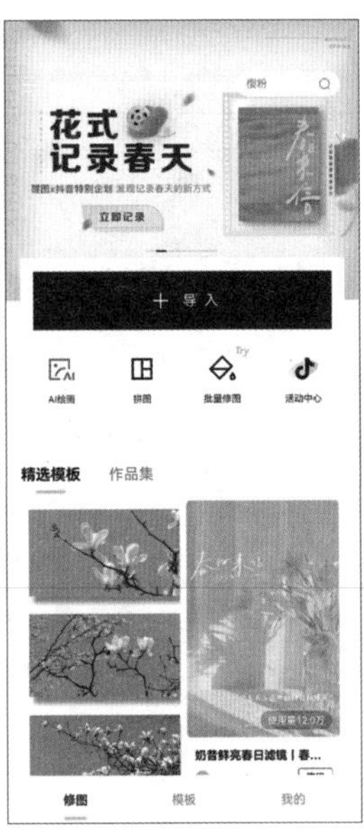

图 10-1

该页面中主要选项的功能如下。

- **搜索：** 点击右上角，输入关键字，可搜索相应的模板、滤镜、特效、贴纸、文字以及用户。
- **导入**■**：** 点击导入照片，可选择滤镜、调节、贴纸等选项进行参数调整。
- **AI绘画**▣**：** 点击导入照片，可AI调节表情、添加特效、生成漫画、更换天空等。
- **拼图**▣**：** 点击导入2～9张照片，可选择多比例拼图或长拼图。
- **批量修图**▣**：** 点击导入2～9张照片，为照片应用模板、添加滤镜、调节参数等。
- **精选模板：** 挑选热门模板，点击应用。
- **作品集：** 存放调整过的照片作品以及保存的草稿。

10.1.1 案例解析：风景后期修图

在学习醒图软件操作之前，可以跟随以下操作步骤了解并熟悉如何在导入照片、编辑照片以及保存照片。

步骤 01 启动醒图，点击■按钮导入照片，如图10-2所示。

步骤 02 在模板中选择热门推荐模板，删除文字贴纸内容，效果如图10-3所示。

步骤 03 点击■按钮保存照片，如图10-4所示。

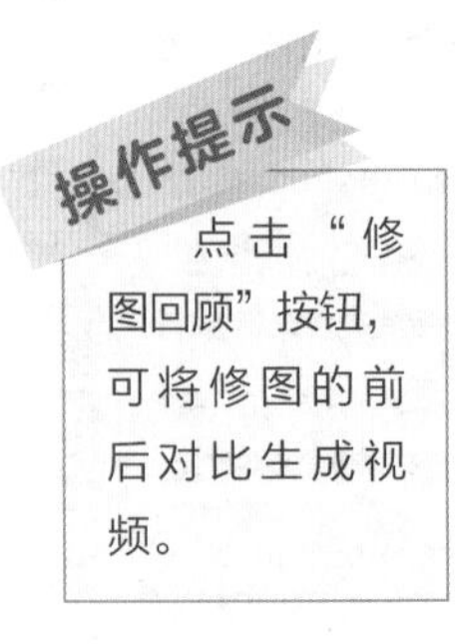

操作提示

点击“修图回顾”按钮，可将修图的前后对比生成视频。

图 10-2

图 10-3

图 10-4

10.1.2 模板——一键修图

导入照片后显示“模板”页面，如图10-5所示。根据应用风格可分为热门、胶片、美食、自拍、风景、滤镜、趣味、合照、萌宠等类别。选择类别标签，可快速跳转，点击即可应用，如图6-6所示。点击选中照片，可上下左右调整显示位置、缩放调节大小；若选中模板中的文字或贴纸，点击进入编辑模式，除了调整大小换个位置外，还有新建/修改文本、添加贴纸、擦除、复制、删除等操作，如图10-7所示。

点击页面右上角的 存为模板 按钮存为模板，可在我的 我的 中查看，如图10-8所示。点击 按钮保存照片并存入作品集。

图 10-5

图 10-6

图 10-7

图 10-8

10.1.3 拼图——拼接图片

点击“拼图”按钮，导入2～9张照片并进入“拼图”页面。图10-9所示为默认拼图版式。在布局选项中可选择多种尺寸比例和排版样式，如图6-10所示。点击照片，可设置滤镜、替换照片等，如图6-11所示。

图 10-9

图 10-10

图 10-11

点击“长图拼接”选项，可更改为横版拼接或竖版拼接，图10-12所示为横版拼接。在“滤镜”选项中，可整体为添加滤镜效果，如图10-13所示。在“调节”选项中，可以调节图片色彩、明暗对比等参数，如图10-14所示。在“文字”选项中，可以自定样式或使用文字模板添加文字文案，如图10-15所示。

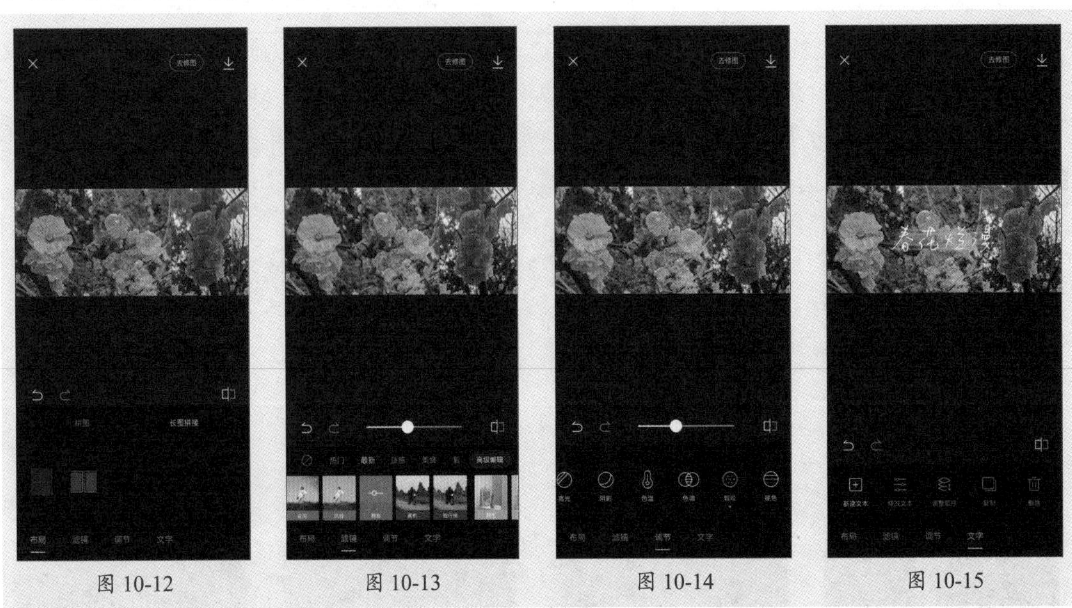

图 10-12　图 10-13　图 10-14　图 10-15

10.1.4　批量修图——批量应用效果

点击“批量修图”按钮，导入2～9张照片并进入“批量修图”页面，如图10-16所示。选择模板或滤镜应用，如图10-17所示。点击按钮添加照片，点击“应用全部”按钮将所设置效果应用至全部照片，点击照片的缩览图可查看应用效果，如图10-18、图10-19所示。

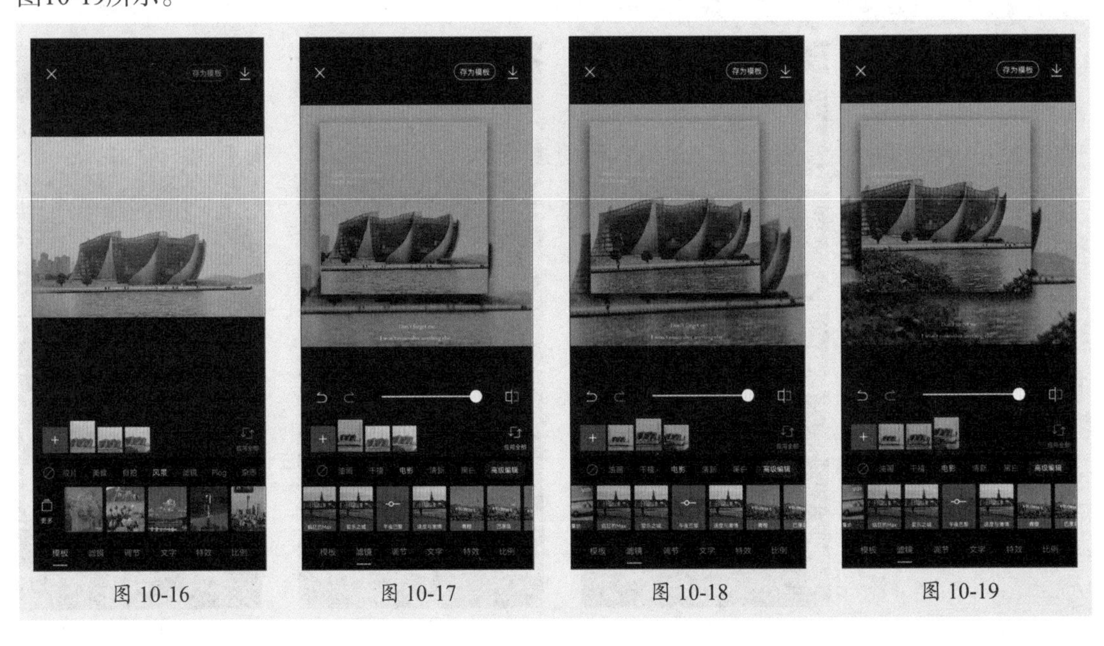

图 10-16　图 10-17　图 10-18　图 10-19

10.2 人像重塑调整

在“人像”选项中提供了19种人像调整工具，包括一键美化、面部重塑、自动美颜、肤色、手动美体、消除笔、抠图等，如图10-20所示。

图 10-20

10.2.1 案例解析：人物后期修图

在学习人像重塑调整之前，可以跟随以下操作步骤了解并熟悉如何一键美化人物、消除脸部瑕疵、为人物瘦脸瘦身、添加光源、更改发型等。

步骤 01 启动醒图，点击+按钮导入照片，如图10-21所示。

步骤 02 点击“一键美化”按钮，进入处理页面。选择“高级”预设模板并应用，如图10-22所示。

步骤 03 点击“消除笔”按钮，进入处理页面。拖动圆点调整画笔大小，双指放大照片，点击或涂抹去除皮肤上的瑕疵，如图10-23所示。

步骤 04 点击“瘦脸瘦身”按钮，进入处理页面。调整“推脸笔”大小，推动即可瘦脸瘦身，如图10-24所示。

图 10-21

图 10-22

图 10-23

图 10-24

步骤 05 点击“3D光源”按钮，进入处理页面。点击自定义，设置光源位置，如图10-25所示。

步骤 06 调整光源远近和强度，效果如图10-26所示。

步骤 07 点击“头发”按钮，进入处理页面。设置发型，如图10-27所示。

步骤 08 在“模板”选项中选择预设模板，删除多余元素，最终效果如图10-28所示。

图 10-25

图 10-26

图 10-27

图 10-28

10.2.2 重塑面部

在“人像”选项中，可以选择重塑五官、面部丰盈、表情、五官立体等对面部进行调整。

1. 重塑五官

点击“面部重塑”按钮，进入处理页面，如图10-29所示。可对比例、脸型、面部、眼睛、鼻子、眉毛以及嘴巴进行精致调整。

- **比例：** 在该选项中，可以选择颅顶、上庭、中庭、下庭、眼间距，拖动圆点进行调整，如图10-30所示。
- **脸型：** 在该选项中，可以选择犹太、单眼、英气脸型应用，此选项为vip专属效果。
- **面部：** 在该选项中，可以选择小头、瘦脸、窄脸、太阳穴、颧骨、下颌、发际线等，拖动圆点进行调整。部分选项，可以选择整体或局部调整，如图10-31所示。

图 10-29

图 10-30

图 10-31

- **眼睛：** 在该选项中，可以选择大小、眼高、眼宽、位置、眼距、瞳孔、内眼角等，拖动圆点进行调整，如图10-32所示。
- **鼻子：** 在该选项中，可以选择大小、鼻翼、鼻梁、提升、鼻尖、山根等，拖动圆点进行调整，如图10-33所示。
- **眉毛：** 在该选项中，可以选择粗细、位置、倾斜、眉峰、间距、长短等，拖动圆点进行调整，如图10-34所示。
- **嘴巴：** 在该选项中，可以选择大小、宽度、位置、M唇、微笑、丰上唇、丰下唇等，拖动圆点进行调整，如图10-35所示。

图 10-32

图 10-33

图 10-34

图 10-35

2. 面部丰盈

点击“面部丰盈”按钮，进入处理页面。可点击一键丰盈智能优化面部，也可分别选择面中、眼周、法令纹、下巴等按钮进行局部调整。

3. 表情

点击“表情”按钮，进入处理页面。可选择预设表情，包括梨涡笑、难过、酒窝笑、大笑等，图10-36、图10-37所示分别为梨涡笑和酒窝笑效果。

4. 五官立体

点击“五官立体”按钮，进入处理页面。可点击全脸立体按钮一键使五官更显立体，如图10-38所示。也可分别点击眉毛、眼睛、鼻子、嘴巴等按钮局部调整。其中，在眼睛和鼻子选项中可点击色彩，拖动圆点调整并为其去色、加色，如图10-39所示。

图 10-36

图 10-37

图 10-38

图 10-39

10.2.3 妆容美颜

在“人像”选项中，可以选择一键美化、美妆、自动美颜、手动美颜、3D光源、祛皱、肤色、头发、妆容笔对人的妆容进行美颜美化。

1. 一键美化

点击“一键美化”按钮，进入处理页面。可选择预设模板点击应用，如图10-40所示。应用模板后，选择美型、磨皮、遮瑕、肤色以及美妆，拖动圆点调整，如图10-41所示。

2. 美妆

点击“美妆”按钮，进入处理页面。可在套装选项中一键套用多风格妆容，如图10-42所示。也可分别选择口红、修容、腮红、睫毛、痣、眼线、眼影等并进行相关参数设置，如图10-43所示。

图 10-40

图 10-41

图 10-42

图 10-43

3. 自动 / 手动美颜

点击“自动美颜”按钮，进入处理页面。可点击一键美颜智能修饰面部，如图10-44所示。也可选择匀肤、磨皮、祛斑祛痘、祛法令纹等，拖动圆点调整效果。点击按钮可转到“手动美颜”，选择调整选项，手动点击或涂抹进行美化，如图10-45所示。点击按钮转回“自动美颜”处理页面。

4. 3.D光源

点击“3D光源”按钮，进入处理页面。可自定义设置光源位置、光源颜色、远近和强度，如图10-46所示。也可以选择日常光、单色光和多色光模板，图10-47所示为多色光中的双色盲盒效果。

图 10-44

图 10-45

图 10-46

图 10-47

5. 祛皱

点击“祛皱”按钮，进入处理页面。在自动选项中，可点击一键祛皱按钮自动祛皱，也可分别点击法令纹、颈纹、抬头纹等按钮局部调整，如图10-48所示。在手动选项中，可设置画笔大小，手动涂抹祛皱，如图10-49所示。

6. 肤色

点击“肤色”按钮，进入处理页面。选择肤色选项，拖动圆点调整肤色的冷暖和强度，如图10-50所示。

7. 头发

点击“头发”按钮，进入处理页面，图10-51所示为蓬松1-灰绿-波浪卷2效果。

- **发质：** 可选择去油、蓬松、发际线、柔顺效果。
- **染发：** 可更改头发颜色，例如红棕、海王红、灰绿等。
- **发型：** 可选择波浪卷、刘海、长发等。

图 10-48　图 10-49　图 10-50　图 10-51

8. 妆容笔

点击“妆容笔”按钮，进入处理页面，如图10-52所示。

- **肤色笔**：在右侧选择肤色，调整不透度，在需要调整的位置涂抹调整肤色，如图10-53所示；可点击擦除。
- **彩妆笔**：可选择颜色涂抹添加彩妆效果，如腮红、口红等，如图10-54所示。
- **亮片笔**：可选择颜色涂抹添加亮片效果，如图10-55所示。

图 10-52　图 10-53　图 10-54　图 10-55

10.2.4　形体美化

在“人像”选项中，可以选择瘦脸瘦身、手动美体，以及自动美体对人的脸部轮廓、形体进行美化调整。

1. 瘦脸瘦身

点击“瘦脸瘦身”按钮，进入处理页面，如图10-56所示。调整“推脸笔”大小，推动脸颊或身体即可瘦脸瘦身，可双指缩放放大局部进行调节，如图10-57所示。点击“恢复笔”调整大小，涂抹画面即可恢复。

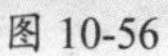

图 10-56

图 10-57

2. 自动美体

点击“自动美体”按钮，进入处理页面。可点击全身美体，拖动圆点设置整体美体强度，如图10-58所示。也可选择小头、瘦身、长腿、瘦腿、天鹅颈等按钮局部调整，如图10-59所示。复笔” 调整大小，涂抹画面即可恢复。

图 10-58

图 10-59

3. 手动美体

点击“手动美体”按钮，进入处理页面。

- **增高**：调整增高范围，向右拖动拉伸腿部达到增高效果，如图10-60、图10-61所示。
- **瘦身瘦腿**：调整范围后向右拖动瘦身，如图10-62所示。
- **放大缩小**：调整范围后向左拖动缩小，如图10-63所示。

图 10-60

图 10-61

图 10-62

图 10-63

10.2.5 消除笔——一键擦除

点击“消除笔”按钮，进入处理页面，如图10-64所示。拖动圆点调整画笔大小，双指放大照片，在需要去除的地方点击或涂抹。涂抹时，页面左上角放大涂抹区域，如图10-65所示。释放则可消除，图10-66所示为去除脸部瑕疵的效果。

图 10-64

图 10-65

图 10-66

10.2.6 抠图——智能抠图

点击“抠图”按钮，进入处理页面，如图10-67所示。点击“智能抠图”按钮智能识别主体，如图10-68所示；长按预览按钮预览透明抠取效果，如图10-69所示。根据需要选择画笔、橡皮擦，设置硬度、透明度以及大小，涂抹调整抠取范围，如图10-70所示。点击“重置”按钮回到原始状态。

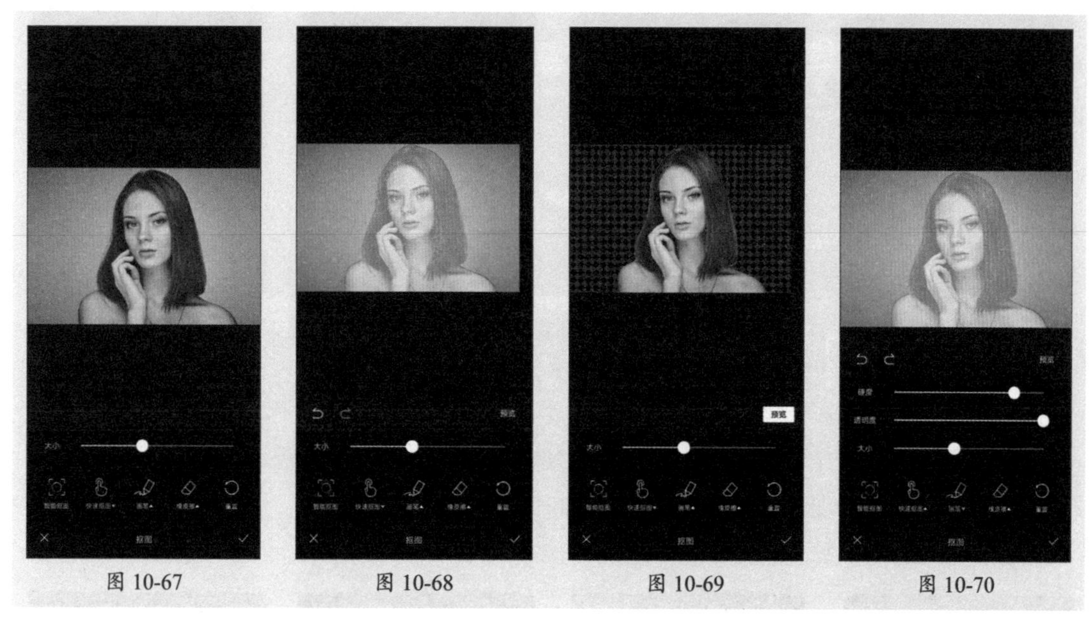

图 10-67　　图 10-68　　图 10-69　　图 10-70

10.3 图像特效修饰

在醒图中，可以使用滤镜、调节、贴纸、文字、特效等对照片进行修饰调整。

10.3.1 案例解析：落日参数调节

在学习图像特效修饰之前，可以跟随以下操作步骤了解并熟悉如何使用滤镜、调节选项来调整图像色彩。

步骤 01 启动醒图，点击导入照片，如图10-71所示。

步骤 02 在“滤镜”选项中，点击“胶片”类别，选择“花椿”滤镜，调节不透明度，如图10-72所示。

步骤 03 在“调节”选项中，选择“局部调整”类别，然后在落日的位置分别点击添加点，调整局部区域的饱和度，如图10-73所示。

步骤 04 在左侧云的位置点击添加点，调整局部区域的饱和度，如图10-74所示。

图 10-71　　图 10-72　　图 10-73　　图 10-74

步骤 05 点击“阴影”类别，降低阴影区域亮度，如图10-75所示。

步骤 06 点击“高光”类别，提升高光区域亮度，如图10-76所示。

步骤 07 点击“纹理”类别，添加纹理效果，如图10-77所示。

步骤 08 点击“颗粒”类别，添加颗粒效果，如图10-78所示。

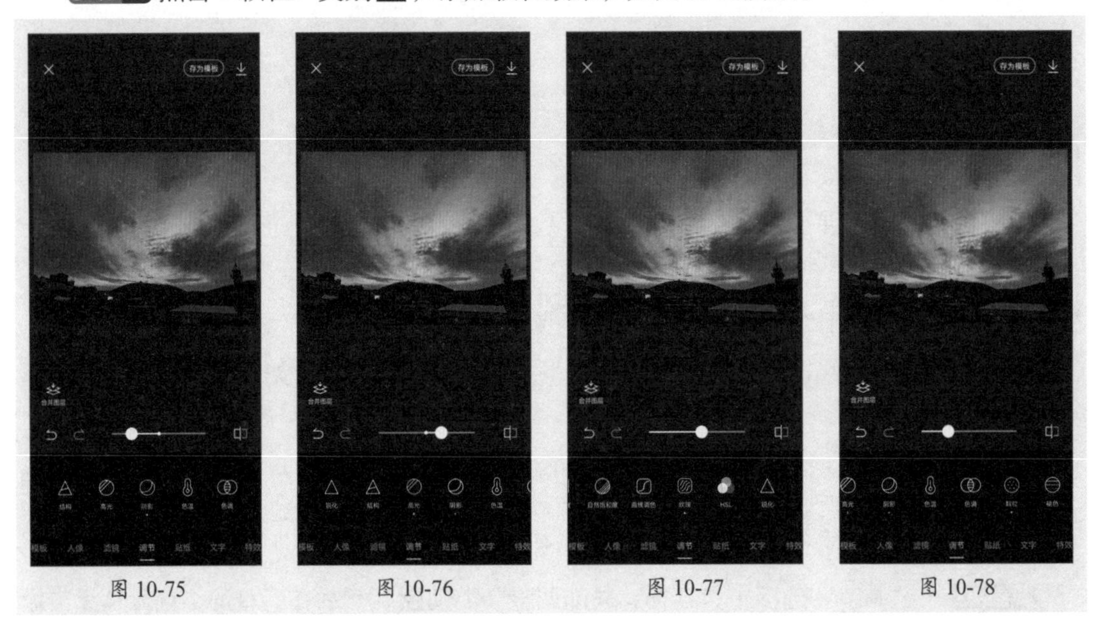

图 10-75　　图 10-76　　图 10-77　　图 10-78

10.3.2　滤镜——多风格图像调色

醒图提供了多个滤镜类别，包括质感、美食、复古、胶片、自然、风景、梦幻、油画、千禧、电影、清新、黑白以及新中式滤镜，涵盖了多种热门调色风格。

导入照片后，点击“滤镜”选项，进入滤镜处理页面，如图10-79所示。选择任意滤镜点击应用，可拖动圆点调整滤镜透明度，如图10-80所示。点击高级编辑按钮可调节滤镜参数。

- **透明度**：点击调节滤镜的透明度。
- **叠加滤镜**：点击该按钮叠加滤镜，如图10-81所示。
- **擦除**：点击该按钮，可选择多种擦除方式，如图10-82所示。
- **删除**：点击可删除所选滤镜。
- **调整顺序**：点击该按钮，可调整滤镜顺序，包括置顶、置底、上移、下移。

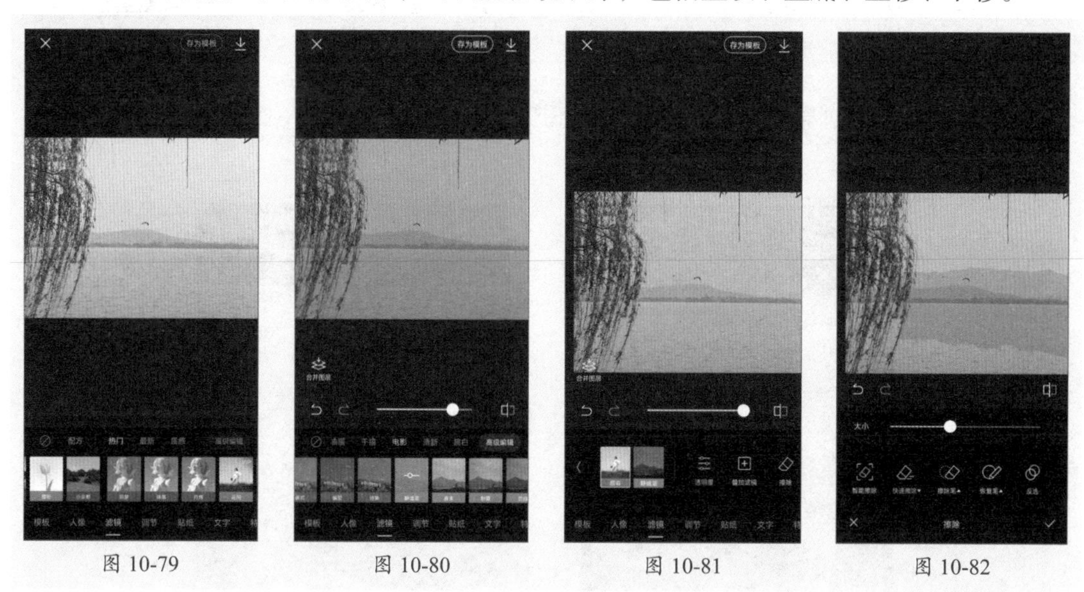

图 10-79　图 10-80　图 10-81　图 10-82

在滤镜选项的配方选项中，单机“创建配方”按钮，可将所添加的滤镜/调节/特效效果存为预设，如图10-83所示。

导入新照片，在配方选项中点击即可应用，如图10-84、图10-85所示。点击高级编辑按钮可调节滤镜参数，图10-86所示为调整滤镜顺序。

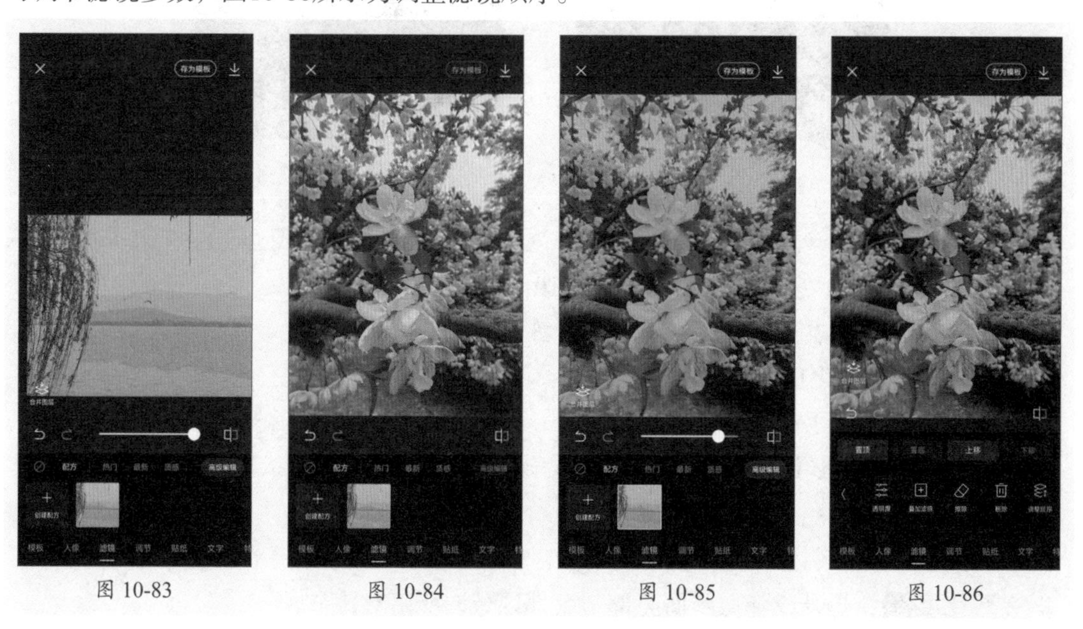

图 10-83　图 10-84　图 10-85　图 10-86

10.3.3 调节——自定义调整图像

醒图提供了多个调节选项，以满足对照片的基础调整。包括构图、局部调整、智能优化、光感、亮度、曲线调色、色调、色温、褪色等，如图10-87所示。

图 10-87

- **构图**：通过裁剪、旋转以及矫正，对照片进行二次构图，如图10-88、图10-89所示。

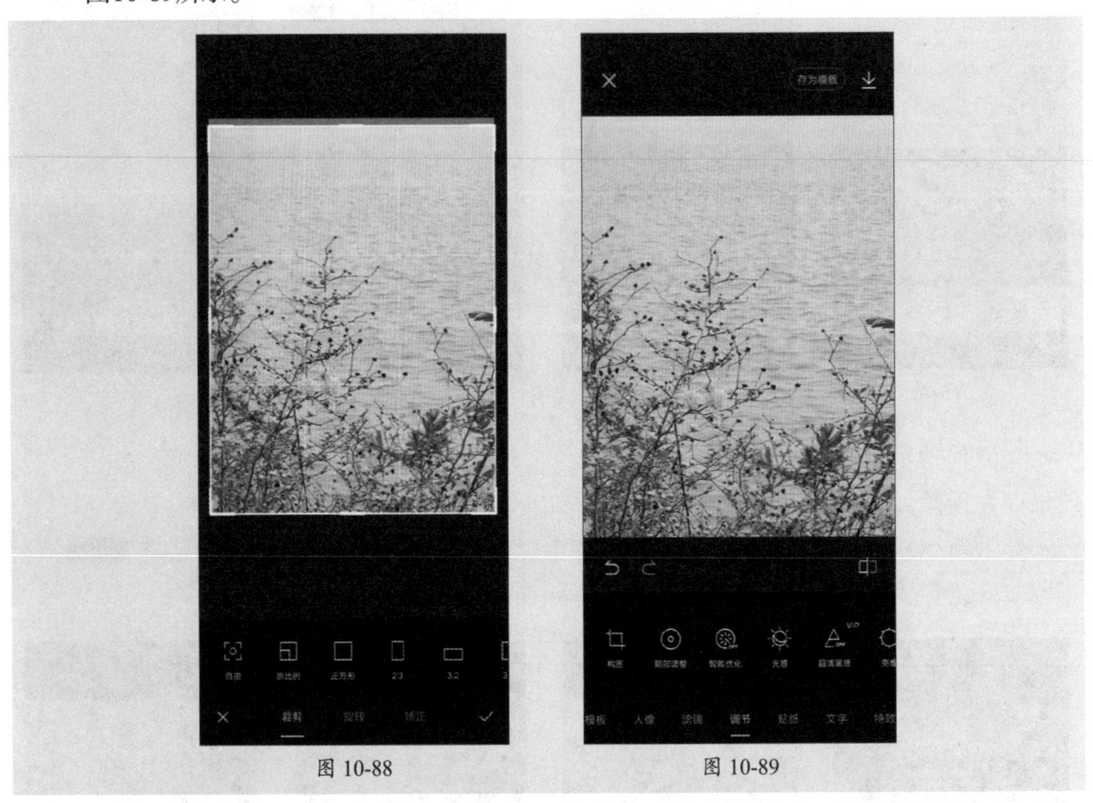

图 10-88　　图 10-89

- **局部调整**：点击画面中需要调整的位置添加点，调整局部区域的亮度、对比度、饱和度、光源、色温、色调等，如图10-90所示。
- **智能优化**：点击该按钮一键优化调整，系统自动调节后期参数，再次点击按钮则关闭智能优化功能。
- **光感**：自然柔和地调节照片的明暗，如图10-91所示。
- **超清画质**：还原照片中的细节，提升清晰度，优化质感。
- **亮度**：调节照片整体的明暗。
- **曝光**：优先调整图像中较亮的部分。
- **对比度**：提升或降低画面亮部与暗部区域的明暗对比。

- **色彩层次**：调整照片的明暗和色彩的层次感。
- **夜景增强**：优化增强夜景照片。
- **饱和度**：调整画面色彩饱满度参数，饱和度越高，画面色彩越鲜艳；饱和度越低，画面色彩越平淡。

图 10-90

图 10-91

- **自然饱和度**：调整画面色彩的鲜艳程度。
- **曲线调色**：使用曲线调节图像颜色和色调，如图10-92所示。
- **纹理**：在照片中添加纹路，为其增加质感。
- HSL：调整图片单一颜色的色相、饱和度和亮度，如图10-93所示。
- **锐化**：增强照片的清晰度。
- **结构**：增强图像的边缘和轮廓。
- **高光**：提升或降低高光区域的明亮度。
- **阴影**：调整画面阴影区域的明亮度。
- **色温**：调整照片色彩温度，低色温偏冷，高色温偏暖，如图10-94所示。
- **色调**：调整照片色调，向左滑动添加绿色，向右滑动添加洋红，如图10-95所示。
- **颗粒**：为照片添加颗粒效果。
- **褪色**：降低照片的色彩，变得暗淡，画面偏灰。

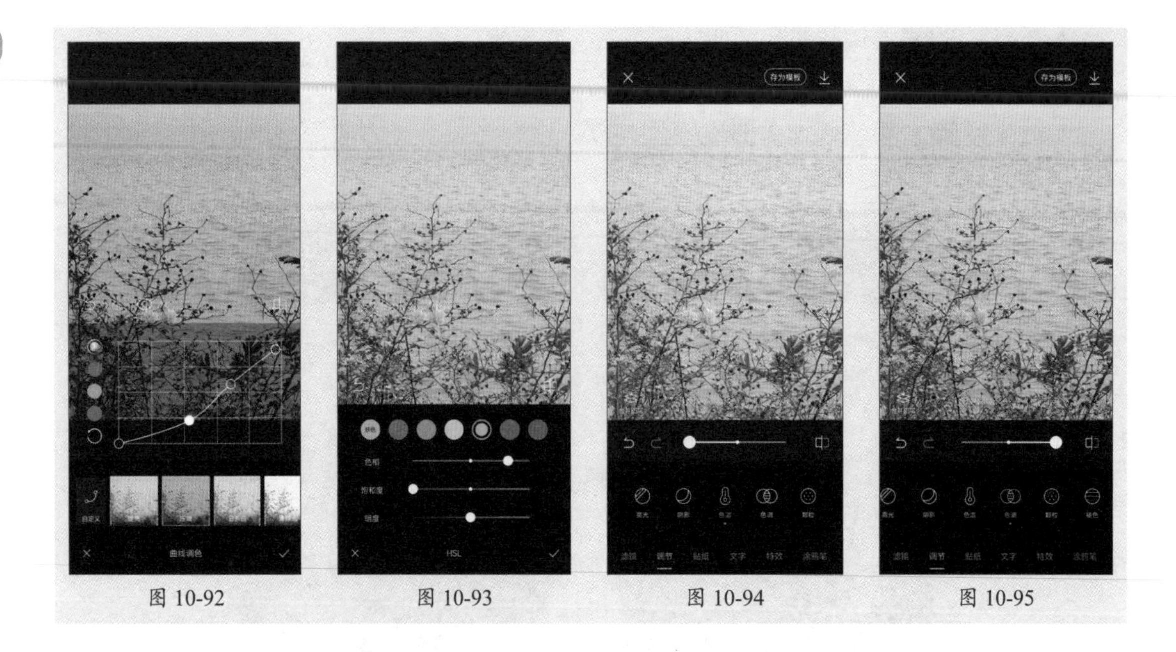

图 10-92　　图 10-93　　图 10-94　　图 10-95

10.3.4　素材修饰涂鸦

1. 贴纸

点击“贴纸”，显示不同类别的贴纸，如图10-96所示。在搜索框中可输入关键词快速查找贴纸，点击即可应用。应用后可以调整贴纸的大小、不透明速度、擦除、调节显示参数、设置混合模式、添加蒙版等，如图10-97所示。

图 10-96　　图 10-97

2. 文字

点击“文字”，在“文字模板”选项中可选择模板样式应用，点击亦可编辑修改。在“文案库”选项中可选择预设文案，在“字体”选项中设置字体样式，可选择基础、手写、标题等字体。在“样式”选项中可设置花字、字体颜色、描边、阴影等参数，如图10-98所示。将文字贴纸移动至合适位置，可点击下方的按钮再次操作，包括新建文本、编辑文本、调整顺序、复制、删除等，如图10-99所示。

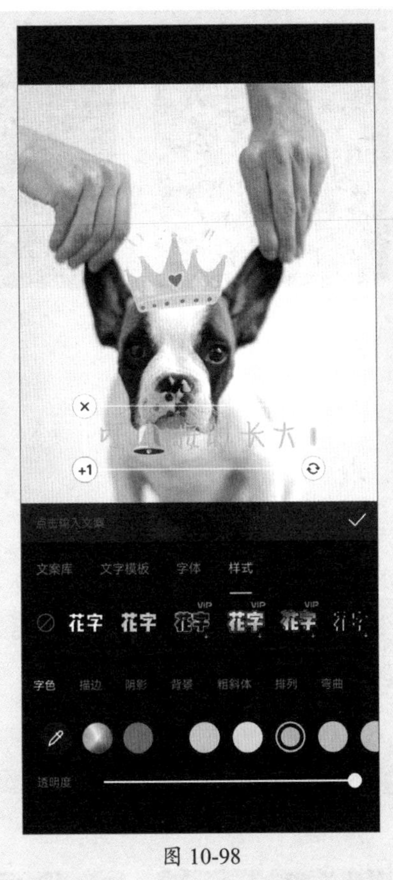

图 10-98

图 10-99

3. 涂鸦笔

点击“涂鸦笔”，在“基础画笔”选项中可设置画笔样式与颜色，点击设置画笔大小、不透明度，部分可设置硬度，涂抹绘制，如图10-100所示。点击擦除涂鸦。在“素材笔”选项中可选择可爱、简约以及复古素材笔触，设置大小与透明度后，涂抹绘制，如图10-101所示。

4. 消除

点击“消除”，可选择消除笔、克隆和马赛克方式，通过涂抹消除多余部分。点击“消除笔”按钮，调整画笔大小，涂抹擦除，效果如图10-102所示。

5. 马赛克

点击“马赛克”，可选择正方形、三角形、六边形、动感模糊、高斯模糊、蜡笔刷、油画刷以及水彩画等样式。设置马赛克大小，涂抹应用，如图10-103所示。

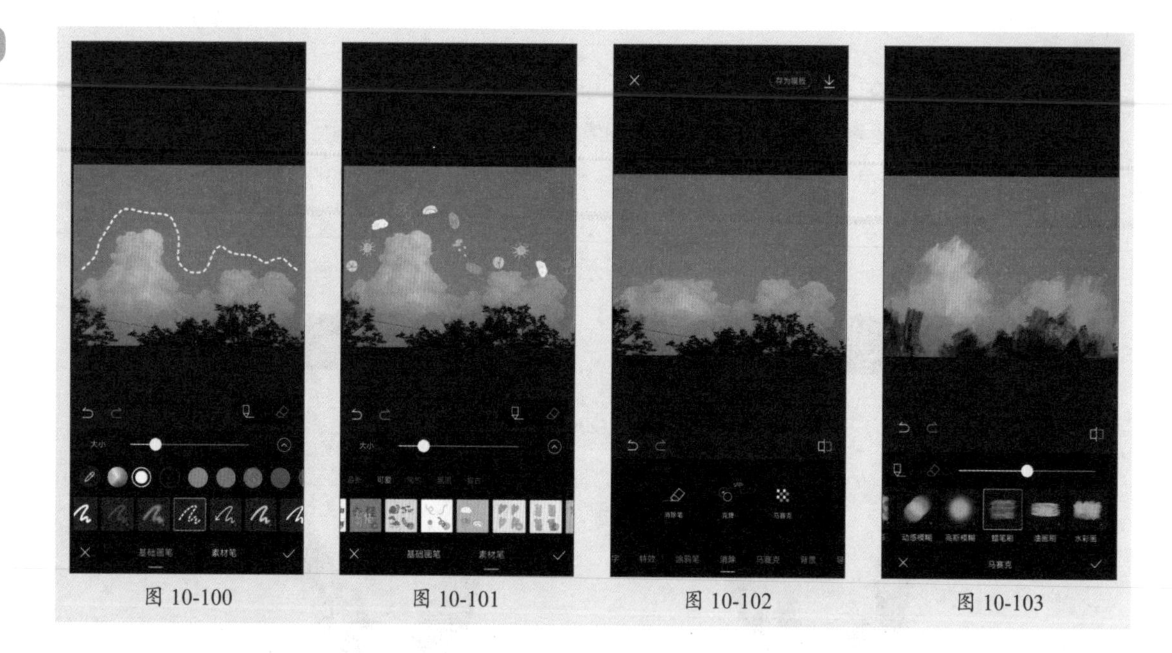

图 10-100　　图 10-101　　图 10-102　　图 10-103

10.3.5 创意效果调整

在醒图中可为照片添加特效、背景以及添加图片等操作。

1. 特效

点击“特效”，可选择基础、模糊、光、复古、色差、材质以及风格化效果。导入照片，如图10-104所示。在“特效”选项中点击“动感模糊”特效应用，点击按钮设置强度与滤镜，如图10-105所示。点击高级编辑按钮叠加特效并设置有关参数。

2. 调整背景

点击“背景”，可设置背景尺寸、颜色，如图10-106所示。可借助参考线调整显示位置，图10-107所示为居中对齐效果。

图 10-104　　图 10-105　　图 10-106　　图 10-107

3. 导入照片

导入素材，如图10-108所示。点击“导入图片”，可直接导入图片，也可以对其进行抠图处理，如图10-109所示。

导入后可添加/替换图片，也可以对照片进行编辑调整、添加滤镜特效等，图10-110所示为调整混合效果。

图 10-108

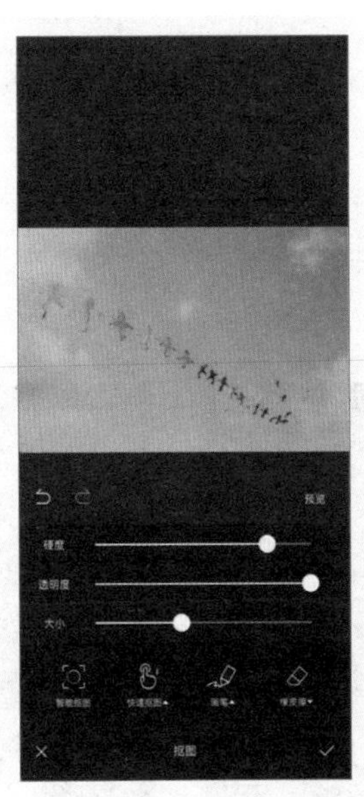

图 10-109

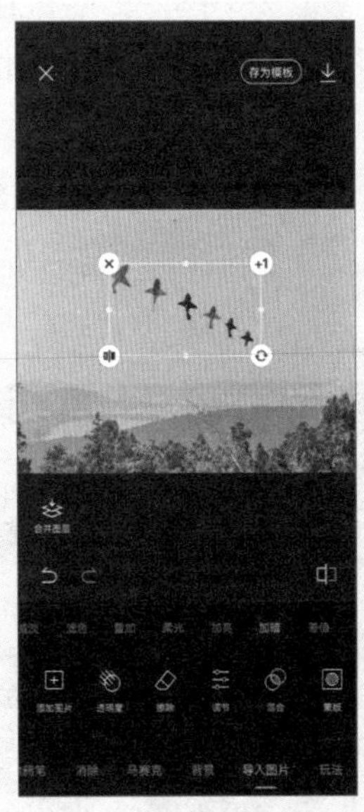

图 10-110

4. 玩法

在“玩法”选项中可大致分为四类：一是人像AI表情替换，例如梨涡笑、大笑等。二是路人消除智能特效，如图10-111、图10-112所示。三是二次元动漫效果，例如卡通、漫画写真、潮漫、游戏脸、AI-CG、AI-复古等。四是替换天空背景，如图10-113、图10-114所示。

图 10-111

图 10-112

图 10-113

图 10-114

课堂实战 宠物后期修图

本章课堂实战为宠物后期修图，以综合练习本章的知识点，熟练掌握和巩固照片的裁剪、特效、滤镜、调节、文字选项的操作方法。下面进行操作思路的介绍。

步骤 01 启动醒图，点击➕按钮导入照片，如图10-115所示。

步骤 02 在“调节”选项中，点击“构图”类别，更改裁剪比例为9：16，如图10-116所示。

步骤 03 在“特效”选项中，点击“材质”类别，选择“杂志纹理”，如图10-117所示。

步骤 04 在“滤镜”选项中，点击“新中式”类别，选择“幽”，调节不透明度，如图10-118所示。

图 10-115

图 10-116

图 10-117

图 10-118

步骤 05 叠加“初恋”滤镜，调节不透明度，如图10-119所示。

步骤 06 在“调节”选项中，分别调整阴影、色调、亮度参数，如图10-120所示。

步骤 07 在“文字”选项中，添加文字并设置有关参数，如图10-121所示。

图 10-119

图 10-120

图 10-121

课后练习 美食后期修图

下面练习使用醒图为美食照片进行后期调整，如图10-122、图10-123所示。

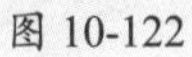

图 10-122

图 10-123

1. 技术要点

- 模板的应用与编辑；
- 调节选项的自定义调整；
- 文字模板的应用与编辑。

2. 分步演示

如图10-124所示。

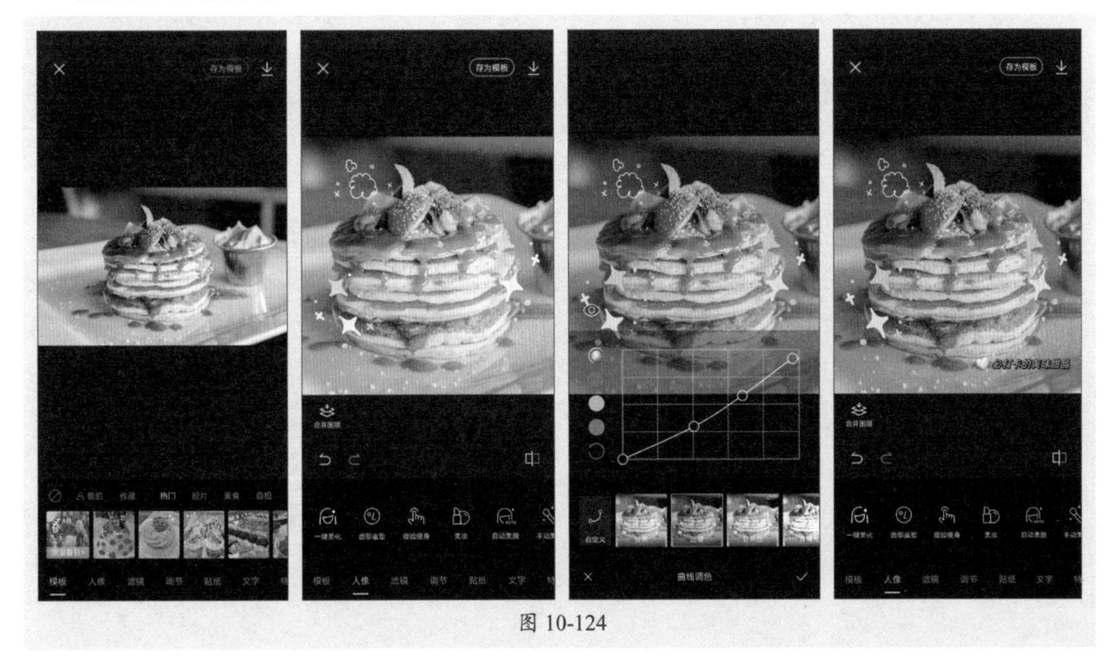

图 10-124

拓展赏析

非遗之传统技艺

传统技艺是指历经百年甚至千年的发展，有着深厚的文化底蕴和完整的工艺技术，代表着一定民族特色或者地方特点的工艺技术。我国入选的世界级传统技艺非遗名录共有八个。

- **中国篆刻：**以书法（主要是篆书）和镌刻（包括凿、铸）相结合，从而制作印章的艺术。它由中国古代的印章制作技艺发展而来，以石材为主要材料，以刻刀为工具，以汉字为表象。
- **中国雕版印刷技艺：**中国四大发明之一。运用刀具在木板上雕刻文字或图案，再用墨、纸、绢等材料刷印、装订成书籍的一种特殊技艺，它开创了人类复印技术的先河。
- **中国传统木结构营造技艺：**以木材为主要建筑材料，以榫卯为木构件的主要结合方法，以模数制为尺度设计和加工生产手段的建筑营造技术体系。
- **南京云锦织造技艺：**该技艺为中国皇家织造的传统，是中国织锦技艺最高水平的代表。它将“通经断纬”等核心技术运用在构造复杂的大型织机上，由上下两人手工操作，用蚕丝线、黄金线和孔雀羽线等材料织出华贵织物，如龙袍。
- **中国桑蚕丝织技艺：**蚕桑丝织是中华民族认同的文化标识。中国蚕桑丝织包括栽桑、养蚕、缫丝、染色和丝织等整个过程的生产技艺，杭罗、绫绢、丝绵、蜀锦、宋锦等织造技艺及轧蚕花、扫蚕花地等丝绸生产习俗。
- **龙泉青瓷传统烧制技艺：**其技艺包括原料的粉碎、淘洗、陈腐和练泥，器物的成型、晾干、修还、装饰、素烧、上釉、装、装窑，最后在龙窑内用木柴烧成。其中施釉和素烧两个环节极富特色。
- **宣纸传统制作技艺：**造纸术是中国古代四大发明之一。宣纸是传统手工纸的杰出代表，具有质地绵韧、不蛀不腐等特点。该技艺有108道工序，对水质、原料制备、器具制作、工艺把握都有严格要求。
- **中国传统制茶技艺及其相关习俗：**有关茶园管理、茶叶采摘、茶的手工制作，以及茶的饮用和分享的知识、技艺和实践。自古以来，中国人就开始种茶、采茶、制茶和饮茶。制茶师根据当地风土，运用杀青、闷黄、漫堆、萎调、做青、发酵、音制等核心技艺，发展出绿茶、黄茶、黑茶、白茶、乌龙茶、红茶六大茶类及花茶等再加工茶，共有2000多种。

关于传统技艺还有多个入选联合国教科文组织急需保护的非遗名录，例如中国木活字印刷术、中国黎族传统纺染织绣技艺、中国木拱桥传统营造技艺、中国水密隔舱福船制造技艺。

参考文献

[1] 姜侠，张楠楠．Photoshop CC图形图像处理标准教程 [M]．北京：人民邮电出版社，2016.

[2] 周建国．Photoshop CC图形图像处理标准教程 [M]．北京：人民邮电出版社，2016.

[3] 孔翠，杨东宇，朱兆曦．平面设计制作标准教程Photoshop CC+Illustrator CC [M]．北京：人民邮电出版社，2016.

[4] 沿铭洋，聂清彬．Illustrator CC平面设计标准教程 [M]．北京：人民邮电出版社，2016.

[5] 3ds Max 2013+VRay效果图制作自学视频教程 [M]．北京：人民邮电出版社，2015.